我们不懈努力，孜孜以求：

一个面向未来、令人向往、让市民倍感幸福的城市，

一个更绿色、更美好的上海！

上海郊野单元规划探索和实践

SHANGHAI COUNTRY UNIT PLANNING EXPLORATION AND PRACTICE

编著
上海市规划和国土资源管理局
上海市城市规划设计研究院
Shanghai Planning and Land Resource Administration Bureau
Shanghai Urban Planning and Design Research Institute

同济大学出版社
TONGJI UNIVERSITY PRESS

著作权人

上海市规划和国土资源管理局

上海市城市规划设计研究院

编委会

主　任　庄少勤

副主任　史家明　张玉鑫

编　委

金忠民　管韬萍　孙 珊　宋 凌　殷 玮

文字撰写（按姓氏拼音排序）

曹宗旺　陈　亮　程剑敏　顾竹屹　何　京　胡红梅　蒋丹群
赖剑青　乐晓风　钱家潍　陶成刚　陶英胜　王夏娴　汪子隽
吴　燕　武秀梅　吴沅箐　徐晓峰　杨秋惠　姚桂凯　曾文慧
张洪武　张铁亮　张悦文　钟　骅　周　杰　庄一琦

Foreword 前言

党的十八大和十八届三中、四中全会以及中央经济工作会议、城镇化工作会议，明确了协同推进新型工业化、城镇化、信息化、农业现代化和绿色化的战略部署，《国家新型城镇化规划（2014－2020年）》进一步明确了推进城镇化工作的指导思想、主要目标、基本原则和任务安排。按照国家的部署和安排，聚焦以人为核心的城镇化，城镇建设要实事求是确定城市定位，科学规划和务实行动。城镇建设用地要以盘活存量为主，严控增量。按照生产空间集约高效、生活空间宜居适度、生态空间山清水秀的总体要求，形成生产、生活、生态空间的合理结构，要城乡统筹，多规合一。要体现尊重自然、顺应自然、天人合一的理念，依托现有山水脉络等独特风光，让城市融入大自然，让居民望得见山、看得见水、守得住乡愁，体现郊野的特点。

按照国家新型城镇化发展部署，上海集中开展了与特大城市特点相适应的城镇化实践与探索。上海，作为拥有2 400万人口的特大型城市，城镇化率已达到90%，是中国城镇人口最多、城镇化水平最高的城市之一。长期以来，上海始终致力于探索一条符合中国国情和本市特点的城镇化发展道路，并在推动城乡一体化、提高城镇化质量水平方面取得了一定成效，形成了具有上海特点的城镇化发展道路、城镇体系和规划特征。从20世纪50年代建设闵行、吴泾、嘉定、安亭、松江五个卫星城，到20世纪70年代建设金山、宝山两个工业卫星城，再到2000年后的“一城九镇”试点城镇建设和推进“1966”城乡体系……上海城镇发展的空间格局基本形成，城镇化水平持续提高，重点新城建设初见成效，新农村建设取得阶段性成果，城乡一体化工作取得积极进展。然而，按照国家新型城镇化发展要求，上海城乡差距依然明显，城镇发展中不平衡不协调问题比较突出，土地节约集约利用水平不高，农村环境有待改善，公共服务均等化面临瓶颈，这些问题成为制约上海可持续发展的重要因素。

根据国家的部署和要求，上海市委、市政府明确提出，上海要推动新型城镇化建设，促进本市城乡发展一体化，要率先走出一条以人为本、四化同步、生态文明、文化传承的新型城镇化道路，以高质量的新型城镇化推动高水平的城乡发展一体化。因此，如何统筹城乡发展空间，如何引导人口、产业、基础设施和公共服务合理配置，如何改善农村生活、生产、生态环境，如何保护耕地资源、促进农业生产方式转变，是当前规划工作面临的重要任务。

2012年，上海市规划和国土资源管理局深入贯彻上海新形势下“创新驱动，转型发展”的要求，明确提出“总量锁定、增量递减、存量优化、流量增效、质量提高”的发展思路。在上海建设用地“终极规模”基本锁定的情况下，要给上海今后长远发展留出适度空间，必须要转变发展方式，合理安排布局规模，创新土地利用方式，提高集约节约用地水平。为了适应新的形势，上海市规划和国土资源管理局组织开展了郊野单元规划编制试点，集中开展了特大城市新型城镇化发展背景下的规划创新探索，以土地综合整治为平台，以城乡建设用地增减挂钩政策为工具，推进集建区外现状低效建设用地减量化，统筹各部门专业规划，盘活农村集体土地，推动郊区农村产业转型升级，突出城乡统筹、多规合一，实现城乡一体化发展。上海市规划和国土资源管理局局长庄少勤提出，要把郊野单元规划作为推进上海特大城市新型城镇化、城乡一体化的重要载体，成为多规合一、土地集约的关键手段，践行生态文明、实现“天蓝、地绿、水清、城美”可持续发展愿景的重大规划创新和发展实践。郊野单元规划从规划内容到管理机制、政策设计，充分体现了规划与土地的融合创新，是规土领域推动上海新型城镇化的重要举措，也是规划和国土资源系统“保护资源、保障发展、优化空间、提升品质”的有效工具，经过若干郊野单元规划编制试点，积累经验，形成了规范，建立了相应的制度。目前，郊野单元规划编制和实施管理，已在市域全面展开。

上海市规划和国土资源管理局、上海市城市规划设计研究院于 2014 年 6 月启动《新型城镇化：上海郊野单元规划的探索与实践》一书的编撰，希望通过总结试点经验，梳理上海城镇化过程中的问题和挑战，探索一条符合中国国情和本市特点的新型城镇化规划创新发展道路。

本书针对当前上海郊野地区存在的主要问题，深入剖析其原因，探索郊野单元规划在新型城镇化过程中的整合与促进作用，并结合试点探讨规划的可行性。全书分为四大部分、十二章。第 1 篇——背景研究与认识，通过解读国家和上海对“新型城镇化”的宏观要求，解读“城乡发展”的相关理论，借鉴国内已实施推行的城乡改革案例，总结对上海城镇化发展的启示。第 2 篇——问题分析和判断，通过分析上海在城镇化过程中的问题，提出在新型城镇化过程中必须坚守的规划底线，同时自下而上提出农村的实际需求，形成规划的主要策略。第 3 篇——规划探索与创新，提出郊野单元规划的核心内容，阐述“政策、管理、规划”三位一体的主要规划特色。第 4 篇——规划案例与研究，主要介绍已编制的试点郊野单元规划——松江区新浜镇郊野单元规划和青西郊野单元（郊野公园）规划。附录主要为郊野单元规划相关的主题演讲、政策文件和访谈记录。

郊野单元规划是在上海城镇化背景下，围绕“保障发展、保护资源、优化空间、提升品质”的核心要求，充分利用“城乡统筹、规土合一”体制优势，创新形成的规划技术平台。希望本书能为城镇化领域的探索提供一种思路，为上海城乡发展的决策咨询提供参考。

本书由编委会制定整体的研究思路、方向和工作框架。第 1 章由陶英胜、张洪武撰写，第 2 章、第 3 章由杨秋惠、顾竹屹撰写，第 4 章由殷玮撰写，第 5 章由殷玮、胡红梅撰写，第 6 章由陶英胜撰写，第 7 章由殷玮撰写，第 8 章、第 9 章由曹宗旺撰写，第 10 章由曹宗旺、殷玮撰写，第 11 章由吴沅箐、蒋丹群撰写，第 12 章由胡红梅、赖剑青撰写。访谈记录由钱家潍整理编撰。本书整体由张玉鑫、金忠民和殷玮统稿、统筹、审核。

本书编制工作得到了国土资源部有关部门和上海市政府有关委办局、区县政府、区县规土局、镇政府，以及有关科研院所、专家学者的大力支持，在此深表感谢！

Contents 目录

第 2 篇 问题分析与判断
Part 2 Problem Analysis and Determination

第 3 篇 规划探索与创新

Part 3 Planning Exploration and Innovation

第 4 篇 规划案例与研究
Part 4 The Research of Planning Cases

附录
Appendix

186

附录 A 专家建言
Appendix A: Experts' Advices

199

附录 B 政策文件
Appendix B: Policy Documents

Part 1

第一篇

背景研究与认识

Background and Cognition

于崇明县三星镇育德村，乐芸摄

上海探索新型城镇化发展之路

The Development of New Urbanization in Shanghai

CHAPTER ONE

CHAPTER 1

SUMMARY

章节概要

1.1 构建城乡生态文明格局

限定城市边界

严守生态底线

1.2 建立城乡内涵式发展模式

五量调控

提高土地节约集约利用水平

1.3 坚持城乡一体化发展

缩小城乡经济发展差距

规划引领城乡地区发展

实现城乡公共服务一体化

加大政策扶持力度

生态文明　新型城镇化　城乡一体化

“全面深化改革、创新驱动发展”背景下的上海新型城镇化之路。

青浦区朱家角镇张马村，徐琪玮摄

改革开放以来，伴随着工业化进程加速，我国城镇化经历了一个起点低、速度快的发展过程。1978—2013 年，城镇常住人口增加了 5.6 亿人（数据来源：国家新型城镇化规划（2014—2020 年）），城镇化水平提高了 35.8 %（数据来源：国家新型城镇化规划（2014—2020 年）），城市数量和建制镇数量呈现出惊人的增长（图 1-1）。京津冀、长江三角洲、珠江三角洲三大城市群，更是成为带动我国经济快速增长和参与国际经济合作与竞争的主要平台。城市基础设施显著改善，公共服务水平明显提高。进入新世纪后，我国总体上已进入了以工促农、以城带乡的发展阶段，城镇化的快速推进，吸纳了大量农村劳动力的转移就业，提高了城乡生产要素配置效率，推动了国民经济持续快速发展，带来了社会结构的深刻变革，促进了城乡居民生活水平全面提升。

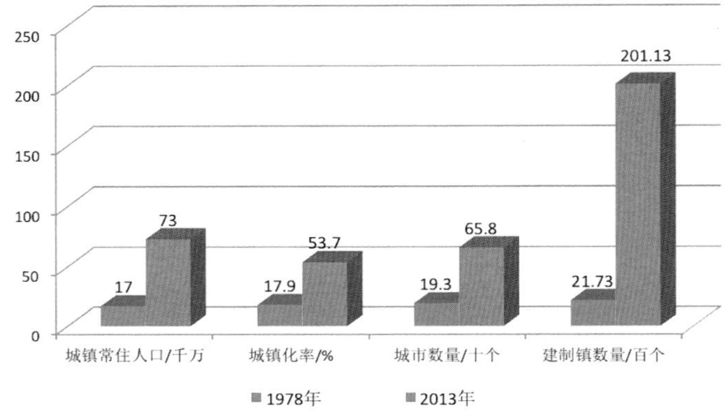

图 1-1
1978—2013 年我国城镇化发展情况
资料来源：国家新型城镇化规划（2014—2020 年）

同时，在我国快速城镇化的过程中，存在农业转移人口难以市民化，土地城镇化快于人口城镇化，城镇空间布局和规模结构不合理，城乡二元结构矛盾突出，广大农村地区生产、生活和生态环境改善缓慢，发展的内生动力不足等一系列问题，亟需由传统粗放式的城镇化模式向以提升质量为主的集约型城镇化模式转型。

上海作为一个超大型城市，是长三角城镇群的龙头和国家参与全球化竞争、合作的主要窗口，其城镇化的成就有目共睹。但是，随着城市功能和人口的高度集聚，同其他大都市一样，上海的“大城市病”日趋严重，环境容量十分有限，土地等资源供需矛盾突出，生态问题日益严峻，面临人口持续增长和资源环境约束的多重挑战。根据党的十八大、十八届三中全会及中央城镇化工作会议关于“生态文明建设”和“推进新型城镇化”的战略新要求，上海在推进“四个中心”建设的同时，担负着新的历史使命。在创新驱动发展、经济转型升级的关键时期，上海亟需在生态文明建设、节约集约用地、城乡统筹发展等方面积极探索，走出一条具有上海特色的新型城镇化之路。

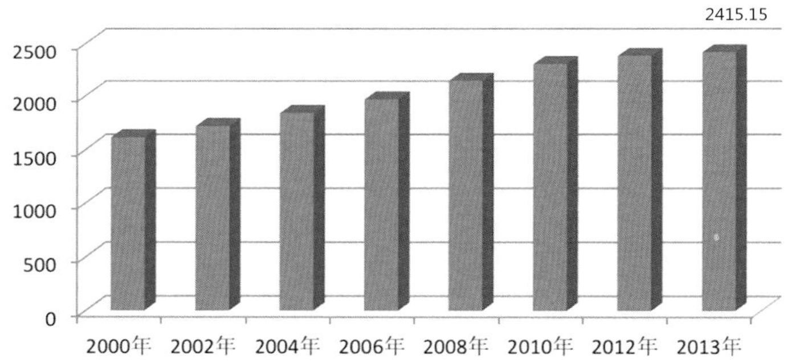

图 1-2
2000—2013 年上海市常住人口增长情况 单位：万人
资料来源：上海市统计年鉴（2011—2014 年）

1.1 构建城乡生态文明格局

《关于编制上海新一轮城市总体规划的指导意见》[1] 中明确了建设“全球城市”和世界级城市群核心城市的目标，着力提升国际竞争力和影响力，进一步提升市民幸福感。根据国际经验，城市的国际竞争力总是与其具备的高品质生态环境联系在一起，尤其是生态空间的保护、生态廊道的构建及郊野地区的建设。2013 年底，全市常住人口规模达 2 415 万人，且持续增长压力巨大（图 1-2）。从上海土地利用结构看，城乡建设用地占比已接近全

1. 2014 年上海市第六次规划和土地工作会议文件。

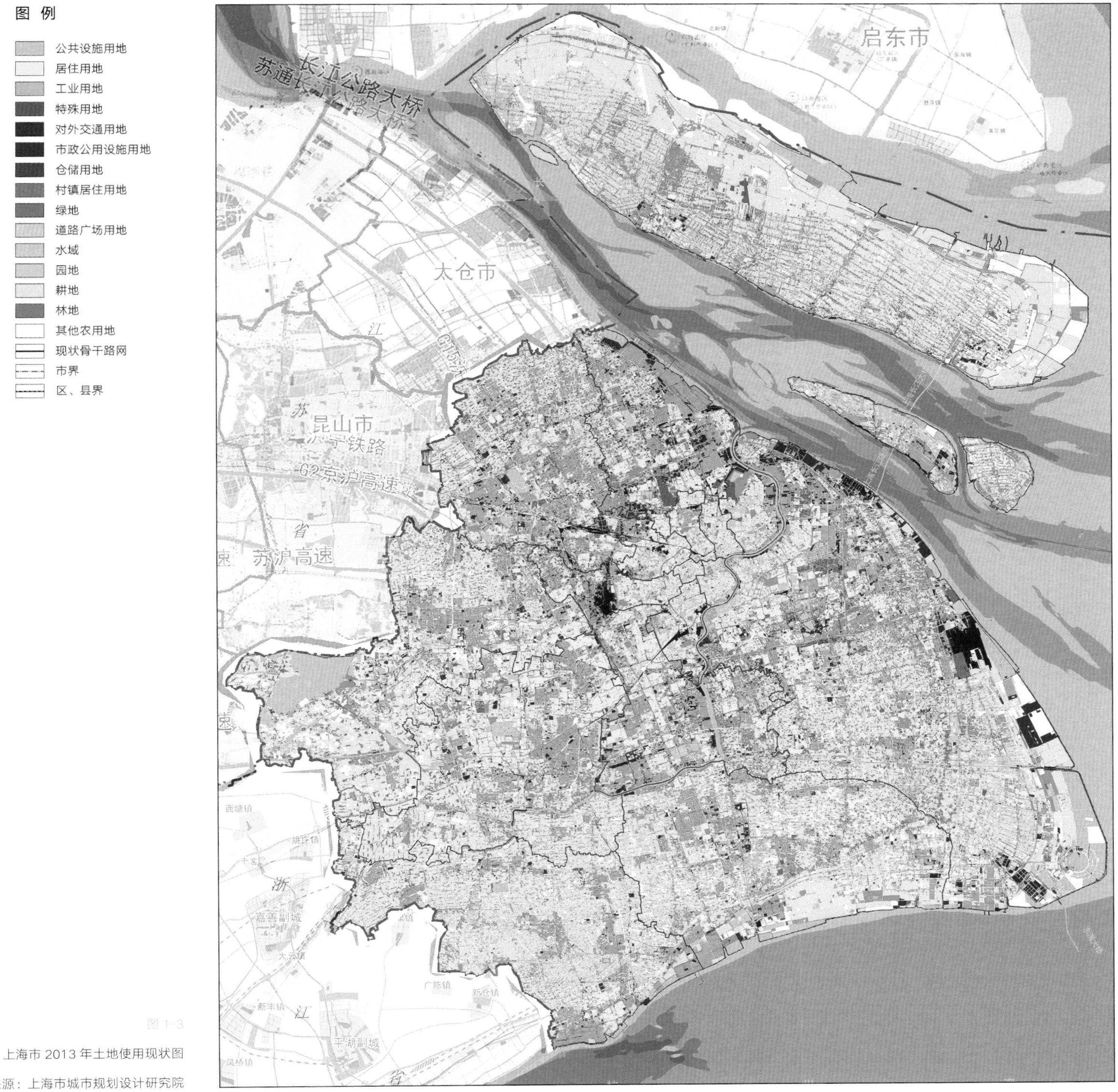

图 1-3

上海市 2013 年土地使用现状图

资料来源：上海市城市规划设计研究院

市用地总面积的一半，高于大伦敦、大巴黎和东京都市圈等国际大都市区的比例，重要的生态结构空间仍然面临被进一步蚕食的压力；从建设用地内部结构看，上海工业用地规模占比明显高于巴黎、东京等国际城市，而公共绿地规模占比仅为发达国家城市平均水平的 1/3 左右（图 1-3，图 1-4）。

《关于编制上海新一轮城市总体规划的指导意见》还明确“突出生态优先的发展底线”的导向。生态环境是城市核心竞争力的关键要素。要限定城市边界，坚决遏制城市无序蔓延，严格控制城市发展规模。严守生态底线，推进基本生态网络和体系建设，加强重要生态空间保护和修复，保障城市生态安全。推动城市生态保育和休憩功能融合发展，不断改善和优化城乡人居环境。

上海郊野地区[1]集中了本市绝大部分的耕地、生态和空间资源（图 1-5），如何把这些宝贵的资源转化为上海建设“全球城市”的竞争力，缓解人口、经济、社会持续增长对城市安全、生态资源和基础设施等带来的巨大压力，是必须要解决的难题。必须要对广阔的郊野地区进行战略资源的统筹安排，坚持人性化、生态化、集约化一体化导向，强调舒适的生态环境、宜人的空间尺度、复合的城市功能、有机的城市肌理和特有的文化内涵，构建高品质的城乡环境，提升生态文明水平。

扩展阅读：国家战略中的生态文明建设

1. 党的十八大报告摘选

全面推进经济建设、政治建设、文化建设、社会建设、生态文明建设，实现以人为本、全面协调可持续的科学发展。

建设生态文明，是关系人民福祉、关乎民族未来的长远大计。面对资源约束趋紧、环境污染严重、生态系统退化的严峻形势，必须树立尊重自然、顺应自然、保护自然的生态文明理念，把生态文明建设放在突出地位，融入经济建设、政治建设、文化建设、社会建设各方面和全过程，努力建设美丽中国，实现中华民族永续发展。

坚持节约资源和保护环境的基本国策，坚持节约优先、保护优先、自然恢复为主的方针，着力推进绿色发展、循环发展、低碳发展，形成节约资源和保护环境的空间格局、产业结构、生产方式、生活方式，从源头上扭转生态环境恶化趋势，为人民创造良好生产生活环境，为全球生态安全作出贡献。

优化国土空间开发格局。国土是生态文明建设的空间载体，必须珍惜每一寸国土。要按照人口资源环境相均衡、经济社会生态效益相统一的原则，控制开发强度，调整空间结构，促进生产空间集约高效、生活空间宜居适度、生态空间山清水秀，给自然留下更多修复空间，给农业留下更多良田，给子孙后代留下天蓝、地绿、水净的美好家园。加快实施主体功能区战略，推动各地区严格按照主体功能定位发展，构建科学合理的城市化格局、农业发展格局、生态安全格局。提高海洋资源开发能力，发展海洋经济，保护海洋生态环境，坚决维护国家海洋权益，建设海洋强国。

全面促进资源节约。节约资源是保护生态环境的根本之策。要节约集约利用资源，推动资源利用方式根本转变，加强全过程节约管理，大幅降低能源、水、土地消耗强度，提高利用效率和效益。推动能源生产和消费革命，控制能源消费总量，加强节能降耗，支持节能低碳产业和新能源、可再生能源发展，确保国家能源安全。加强水源地保护和用水总量管理，推进水循环利用，建设节水型社会。严守耕地保护红线，严格土地用途管制。加强矿产资源勘查、保护、合理开发。发展循环经济，促进生产、流通、消费过程的减量化、再利用、资源化。

加大自然生态系统和环境保护力度。良好生态环境是人和社会持续发展的根本基础。要实施重大生态修复工程，增强生态产品生产能力，推进荒漠化、石漠化、水土流失综合治理，扩大森林、湖泊、湿地面积，保护生物多样性。加快水利建设，增强城乡防洪抗旱排涝能力。加强防灾减灾体系建设，提高气象、地质、地震灾害防御能力。坚持预防为主、综合治理，以解决损害群众健康突出环境问题为重点，强化水、大气、土壤等污染防治。坚持共同但有区别的责任原则、公平原则、各自能力原则，同国际社会一道积极应对全球气候变化。

加强生态文明制度建设。保护生态环境必须依靠制度。要把资源消耗、环境损害、生态效益纳入经济社会发展评价体系，建立体现生态文明要求的目标体系、考核办法、奖惩机制。建立国土空间开发保护制度，完善最严格的耕地保护制度、水资源管理制度、环境保护制度。深化资源性产品价格和税费改革，建立反映市场供求和资源稀缺程度、体现生态价值和代际补偿的资源有偿使用制度和生态补偿制度。积极开展节能量、碳排放权、

1. 郊野地区指规划集中建设区以外的区域。

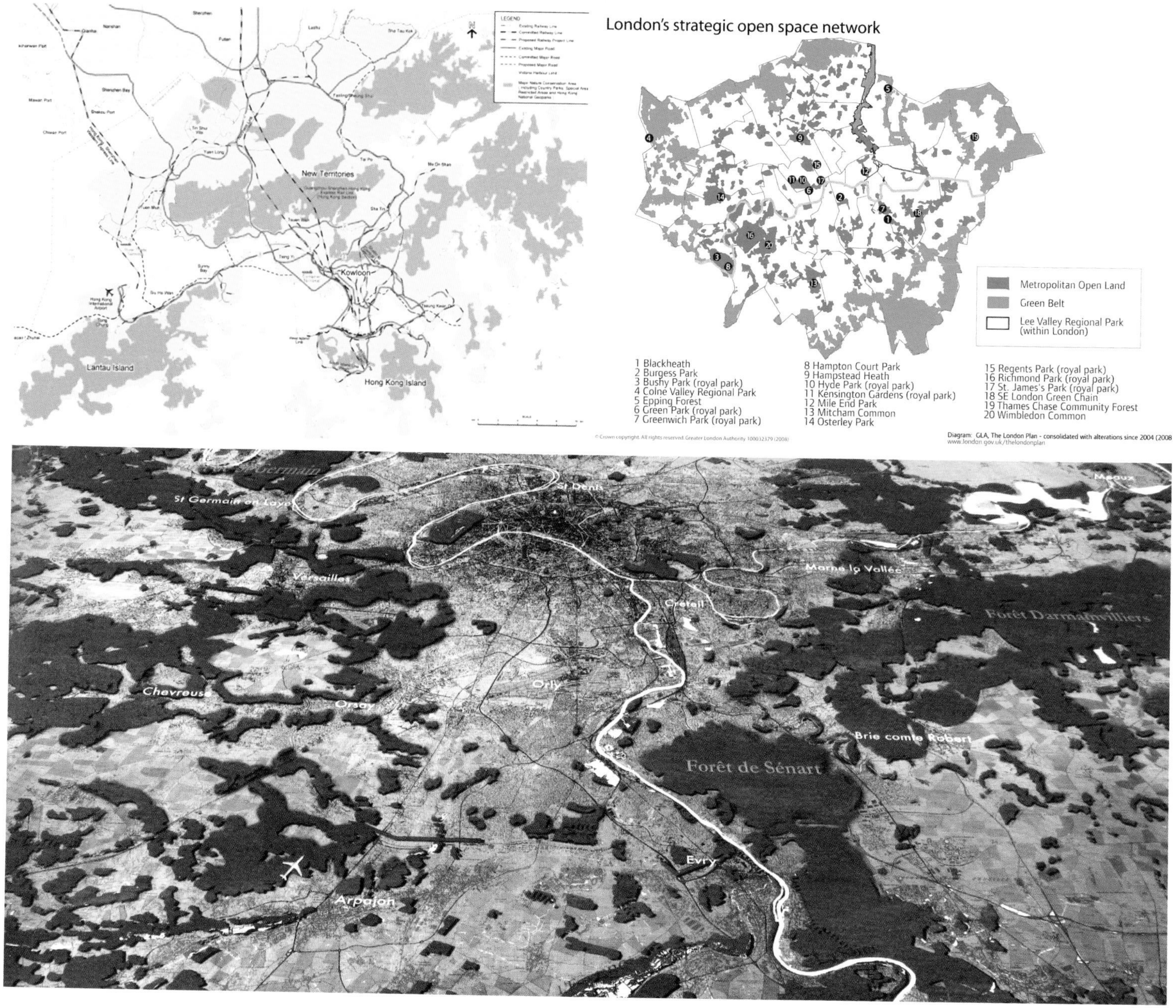

图 1-4

香港 2030（上左）、大伦敦 2030（上右）、巴黎 2030（下）

资料来源：香港 2030——规划远景与策略；

The London plan：Spatial development strategy for greater London；

Perspective a erienne de la geographie francilienne,2030

图 1-5
上海市郊野地区风光
图片来源：上海市规划和国土资源管理局

排污权、水权交易试点。加强环境监管，健全生态环境保护责任追究制度和环境损害赔偿制度。加强生态文明宣传教育，增强全民节约意识、环保意识、生态意识，形成合理消费的社会风尚，营造爱护生态环境的良好风气。

2. 《中共中央关于全面深化改革若干重大问题的决定》摘选

紧紧围绕建设美丽中国，深化生态文明体制改革，加快建立生态文明制度，健全国土空间开发、资源节约利用、生态环境保护的体制机制，推动形成人与自然和谐发展现代化建设新格局。

建设生态文明，必须建立系统完整的生态文明制度体系，实行最严格的源头保护制度、损害赔偿制度、责任追究制度，完善环境治理和生态修复制度，用制度保护生态环境。

健全自然资源资产产权制度和用途管制制度。对水流、森林、山岭、草原、荒地、滩涂等自然生态空间进行统一确权登记，形成归属清晰、权责明确、监管有效的自然资源资产产权制度。建立空间规划体系，划定生产、生活、生态空间开发管制界限，落实用途管制。健全能源、水、土地节约集约使用制度。

划定生态保护红线。坚定不移实施主体功能区制度，建立国土空间开发保护制度，严格按照主体功能区定位推动发展，建立国家公园体制。建立资源环境承载能力监测预警机制，对水土资源、环境容量和海洋资源超载区域实行限制性措施。对限制开发区域和生态脆弱的国家扶贫开发工作重点县取消地区生产总值考核。

实行资源有偿使用制度和生态补偿制度。加快自然资源及其产品价格改革，全面反映市场供求、资源稀缺程度、生态环境损害成本和修复效益。坚持使用资源付费和谁污染环境、谁破坏生态谁付费原则，逐步将资源税扩展到占用各种自然生态空间。稳定和扩大退耕还林、退牧还草范围，调整严重污染和地下水严重超采区耕地用途，有序实现耕地、河湖休养生息。建立有效调节工业用地和居住用地合理比价机制，提高工业用地价格。坚持谁受益、谁补偿原则，完善对重点生态功能区的生态补偿机制，推动地区间建立横向生态补偿制度。发展环保市场，推行节能量、碳排放权、排污权、水权交易制度，建立吸引社会资本投入生态环境保护的市场化机制，推行环境污染第三方治理。

改革生态环境保护管理体制。建立和完善严格监管所有污染物排放的环境保护管理制度，独立进行环境监管和行政执法。建立陆海统筹的生态系统保护修复和污染防治区域联动机制。健全国有林区经营管理体制，完善集体林权制度改革。及时公布环境信息，健全举报制度，加强社会监督。完善污染物排放许可制，实行企事业单位污染物排放总量控制制度。对造成生态环境损害的责任者严格实行赔偿制度，依法追究刑事责任。

3. 中央城镇化工作会议公报摘选

要坚持生态文明，着力推进绿色发展、循环发展、低碳发展，尽可能减少对自然的干扰和损害，节约集约利用土地、水、能源等资源。

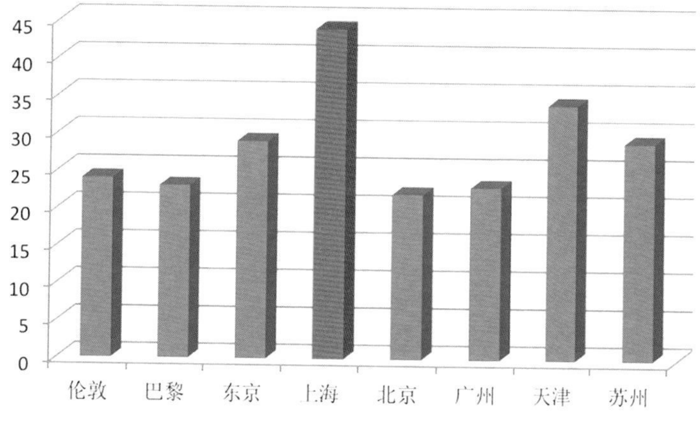

图 1-6

上海与国内外主要城市建设用地占全域面积比例的比较 (%)

资料来源：上海市城市总体规划实施评估——土地利用和绩效评估

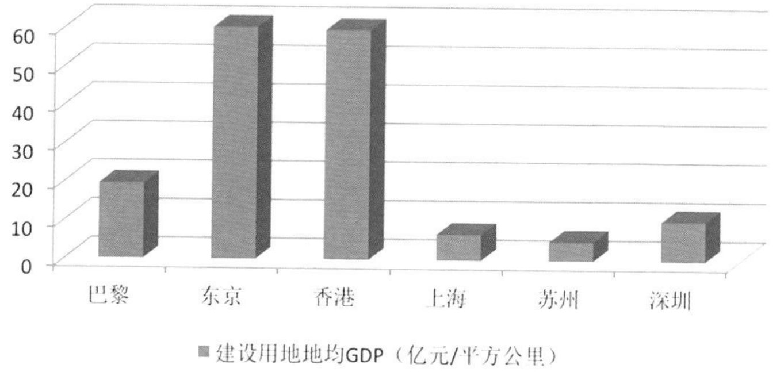

图 1-7

上海与国内外主要城市建设用地地均产出比较

资料来源：上海市城市总体规划实施评估——土地利用和绩效评估

注：巴黎为 2009 年数据，东京为 2011 年数据，其他城市均为 2012 年数据。

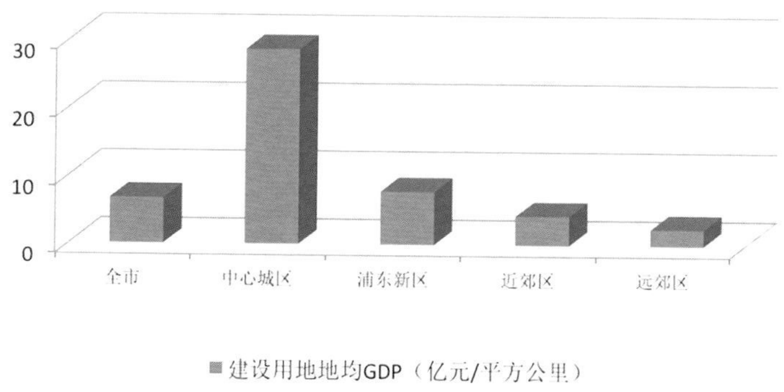

图 1-8

上海市建设用地地均产出情况

资料来源：上海市城市总体规划实施评估——土地利用和绩效评估

4.《国家新型城镇化规划（2014 — 2020 年）》摘选

生态文明，绿色低碳。把生态文明理念全面融入城镇化进程，着力推进绿色发展、循环发展、低碳发展，节约集约利用土地、水、能源等资源，强化环境保护和生态修复，减少对自然的干扰和损害，推动形成绿色低碳的生产生活方式和城市建设运营模式。

1.2 建立城乡内涵式发展模式

自贸区的设立、科技创新中心的战略定位及长三角区域一体化进程的加快，都为上海新一轮的发展带来了机遇，但上海同时面临着土地等资源的制约。在用地总量上，全市现状建设用地已接近国务院批准的《上海市土地利用总体规划（2006—2020 年）》2020 年的规划目标，若按照以往的新增建设用地增长速度，将提前突破建设用地的“天花板”；在土地利用结构上，城乡建设用地占比已接近全市用地总面积的一半，高于大伦敦、大巴黎和东京圈等国际大都市的比例（图 1-6）；在用地效率上，集中建设区内的现状地均 GDP 产出仅为巴黎的 1/3、东京的 1/9（图 1-7），而中心城地均 GDP 是全市均值的 4 倍多（图 1-8）（数据来源：上海市城市总体规划实施评估——土地利用和绩效评估），郊区土地利用效益更低。在郊区集中建设区外，现状建设用地绝大部分为农民宅基地和低效工业用地，布局零星分散，基础设施配套不全，环境状况不佳；土地权属和实际使用情况复杂，利用效率较低，安全生产、社会稳定等存在一定隐患。因此，如何在大力推进集中建设区外低效建设用地减量化的同时，捆绑集中建设区内土地供应的调控机制，坚持紧凑布局、功能复合，提高土地利用的综合效益，已成为上海可持续发展必须要解决的问题。在第六次规划和土地工作会议上，上海市提出了“五量调控”[1]，即总量锁定、增量递减、存量优化、流量增效、质量提高的规划和土地管理新思路，全面提高土地节约集约利用水平。上海市新一轮城市总体规划编制明确了睿智增长的发展路径，要求实现由外延扩张型规划向内涵增长型规划的转变，以土地利用方式转变促进上海“创新驱动、转型发展”。

扩展阅读：国家对城镇建设节约集约利用土地的要求

1. 中央城镇化工作会议公报摘选

要按照严守底线、调整结构、深化改革的思路，严控增量，盘活存量，优化结构，提升效率，切实提高城镇建设用地集约化程度。耕地红线一定要守住，红线包括数量，也包括质量。城镇建设用地特别是优化开发的三大城市群地区，要以盘活存量为主，不能再无节制扩大建设用地，不是每个城镇都要长成巨人。按照促进生产空间集约高效、生活空间宜居适度、生态空间山清水秀的总体要求，形成生产、生活、生态空间的合理结构。减少工业用地，适当增加生活用地特别是居住用地，切实保护耕地、园地、菜地等农业空间，划定生态红线。根据区域自然条件，科学设置开发强度，尽快把每个城市特别是特大城市开发边界划定，把城市放在大自然中，把绿水青山保留给城市居民。

2.《国家新型城镇化规划（2014—2020 年）》摘选

城市发展模式科学合理。密度较高、功能混用和公交导向的集约紧凑型开发模式成为主导，人均城市建设用地严格控制在 100 ㎡以内，建成区人口密度逐步提高。绿色生产、绿色消费成为城市经济生活的主流，节能节水产品、再生利用产品和绿色建筑比例大幅提高。城市地下管网覆盖率明显提高。

3.《国土资源部关于强化管控落实最严格耕地保护制度的通知》摘选

加强年度用地计划与规划的衔接，逐步减少新增建设用地计划指标，重点控制东部地区特别是京津冀、长三角、珠三角三大城市群建设用地规模，对耕地后备资源不足的地区相应减少建设占用耕地指标。

进一步严格建设占用耕地审批。严格审查城市建设用地，除生活用地及公共基础设施用地外，原则上不再安排城市人口 500 万以上特大城市中心城区新增建设用地；人均城市建设用地目标严格控制在 100 平方米以内。

4.《节约集约利用土地规定》摘选

国土资源主管部门应当通过规划、计划、用地标准、市场引导等手段，有效控制特大城市新增建设用地规模，适度增加集约用地程度高、发展潜力大的地区和中小城市、县城建设用地供给，合理保障民生用地需求。

1.3 坚持城乡一体化发展

近年来，上海城镇化进程快速推进，然而全市发展的不平衡现象也较突出。相对于中心城乃至新城的资源集聚（图 1-9），上海农村地区可利用和发展的资源有限，缺少内生动力的支撑，经济发展活力不足，农民收入增加缓慢，城乡差距逐渐拉大，农村地区的整体面貌迟迟得不到有效改善。上海郊区新市镇及农村地区的发展相对滞后，与上海城市发展水平极不相符（图 1-10）。

1. 详见附录 A.1 专家建言—庄少勤．上海“五量用地法”助城市转型升级。

图1-9
上海市新城建设面貌（左：嘉定新城，右：松江新城）
图片来源：上海市规划和国土资源管理局

图1-10
上海市部分农村地区面貌亟待改善
图片来源：上海市城市规划设计研究院

1.3.1 缩小城乡经济发展差距

与中心城区、新城的繁荣繁华和经济高度发达相比，上海郊区小城镇和广大农村地区经济发展水平较低，发展空间受到挤压，发展活力不足，就业岗位较少或层次较低，导致农民收入来源较少，收入增长缓慢（图1-11），目前仍有100多个经济薄弱村。尽管上海市各级政府对农村的支持力度不断加大，但由于包括农村集体建设用地流转、农民工市民化等市场化、利益导向的城乡要素双向流动机制仍不健全，中心城区和新城的资本、信息、技术等资源要素流向农村的动力不足，农村资源难以进入市场。农业土地的比较经济效益无法充分显化，导致部分郊区小城镇和广大农村地区的经济发展层级较低，农民收入增长缓慢。再加上管理不规范，极易造成环境污染、土地利用低效和生产安全隐患。由于以往对农田水利设施等田间工程的投入和建设不足，导致农业生产力水平较低，农业适度规模化经营和现代化程度不高，农民很难仅通过农业生产实现发家致富，过上比较体面和有尊严的生活。

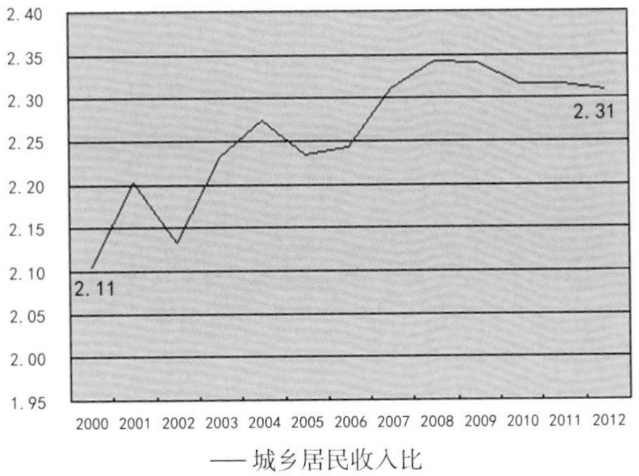

图1-11
2000—2012年上海城乡居民收入比变化图
资料来源：上海市统计年鉴（2001—2013年）

1.3.2 规划引领农村地区发展

长期以来，上海的规划“重城轻乡”，在现有城乡规划体系中郊区小城镇和农村地区虽有总体规划、专项规划和村庄规划的覆盖，但缺乏具有针对性和可操作性的规划实施机制，对农村地区发展的引领和统筹指导作用较弱。上海市规划集建区外的郊野地区，是耕地、园地、林地、绿地、滩涂苇地、坑塘养殖水面、水域和未利用地的主要分布地区，这些土地都是宝贵的生态资源，是重要的生态空间，承担了全市土地综合整治、基本农田保护、现状建设用地减量化等诸多任务。一方面需要落实耕地保护特别是基本农田保护任务，开展田、水、路、林、村综合整治，恢复违法用地原状、淘汰复垦低效工业用地、适当归并农村居民点，以推进现状建设用地减量化，调整和优化用地结构布局。另一方面，根据发展要求，也需要建设农田水利等设施以促进现代农业发展，需要建设道路、电力等市政设施以改善生产生活条件，远郊地区也可能需要建设集中的农村居民点，局部地区也可能适宜建设少量的公益性文体设施、体验性农业观光设施、休闲性生态公共设施等，不仅发挥改善区域生态环境、营造良好生态基底的作用，还要发挥郊野观光、休闲、游憩等功能。因此，针对农村地区地域广阔、情况多样和发展的不确定性等特点，在上海转型发展阶段，需要加强对农村地区发展的规划引导和统筹，整合资源并进行优化配置，加强精细化管理，完善体制机制，保障规划的落地实施。

1.3.3 实现城乡公共服务一体化

随着轨道交通、高速铁路建设以及道路交通网络的不断完善，上海市中心城区与郊区（县）这种向心—发散式的交通联系更加紧密和便利，但是郊区（县）之间以及新城与农村地区之间的交通联系，尤其是公共交通网络建设仍相对欠缺。另外，农村地区的生产性和生活性基础设施建设投入不足，亟待完善。郊区（县）的教育、医疗等公共服务设施建设和服务水平，不仅与中心城区存在巨大差距，与周边长三角城镇相比也无优势，甚至低于周边城镇的水平。尤其是新市镇及其他小城镇对农村地区的服务、辐射带动作用有限，农村地区无法享受到高质量的教育、医疗、文体等公共服务。总之，与上海较高的城镇化率相比，郊区（县）城镇化质量有待进一步提高，城乡建设水平与现代化国际性大都市、全球城市目标仍存在一定差距。

1.3.4 加大政策扶持力度

上海发改、财政、规土、农业、经济、建设、绿化、水务等部门出台了多项政策支持农村地区发展，但由于缺乏统一的基础“平台”和统筹整合机制不完善，导致各条线的业务部门都是“各炒一盘菜”，重复投资和浪费投资的现象时有发生，农村地区的面貌及农民的生产、生活条件未得到实质性改善。因此，需要探索和建立一个开放性的综合规划“平台”，系统深入研究农村地区发展存在的问题，找出问题根源，统筹整合各方资源和政策，有针对性地予以投放，做到有的放矢、因地制宜，不搞“撒胡椒面式”、“运动式”的形象工程。通过政策聚焦，在农村地区建立长效的“造血机制”，制订的支持政策要做到“雪中送炭”，而不仅是“锦上添花”，能真正激发郊区小城镇和广大农村地区的发展活力，让市场机制发挥更大作用，实现可持续发展。

与发达国家和地区相比，上海市农村地区的生产、生活和生态环境仍有较大提升空间，城乡二元结构仍是制约新型城镇化发展的主要障碍之一。在上海市新一轮城市总体规划编制中将广大农村地区的发展纳入到“全球城市”目标框架下，建设与“全球城市”相匹配的城乡一体化发展格局仍任重而道远。因此，上海市必须积极响应国家新型城镇化发展要求，加快构建以家庭农场为代表的现代化农业生产、经营体系，改革完善城乡一体化健康发展的体制机制，赋予农民更多财产权利，推进城乡要素平等交换和公共资源均衡配置，尽快实现城乡统筹发展，共享改革发展红利。

扩展阅读：国家新型城镇化道路中的城乡统筹发展

1. 十八大报告摘选

坚持走中国特色新型工业化、信息化、城镇化、农业现代化道路，推动信息化和工业化深度融合、工业化和城镇化良性互动、城镇化和农业现代化相互协调，促进工业化、信息化、城镇化、农业现代化同步发展，要在提高城镇化质量上下功夫。具体发展战略中提出，城乡发展一体化是解决“三农”问题的根本途径。要“推动城乡发展一体化。加大统筹城乡发展力度，增强农村发展活力，逐步缩小城乡差距，促进城乡共同繁荣。坚持把国家基础设施建设和社会事业发展重点放在农村，深入推进新农村建设和扶贫开发，全面改善农村生产生活条件。着力促进农民增收，保持农民收入持续较快增长。加快完善城乡发展一体化体制机制，着力在城乡规划、基础设施、公共服务等方面推进一体化，促进城乡要素平等交换和公共资源均衡配置，形成以工促农、以城带乡、工农互惠、城乡一体的新型工农、城乡关系。”

2. 《中共中央关于全面深化改革若干重大问题的决定》摘选

城乡二元结构是制约城乡发展一体化的主要障碍。必须健全体制机制，形成以工促农、以城带乡、工农互惠、城乡一体的新型工农城乡关系，让广大农民平等参与现代化进程、共同分享现代化成果。

加快构建新型农业经营体系。坚持家庭经营在农业中的基础性地位，推进家庭经营、集体经营、合作经营、企业经营等共同发展的农业经营方式创新。坚持农村土地集体所有权，依法维护农民土地承包经营权，发展壮大集体经济。稳定农村土地承包关系并保持长久不变，在坚持和完善最严格的耕地保护制度前提下，赋予农民对承包地占有、使用、收益、流转及承包经营权抵押、担保权能，允许农民以承包经营权入股发展农业产业化经营。鼓励承包经营权在公开市场上向专业大户、家庭农场、农民合作社、农业企业流转，发展多种形式规模经营。

鼓励农村发展合作经济，扶持发展规模化、专业化、现代化经营，允许财政项目资金直接投向符合条件的合作社，允许财政补助形成的资产转交合作社持有和管护，允许合作社开展信用合作。鼓励和引导工商资本到农村发展适合企业化经营的现代种养业，向农业输入现代生产要素和经营模式。

赋予农民更多财产权利。保障农民集体经济组织成员权利，积极发展农民股份合作，赋予农民对集体资产股份占有、收益、有偿退出及抵押、担保、继承权。保障农户宅基地用益物权，改革完善农村宅基地制度，选择若干试点，慎重稳妥推进农民住房财产权抵押、担保、转让，探索农民增加财产性收入渠道。建立农村产权流转交易市场，推动农村产权流转交易公开、公正、规范运行。

推进城乡要素平等交换和公共资源均衡配置。维护农民生产要素权益，保障农民工同工同酬，保障农民公平分享土地增值收益，保障金融机构农村存款主要用于农业农村。健全农业支持保护体系，改革农业补贴制度，完善粮食主产区利益补偿机制。完善农业保险制度。鼓励社会资本投向农村建设，允许企业和社会组织在农村兴办各类事业。统筹城乡基础设施建设和社区建设，推进城乡基本公共服务均等化。

完善城镇化健康发展体制机制。坚持走中国特色新型城镇化道路，推进以人为核心的城镇化，推动大中小城市和小城镇协调发展、产业和城镇融合发展，促进城镇化和新农村建设协调推进。优化城市空间结构和管理格局，增强城市综合承载能力。

CHAPTER TWO 理论综述

Theoretical Summary

CHAPTER 2

SUMMARY

章节概要

新型城镇化理论

规划学理论

地理学理论

经济学理论

三农问题

通过理论梳理，提炼上海新型城镇化发展思路。

崇明县新村乡新乐村，黄铁伦、王梦亚、顾添宇

城镇化是一种经济和社会演变的过程，必然伴随着各种矛盾的产生和积累。尤其是对于快速城镇化的地区，自然环境遭到破坏，一系列社会问题相继涌现，引起各界关注。城乡规划学、地理学、社会学、经济学、生态学等各方学者对这些问题展开研究，这些研究在内容上有穿插，但侧重不同，均对上海郊区城镇和农村地区的相关规划探索具有参考作用。

2.1 新型城镇化背景下城乡规划的理论探讨[1]

城镇化问题是当代中国社会经济发展重大的综合性课题，涉及国民经济如何协调发展，达到一个新的现代化和谐社会发展的根本问题；也涉及中国新型城镇化的理论与实践问题及资源环境合理利用与长远保护的可持续发展问题[2]。比如，中国当前土地问题的实质是城镇化问题[3]。

在中央提出新型城镇化之后，各行业领域、各界专家对其内涵、外延、背景、发展途径、体系模式、行业选择、推进措施等有诸多研究。从规划领域来看，李晓江提出健康城镇化呼吁社会治理的理念，要管住政府这只有形的手，让市场机制充分发挥作用，重要的是让城镇化回归区域尺度、社会过程的本质和城乡关系这个关键的空间界面。顾朝林认为加快推进城镇化进程将面临五大主要任务：首先，推进农业转移人口市民化；其次，提高城镇建设土地利用效率[4]；第三，建立多元化可持续性城镇化资金保障机制；第四，坚持生态文明理念推进城镇化；第五，发挥市场和政府的共同作用推进城镇化，既要坚持使市场在资源配置中起决定性作用，又要更好发挥政府在创造制度环境、编制发展规划、建设基础设施、提供公共服务、加强社会治理等方面的职能。唐子来认为新型城镇化就是要走可持续发展的城镇化道路，其本质就是经济增长必须支付应有的社会成本和环境成本，即经济增长的外部成本必须内部化，由此实现经济、社会、环境的相互协调关系。因此新型城镇化的本质是全面的制度变革，最重要的制度变革领域包括户籍制度、土地制度、行政管理制度和财政分配制度等。只有创造制度红利，才能带来城镇化的发展红利。张京祥也提出城镇化的制度创新是一个宏大的课题，但是在这其中最关键、牵一发而动全身的是土地制度问题。如果中国的农村土地制度没有根本性的变革，将不会有城乡先进生产要素的“对流”和再配置，不会有真正的乡村复兴，不会有真正的城镇化，也不会有真正的国家现代化。赵燕箐认为基于传统的规划理论、使用现有的规划工具、仅仅针对新型城镇化的形象目标等根植于工程学科的学术传统，极大地限制了我们对新型城镇化的解题深度和广度。除非我们明白“旧型城镇化”的制度起源，并在理解其原因的基础上建立起新的理论基础，我们对新型城镇化的解答就只能是表浅的。吕斌则切入新型城镇化背景下传统规划体系的变革问题，他认为我国现行的城市规划体系缺乏针对内涵式发展的城市存量空间功能提升和优化，包括历史街区的有机更新和可持续再生过程的有效诱导和管制手段；缺乏在城乡统筹规划背景下，对非国有土地上的建设行为实施规划和管理的制度保障和方法；也缺乏推行多元主体参与的协同型规划的制度平台。

姚士谋等分析了在中国国情条件下新型城镇化的五大制约因素，并提出在中国新型城市化道路上，要重视三个理论与实践问题。

一是中心城市带动与辐射区域发展理论，促进新型城镇化的创新实践。①结合中国实际国情，要树立资源节约型的城镇化新思路。②要走出一条质量、效益型的城市发展的健康之路。辩证地认识资源环境和经济发展的关系，应根据国情，因地制宜，适当控制大城市的人口、用地规模，切忌贪大求洋、浪费资源的外延发展模式。通过强有力的规划加快调整经济结构和城镇工业布局。③要逐步消除城乡二元经济结构，缩小城乡差别，走城乡协调发展的路子。在工业化与城镇化过程中要合理配置资源，尤其是土地的发展权、征地权，改变廉价征用农用土地，“以乡养城”的社会状况，实现城乡经济良性互动。推进就业制度、公共服务制度、户籍制度、土地制度等改革创新，消除城乡隔阂，为农民转入非农产业创造就业机会和生存条件。

二是依据空间经济网络布局理论，构建新型城镇化的创新模式。空间经济网络布局理论侧重于城市区位、距离和空间经济的网络分析，抓住核

1. 本章节内容主要参考资料：①城市规划学刊编辑部．“新型城镇化与城乡规划”笔谈 [J]. 城市规划学刊，2014(3):1-11；②姚士谋，张平宇等．中国新型城镇化理论与实践问题 [J]. 地理科学，2014(6):641-646.

2. 姚士谋，张平宇等，中国新型城镇化理论与实践问题 [J]. 地理科学，2014(6):641-646.

3. 华生．土地收益分配不均与日、韩、台经验．瞭望智库—土地国策 30 人，2014.02.18.

4. 改变城市政府依靠土地财政的格局，按照严守农田保护底线，严控城镇建设用地增量，盘活已有存量，优化用地结构，提升土地利用效率，切实提高城镇建设用地集约化程度和城镇建成区人口密度……确定城市发展的生态红线，科学设置开发强度，划定城市特别是特大城市的增长边界，形成可持续性的城市生生活、生态空间。推进土地制度改革，在保证农村集体经济组织不垮，耕地不减，粮食增产，农民增收的前提条件下，改变传统的城镇政府单一经营土地的模式，建立既有城镇政府出让土地也有农村集体出让土地的城乡统一建设用地市场。（来源：城市规划学刊编辑部．“新型城镇化与城乡规划”笔谈 [J]. 城市规划学刊，2014(3):1-11.

心城市、核心区域，构建以人为本的城市化经济发达区，考虑中心性、优越区位、聚集性等。空间经济网络布局的合理性，有利于城市与区域发展的相互协调、相互联动。在生态环境问题日益突出的今天，新型城镇化必须一方面关注区域城市生态格局修复，另一方面在经济增长的过程中，关注城市区域的承载能力，重视每个城市的环境容量。①按照一定的地理环境，促进空间经济的相对协调平衡布局，合理发展，促使城市向生态型发展。在城市化进程中努力完善与构建城市生态安全格局的新局面。②集中紧凑、因地制宜地发展大中小城市，构建城市低碳经济的思路。中国人均用地资源、水资源、森林资源都十分有限，不可能像西方国家在城市建设方面铺张浪费，大手大脚，必须走城市布局集中紧凑的模式。③在城市高速发展的情况下，政府应适当提出严格控制大城市发展规模，有选择地发展卫星城镇和重点小城镇。

三是新型城镇化是一个重大区域经济发展命题，应充分认识中国城镇化本身的发展规律。①认识城市发展的有限承载力与空间定向扩展规律。土地资源、水资源、能源及环境等各项资源既是城镇发展的基础，也是城市可持续发展能力的大小与城市发展前景的重要因素，充分考虑资源环境承载力才能走健康发展之路。城镇用地空间的扩展由若干因素共同驱动，空间扩展的交通脉动规律（交通走廊的发展轴线），城镇用地定向开发优化规律以及城镇经济集聚与扩散规律，在中国城镇化过程中影响突出。②认识城市空间与城市环境容量的有限性、舒适性与生态性。城市及其周围的大面积水域、绿地、林地等重要生态源区，以及河流、道路等重要生态廊道具有重要现实意义。城市发展过程中，应加强城市的生态空间管制措施，保护这些生态源区和生态廊道，以构建安全可靠的城市生态安全网架，并发挥其生态服务功能。③按照全国主体功能规划的客观要求，建设大的城市群，特大城市应组团发展，切忌“摊大饼”模式的乱开发，带动城乡有机统一地协调发展。实现城乡统筹、城乡一体、产城互动、节约集约、生态宜居、和谐发展的新型城镇化。

科学规划是城镇建设的基础，但好的规划不仅是提出目标，而且要设计出可行的手段。城市规划要想回答“新型城镇化”提出的问题，首先要超越学科自身的“增长边界”，建立起一套新的城市规划理论[1]，比如结合地理学、经济学、社会学等进行理论与实践的多学科融合探讨。本章将主要从城乡统筹、生态规划、空间经济、乡村发展角度介绍涉及多学科交叉的几个理论，一方面是对以上各位专家从城乡规划角度阐述的理论观点进行补充，另一方面是希望通过简单梳理理论发展脉络，找到新型城镇化理论与实践创新的支撑。

2.2 规划视角下的城乡发展理论

现代城市规划理论中，占首位的和最具影响力的，当属霍华德（Ebenezer Howard，1850—1928）的“田园城市”——包含城市空间规划的理论体系与城市开发运营的实践框架。一百多年过去了，田园城市中所提出的城乡一体化、收支平衡、社会和谐等理念，对于很多当代的城市问题仍然具有指导意义（图 2-1）。

一个田园城市服务于 32 000 人，其中心是公园及公共建筑，外环有工业区、市场、仓库，而带形绿地将其与内环的住宅区隔开，最外围是永久保留的农业用地。当人口增长超过 32 000 人时，可以将几个田园城市围绕一个中心城市，通过快速交通系统联系，共同形成“无贫民窟、无烟尘的城市群”。

二战之前，大多数国家的城市规划实质上是一种“蓝图式设计”[2]，

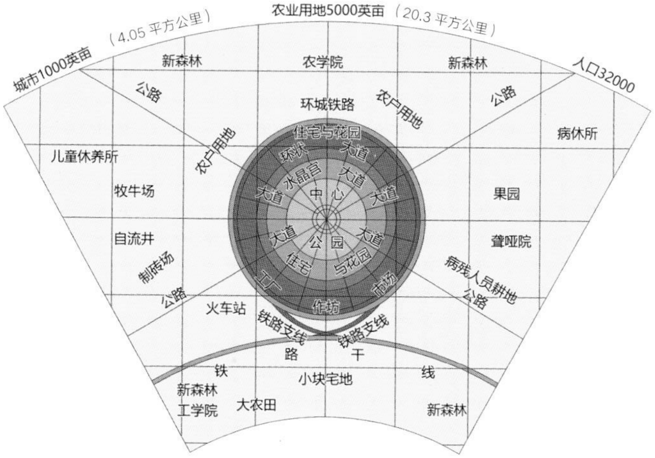

图 2-1
田园城市图解

1. 城市规划学刊编辑部．“新型城镇化与城乡规划”笔谈 [J]. 城市规划学刊, 2014(3):1-11.

2. 龚清宇．追溯近现代城市规划的“传统”：从“社经传统”到“新城模型”[J]. 城市规划, 1999(2):17-19, 21.

规划学科研究的关注度也多集中于城市地区，而对农村及其周边地区的深入研究较为缺乏。

到 20 世纪 60 年代，以物质空间为主导的规划模式在实践中越来越缺乏有效性。规划师逐渐认识到，除了工业发展和城市发展以外，还必须关注农业问题和乡村地区发展。与此同时，生态学思想得到进一步普及，生态规划逐步成熟，影响了城市与区域规划的概念与方法，学界对于郊区小城镇和农村地区规划建设的研究也逐渐增多。麦克哈格（Ian. L. McHarg，1920—2001）在《设计结合自然》中系统提出生态规划概念、思想和方法，并将之用于区域规划和资源规划。麦氏指出，生态规划方法是通盘考虑全部或多数因素，并在无任何有害或多数无害的条件下，对土地潜在用途做最适宜的利用[1]。此外，乡村社区规划亦崭露头角，它最早是由弗里德曼与道格拉斯（J. Friedman and M. Douglass）于 1975 年撰写的一篇题为《乡村社区发展：论亚洲区域规划新战略》的论文中提出来的。在弗里德曼与道格拉斯最早的论述中，乡村社区发展思想包括以下四个方面的内容：①建立一个由各级地方政府单元组成的网络，即乡村社区网络；②把权力从中央分散到地方，并改革中央与地方之间的税收结构；③使得每一地方政府单元都有足够的自主权和经济资源来规划和实现自身的发展；实行土地改革，确保财富重新由各个乡村社区成员所控制；④中央政府应在财政、物质、技术等方面来支援由地方政府制定的发展规划，并保证在地域间平等地分配发展基金，维持宏观经济的主要指标在全国系统内的平衡[2]。

我国进入城镇化快车道是在实行改革开放政策之后，随着城市建成面积不断扩张，城乡差距拉大、环境质量下降，统筹城乡发展与保护生态环境成为规划界刻不容缓的工作要求。国内学者亦创新相关理论。反规划（anti-planning）是其中最为著名的理论之一。它是由俞孔坚、李迪华在《论反规划与城市生态基础设施建设》一文中提出的，是专门针对城市规划过程中出现的漠视自然系统，以牺牲自然过程和生态安全为代价的城市化问题而提出的一种新的城市规划与设计方法，是对传统规划方法的一种校正。目前，已经在生态规划、旅游规划、城市规划等诸多领域得到一定的应用[3]。

鉴于现代城市规划理论体系融合了多种学科，涉及郊区小城镇和农村地区规划发展的理论亦可溯源至其他相关学科，包括地理学、经济学等。

2.3 地理学视角下的乡村发展理论

地理学中，乡村地理学（rural geography）是关注非城市区的人文组织与活动的一门学科，它是从区域的角度，着重研究乡村地区经济、社会、人口、资源与景观形成的条件、基本特征、地域结构、相互联系及其时空变化规律[4]。

国外乡村地理学发展历史悠久，19 世纪法国地理学家就乡村聚落进行研究，随后德国地理学家对乡村土地利用、聚落、农业活动和乡村文化景观进行了系统研究。二战以后的城市重建以及经济发展引起的城市化浪潮，在推动城市地理学迅猛发展的同时，也一度使得乡村地理学处于衰退状态。但 20 世纪 70 年代以后，西方出现了乡村地理学“再生”，研究领域比以前大为拓展，同时建立大量研究机构，出版物也随之大幅度增长[5]。20 世纪 80 年代以来的后现代主义、存在主义、理想主义、女权主义，以及激进马克思主义，对西方乡村地理学产生深刻的影响，研究范式也从空间分析逐渐向社会和文化转型，同时研究内容也更加多元化[6]。

国际上的乡村地理学家正在重新思考城乡交互作用的本质及其衍生的空间，认为乡村性是由乡村居民与迁入者、农民、土地所有者、工人、旅行者、休闲游客、政策制定者、媒体以及学术研究者等不同参与者共同体验与表现的，乡村地理学需要研究乡村性的表现。新世纪以来，乡村地理学研究工作已从原先关注乡村的物质性，转而关注其政治经济结构乃至社会建设[7]。

中国的乡村地理学在 20 世纪 90 年代之前主要关注乡村聚落和土地利用两方面，论著已相当丰富，如吴传钧的《土地利用之理论与研究方法》、金其铭的《农村聚落地理》、《乡村地理学》等。1990 年以来，乡村地理学的研究内容有了较大的拓展，包括基础理论的发展、土地利用、经济、

1. 董戈娅 . 重庆都市区非建设用地规划及管理控制方法研究 [D]. 重庆: 重庆大学，2007.

2. 李贵仁、张健生 . 国外乡村学派区域发展理论评介 [J]. 经济评论，1996(3):67-71.

3. 牛毓君 ."反规划" 视角下的城乡结合部土地利用规划研究 [D]. 北京: 中国地质大学，2013.

4. 郑开雄 . 快速城市化地区新农村规划研究 [D]. 天津: 天津大学，2011.

5. 张小林，盛明 . 中国乡村地理学研究的重新定向，人文地理 [J].2002(1):81-84.

6. 周心琴，张小林 . 我国乡村地理学研究回顾与展望，经济地理 [J].2005(2):284-285.

7. 龙花楼、张杏娜 . 新世纪以来乡村地理学国际研究进展及启示 [J]. 经济地理，2012(8):1-7，137.

图 2-2

松江区石湖荡镇新姚村，周广坤摄

聚落、城市化、景观、文化、空间等多个方面。其中，土地利用的结构优化、可持续评价、规划等问题亦受到重视，越来越多的学者认识到只有将土地用途与土地的经营管理方式结合在一起的土地利用结构优化才是合理、有效的。同时，随着可持续发展观念的渗透，乡村聚落研究中也融入许多生态学思想。相关著作有：中国科学院地理所对全国农村经济进行的首次区

图 2-3

青浦区练塘镇东泖村，秦战摄

划研究《中国农村经济区划》、张小林的《乡村空间系统及其演变研究》、郑弘毅的《农村城市化研究》等。

目前，我国人文地理学中的城市地理、经济地理、旅游地理发展欣欣向荣。相对地，乡村地理学则处于一种衰退状态。但是在快速城镇化过程中，乡村地区的问题与矛盾一直是全球面临的重大课题。我们既要保护乡村生态，又要促进乡村经济发展，这就不仅仅是生态和经济问题，还涉及政策、社会、文化和乡村中的居民。无论是发展经济与保护生态，还是对乡村资源进行有效整合、对乡村空间系统进行重构、对乡村居民的行为和心理进行研究等，都可以凭借乡村地理学作为理论支撑，为农村发展出谋划策（图 2-2，图 2-3）。

2.4 经济学视角下的城乡发展理论

城乡关系问题一直是经济学、地理学研究的重点之一，经济学者的研究主要集中在地租与地价理论、生态经济理论。而区位论则是一个典型的边缘理论学科。也可以说，它既属于经济学，也属于地理学[1]。

1. 杨吾扬．区位论与产业、城市和区域规划．经济地理 [J]，1988(1)：3-7.

2.4.1 地租地价理论

地租是土地所有者凭借土地所有权所不劳而获的收益。根据马克思的地租理论，一切形态的地租都是土地所有权在经济上的实现，一切地租都是剩余劳动的产物，它是以土地所有权的存在为前提的。马克思提出了级差地租[2]、绝对地租和垄断地租三种形态；提出了以劳动价值论为基础的地价理论。马克思把土地分为土地物质和土地资本，并称“土地价格无非是出租土地的资本化收入”，“土地价格是地租的资本化，即土地价格 = 地租 / 利息率”。

地租和地价理论对于土地资源的综合评价和合理开发利用、制订土地利用政策具有重要的指导作用。为了获得土地利用的最大经济效益，合理配置土地资源，必须应用经济杠杆对其加以调节和控制。通过合理组织土地利用，不断提高土地肥力和改善土地质量状况，修筑交通运输网络，改变土地的经济地理位置和交通运输条件，追加物化劳动和活劳动的投入。实行土地集约化经营，必将导致土地级差地租条件的变化。这就是常说的“规划即地价”，规划是影响地价的重要因素，应根据地价的空间分布规律合理规划（配置）各业用地。

土地用途与地价高低有密切的关系，通常商业用地的地价最高，农业用地的地价最低。另外不同土地用途对土地利用的条件要求不一样，在土地条件一定的情况下，规定土地用途对土地价格有着重大影响，就某一块土地而言，规定用途会降低地价，而从总体上看由于有利于土地的协调利用而具有提高地价的作用。但如果规定用途不妥，缺乏科学的依据，既降低单块土地的价格，又会降低整个土地利用效率而使地价下降。

规划的土地用途对地价的影响在城市郊区表现尤为显著。由于城市扩展而使郊区某些适宜土地作为城市用地，但原先政府规定只能维持农业用途，地价必然很低，一旦政府准许改变用途，地价则会成倍上涨。所以，土地利用规划条件成为影响土地价格形成的重要因素。

以地租及地价理论为指导，一般情况下，根据土地用途和地租之间的关系，把位于和接近城市中心区的土地规划用作高价用地和商业用地、居住用地；把其他类型用地如工业用地、行政办公用地规划于远离城市中心的地段上。对于农用地而言，把集约经营用地如果品、蔬菜等产品生产用地规划在城市近郊区；将粗放经营用地如大田作物生产用地等规划在远离城市的地段上。

现在，被提升为国家战略的新型城镇化争论与关注的焦点之一，即：是继续加强用途管制、强化规划管控，还是更改行政主导模式、加快土地市场建设？正如原国家土地管理局规划司副司长郑振源在《用市场力量解决新型城镇化发展中的土地问题》一文中所言：“我们现在的争论牵扯到三个理论问题。第一个是地价是如何形成的？是由用途决定还是由地租决定？地租如何形成的？是所有权的经济体现还是投资体现？第二个是开发权，开发权是国家的还是土地所有者的？现在有一种说法是开发权是国家的，可是从物权法来说，开发权是从所有权里分离出来的。第三个问题是土地增值收益的分配。对此有三种说法：一是涨价归公，比如台湾地区；二是涨价归土地所有者；三是涨价公私分配。我们要坚持开放竞争的土地市场，必须解决这三个理论问题。”这些与地租、地价、产权相关的理论问题仍然是我们走新型城镇化道路所必须思考和探讨的。

2.4.2 生态经济理论

生态经济学对土地利用规划特别是郊区小城镇和农村地区相关土地利用规划的指导意义在于：土地利用不仅是自然技术问题和社会经济问题，也是资源合理利用和生态经济问题，同时承受着客观的自然、经济和生态规律的制约。土地生态经济系统是由土地生态系统与土地经济系统在特定的地域空间里耦合而成的生态经济复合系统。也就是说，我们在利用土地资源时，必须要有整体观念、全局观念和系统观念，考虑到土地生态经济系统的内部和外部的各种相互关系，不能只考虑对土地的利用，而忽视土地的开发、整治和利用对系统内其他要素和周围环境的不利影响。

2.4.3 区位论

区位论（location theory ）或称区位经济学、地理区位论，是关于人类活动、特别是经济活动空间组织优化的学问[3]。

区位是一个综合的概念。它是指社会经济等活动在空间分布的位置，这些位置既包括自然地理位置，也包括经济位置和交通位置，三种位置有机联系，相辅相成，共同作用于地域空间，形成土地区位的优劣差异[4]。

区位理论包括杜能的农业区位论、韦伯的工业区位论、克里斯泰勒的

1. 杨吾扬 . 区位论与产业、城市和区域规划 [J]. 经济地理，1988(1)：3-7.

2. 级差地租Ⅰ是由于土地的肥沃程度和土地位置的不同而产生的。级差地租Ⅱ是由于在同一块土地上连续投入等量资本所产生的生产率差别而形成的。

3. 杨吾扬 . 区位论与产业、城市和区域规划 [J]. 经济地理，1988(1)：3-7.

4. 刘彦随 . 城市土地区位与土地收益相关分析 [N]. 陕西师大学报（自然科学）.1995.（1）：95-100.

表 2-1
区位论发展简表

项目阶段	古典区位论	近代区位论	现代区位论
起始时间	19世纪20年代	20世纪30年代	20世纪70年代
涉及对象	第一、第二产业	第二、第三产业和城市	城市和区域
追求目标	成本最低	市场最优	优势最显
理论特色	微观的静态平衡	宏观的静态平衡	宏观的动态平衡
代表人物	杜能、韦伯	克里斯塔勒、廖什	俄林、哈格斯特朗

注：古典阶段以特殊区位论为主导，现代阶段以一般区位论为主导，而近代阶段则二者兼而有之。

中心地理论、廖什的市场区位论等。在近代区位论的基础上，英法等经济学家创立了增长极－发展极理论、系统理论和结构理论等（表 2-1）。

根据马克思的级差地租 I 的观点，其第二种形式是土地距市场的远近造成的，区位地租差异构成的杜能圈正是这种形式的说明[1]。我国自新中国成立以来，特别是 20 世纪 90 年代左右开始的以土地财政为主要途径的城镇化进程，忽视了级差地租的作用，造成了城乡土地利用的不合理和混乱现象。上海的建设用地规模也直顶“天花板”，以“减量化”为主的土地利用转型刻不容缓。区位论的理论和模式，正是制订级差土地费用和推行土地利用合理化的依据。

所以，土地利用规划实践应全面系统地应用区位理论作为指导，合理地确定土地利用方向和结构，根据区域发展的需要，将一定数量的土地资源科学地分配给农业、工业、交通运输业、建筑业、商业和金融业及文化卫生教育部门，以谋求在一定量投入的情况下获得尽可能高的产出。在具体组织土地利用时不仅要依据地段的地形、气候、土壤、水利、交通等条件，确定适宜作为农业、工业、交通、建筑、水利等的用地，而且要从土地利用的纯经济关系入手，探讨土地利用最佳的空间结构。

扩展阅读

1. 冯 · 杜能——农业区位论

19 世纪 20 年代，德国古典经济学家、区位理论创始人冯 · 杜能（J.H.von Thuen）（图 2-4）在分析土地位置的优劣差异基础上建立了杜氏极差地租理论，并进一步分析了农作物在空间上的分布，提出了农作物以城市为中心的同心圆空间极差分布模式。农业区位论指出：农业土地利用类型和农业土地经营集约化程度，不仅取决于土地的自然特性，而且更重要的是依赖于其经济状况，其中特别取决于它到农产品消费地（市场）之间的距离。杜能从农业土地利用角度阐述了对农业生产的区位选择问题。在此基础上，杜能为了阐述农业生产地到农产品消费地的距离对土地利用类型产生的影响，1826 年其著述《孤立国同农业和国民经济的关系——关于谷物价格、土地肥力和征税对农业影响的研究》（简称《孤立国》第一卷[2]）出版，提出了著名的“孤立国”模式，证明市场（城市）周围土地的利用类型以及农业集约化程度（方式）都是以城市为中心，呈圈层分布的，而这围绕城市形成一系列的同心圆，称作“杜能圈”（图 2-5）。距城市最近的圈层为高度集约经营的圈层，随着距城市距离的增加，土地越粗放，即呈现出如下的变化规律：自由农业圈—林业圈—

1. 杨吾扬 . 区位论与产业、城市和区域规划 [J]. 经济地理，1988(1)：3-7.

2. 1850 年冯 · 杜能又发表了《孤立国》第二卷，副题为《论合乎自然的工资及其与利率和地租的关系》。

图 2-4

约翰·海因里希·冯·杜能（1783—1850）

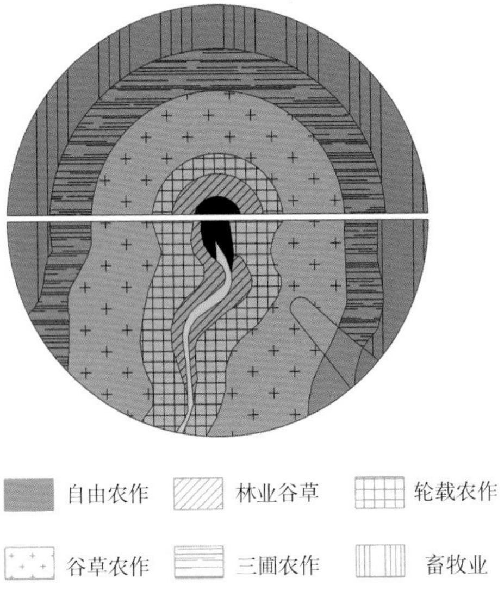

图 2-5

杜能圈

图 2-6

阿尔弗雷德·韦伯

图 2-7

瓦尔特·克里斯泰勒

图 2-8

奥古斯特·廖什

轮作式农业圈—谷草式农业圈—三圃式农业圈—畜牧业圈。他从区位地租出发，得出了农业品类围绕市场呈环状分布的理想化模式，从而为以后区位论中两个重要规律，即距离衰减法则和空间相互作用原理的出现作了准备。

杜能理论的核心部分，从经济上看就是农业生产者所处位置的级差地租。土地位置级差地租为土地经济利用时的价格，与需求之间成正相关。杜能的区位论对土地的利用及其规划起着十分重要的作用。

2. 韦伯——工业区位论

1909 年阿尔弗雷德·韦伯（Alfred Weber, 1868-1958）（图 2-6）出版《工业区位论》，工业区位理论问世。韦柏的工业区位论中排除了社会文化方面的区位因素，只考虑将原材料费用及其地区差异纳入运费之中，因此，"孤立的工业生产"的区位就取决于运输费用和劳动力费用，并从两项因素的相互作用分析中，推导出工业区位分布的基础网，继而根据聚集因素，对基础网作进一步的位置变换。韦柏研究了运费对工业区位选择的影响认为，吨公里总和的最低点可使工业生产取得最低成本的效果，因为，运输费用与吨公里总和是成正比的。依据原材料系数条件选择企业定向，即原材料系数大的企业以原料定向，原材料系数小的企业则以消费定向。在此基础上，韦伯认为，当劳动力费用（表现为工资）在特定的区位对配置企业有利时，这样可使一个工厂离开或者放弃运费最小的地点，而移向有廉价劳动力的地区，条件是原材料和成品的追加费用小于节省下来的劳动力费用，从而使韦伯的区位图形产生"第一次变形"。当一个工厂如果集聚所节省的费用大于因离开运费最小或劳动力费用最小的位置需追加的费用，则其区位由集聚因素定向。韦伯在以上分析中首次运用"区位因素"这一概念，把对运费的分析作为理论推导的重点，首次提出并运用等费线（费用等值线）方法进行分析。

3. 克里斯泰勒——中心地理论

区位论由古典学派转换为近代学派的标志是瓦尔特·克里斯泰勒（W.Christaller, 1893-1969）（图 2-7）吸取杜能、韦伯两套区位论的基本特点，于 20 世纪 30 年代初提出的“中心地理论”。克氏从研究地图上的聚落分布开始，通过调查研究，确立了中心地理论的一系列原理：三角形聚落分布、六边形市场区的框架；等级序列和门槛人口的内涵；根据市场交通和行政原则得出的网点类型。克里斯泰勒认为，空间中的事物从中心向外扩散，区域的中心地点即区域核心，就是城镇。大多数情况是：一个国家或地区，如果从大到小对城市进行分级，各种等级的城市均有，规模最小的那一级城镇的数量最大，等级愈高，数量愈小。该理论揭示了城市、中心居民点发展的区域等级—规模的空间关系，为城市规划和区域规划提供了重要的方法依据。

4. 廖什——市场区位论

奥古斯特·廖什（August Losch，1906—1945）（图 2-8）在杜能、韦伯等人区位理论的基础上，1940 年出版了《区位经济学》一书，用同克氏雷同的模式去解释加工工业区位，从而形成工业区位研究的市场学派。他从工业配置寻求最大市场角度，从总体均衡的角度来揭示整个系统的配置问题，以利润来判明企业配置的方向，并且把利润原则同产品的销售范围联系起来。廖什对工业区位理论研究的贡献之一，是他提出的关于工业企业配置的总体区位方程，当方程的约束条件得到满足，解出方程以后，也就确定了整个区域总体平衡的配置点。

2.5 乡土中国与城乡中国

农业、农村、农民即“三农”问题一直是中国的突出问题之一。20 世纪 80 年代以来，中国的经济飞速发展，可是城乡之间依然有着巨大的差距，导致中国发展中的大多数难题，都在农村，都在城乡之间。一方面，城市发展向乡村蔓延，城镇化征占了更多土地，驱动了更多背井离乡的进城务工人员，加剧了城乡二元差异；另一方面乡镇企业的发展、乡村工业化现象深刻影响了中国乡村社会和环境变迁。

乡村及城乡之间的多重问题与症结为中国乡村社会学[1]、经济学研究提供了广阔天地。社会学者对郊区小城镇和农村地区的研究侧重农村社会各部分之间、农村和城市之间及农村社会与自然环境之间的关系。社会学以整个乡村社会及城乡关系为对象，对农村的社会结构、社会关系及社会生活的各个方面从综合的角度开展研究，包括合作组织研究、社会组织研究等，揭示农村相互关系、社会功能和变迁的规律，并从与城市社会进行对比，阐明它们在城乡关系中的演变趋势及特点，以期为乡村社会的建设发展和管理提供可作为科学指南的一般原理[2]。农村经济学者则更关注农村的土地问题、产权问题、农民收入增长与农村贫困问题、农民的利益保护问题、乡镇企业的发展问题、乡村城镇化问题等。

不同于其他理论的是，乡村社会学者、经济学者更注重以实地调研的形式，到真实世界里去谋求解决之道。

早在 1929—1933 年，我国著名的农村经济学家、社会学家陈翰笙就组织成立农村经济调查队，对无锡、保定、广州进行实地调查，写成调查报告与专论《亩的差异》、《封建社会的生产关系》、《东北的难民与土地问题》和《现代中国的土地问题》等，以第一手的农村调查材料论证中国农村半封建、半殖民地的社会性质，指出中国农村发展的道路即土地改革。

1947 年，费孝通著述《乡土中国》，是学界共认的中国乡土社会传统文化和社会结构理论研究的代表作。费孝通是中国社会学的奠基者之一，出版了一系列有关乡村社会学的著作。他在农村研究方面的理论和方法成就曾激励了较多关注农村的学者积极地参与了对乡村社会的各种调查[3]。社区调查传统就是由费先生和其他学者倡导发起的，影响了当代的农村研究，帮助人们深刻理解农村社会构成的基础、乡土文化的基本规则以及农村变迁的动因。

近几年，周其仁陆续以实地调研的形式，深入调查了中国很多地方城乡的情况，并以《城乡中国》一书将城乡差异形成的原因、后果及可能的解决办法娓娓道来，在启发读者认识中国经济和社会发展的同时，思考如何找出城镇化改革的症结，消除城乡之间的巨大分隔，为新的经济和社会发展寻到契机。华生更是提出目前城市化转型面临的问题已不再是“农村、农民、农业”的老三农问题，而是“农地流转、农民离乡务工、农地非农

1. 乡村社会学是社会学的分支之一，以非都市地区内的社会生活为研究范畴。它是一个关于远离人口密集地区或经济活动地区的社会组织和行为的科学研究，包括了统计数据检查、面谈、社会理论、观察、调查研究和其他技巧。

2. 郑开雄．快速城市化地区新农村规划研究 [D]. 天津：天津大学，2011.

3. 陆益龙．超越直觉经验：农村社会学理论创新之路 [J]. 天津社会科学，2010(3):65-70.

用”的新三农问题。中国的城市化道路要从“土地城市化”真正走上“人的城市化”，并成功实现现代化转型，其核心是重新调整“土地开发权”的分配，实现公民权利的均等化和人力资本的普遍升级。

从乡土中国到城乡中国，是中国城镇化过程中对农村问题的不同时代、不同视角的关注，但相同的是，他们都是“实践出真知、实践检验真理”的践行者。所以，面对上海的转型与发展，也必须到实践中去看问题、想办法。甚至有些实践不一定是目标明确的改革设计，而是以经验为基础，探索试验，但最终启发政策构想，推动改革。不管是乡土中国还是城乡中国，我们的目标是既要保留农村的乡土性又要实现城乡良性互动。然而，经过城市绑架农村的城镇化历程与代价，城乡鸿沟已在，新一轮的改革必是在理论与实践酝酿的基础上蓄势待发。

通过以上相关理论的梳理和总结，为上海新型城镇化中面临的城乡统筹和农村地区规划两大核心议题提供了思路。

（1）上海新型城镇化要重新回归到“以人为本”，更加关注“人”的城镇化，土地城镇化与人口城镇化应相互匹配，城镇化的关键不再是追求规模，而是提高质量，不再是城市剥夺农村式的城镇化，而是城乡统筹的城镇化，是城乡共享发展红利的城镇化。

（2）上海新型城镇化要转变以往“重城轻乡”的传统模式，更多关注农村地区的发展，通过城乡用地结构和空间布局的调整优化，在实现城市化地区集约紧凑发展的同时，留住乡愁，延续乡村历史文化和景观风貌，从规划到实施都要重视农村地区。（图 2-9）

（3）上海新型城镇化要注重和落实生态文明建设，既是改善人居环境，提高城市品质和形象的要求，也是提高土地综合效益的重要手段。

（4）上海新型城镇化要从外延扩张型向存量优化型转变，从上海的实际情况出发，大规模增量式的城镇化路径已不太现实，未来更加注重对存量土地的优化和二次开发，需要政府和市场来共同参与完成。

图 2-9
青浦区练塘镇东庄村，李坤恒摄

扩展阅读：

改革开放以来中央关于“三农”问题的“一号文件”[1]

“三农”问题在中国的改革开放初期曾是“重中之重”，中共中央在1982年至1986年连续五年发布以农业、农村和农民为主题的中央“一号文件”，对农村改革和农业发展作出具体部署。这五个“一号文件”，在中国农村改革史上成为专有名词——“五个一号文件”。时隔18年，中共中央总书记胡锦涛于2003年12月30日签署《中共中央、国务院关于促进农民增加收入若干政策的意见》。中央“一号文件”再次回归农业。2005年1月30日，《中共中央、国务院关于进一步加强农村工作提高农业综合生产能力若干政策的意见》，即第七个“一号文件”公布。2006年2月21日，新华社授权全文公布了以“建设社会主义新农村”为主题的2006年中央“一号文件”。2007年1月29日，《中共中央、国务院关于积极发展现代农业扎实推进社会主义新农村建设的若干意见》下发。2008年1月30日，《中共中央、国务院关于切实加强农业基础建设进一步促进农业发展农民增收的若干意见》下发。2009年2月1日，《中共中央、国务院关于2009年促进农业稳定发展农民持续增收的若干意见》公布，2010年2月1日，《中共中央、国务院关于加大统筹城乡发展力度进一步夯实农业农村发展基础的若干意见》下发。2011年1月29日，《中共中央、国务院关于加快水利改革发展的决定》下发。2012年2月，《关于加快推进农业科技创新持续增强农产品供给保障能力的若干意见》下发。2013年1月31日，《中共中央、国务院关于加快发展现代农业进一步增强农村发展活力的若干意见》发布。2013年1月19日，中共中央、国务院印发《关于全面深化农村改革加快推进农业现代化的若干意见》。至此，中央在新世纪已出台了11个关注“三农”工作的中央“一号文件”。

1. 资料来源：新华网 http://news.xinhuanet.com/ziliao/2006-02/09/content_4156863.htm

CHAPTER THREE

经验借鉴

Experience Reference

CHAPTER 3

SUMMARY

章节概要

成都城乡统筹

重庆“地票”

广州“三旧”改造

台湾土地重划

各地对“土地用途管制、增减挂钩、土地整治、产权财权确立、土地收益分配”等方面的探索为上海新型城镇化提供借鉴。

崇明县堡镇五效村　黄轶伦、王梦亚、顾沭宇、张星瑶

改革开放30多年来，随着工业化、城镇化的快速发展，中国城乡关系、人地关系、农村地域结构均发生了显著变化。一方面，城市规模扩展与基础设施建设用地增长需求旺盛，保障经济发展与保护耕地红线的“双保”压力不断增大；另一方面，农村土地大量废弃闲置，推进城镇化与新农村建设的“双轮”驱动迫切[1]。作为新型城镇化的排头兵，上海面临的土地资源紧约束、郊区小城镇和农村地区发展相对滞后及生态环境问题更显突出。怎样走出土地资源依赖型的发展路，如何实施郊区大量低效建设用地的减量化，怎样改善生态环境？回答这一系列问题，一方面需要深入到现场实地调研，摸清家底，解决问题；另一方面则是在理论支撑的基础上研究案例，借鉴经验吸取教训。本章选取成都的城乡统筹、重庆的地票、广州的“三旧”改造，以及台湾的土地重划等作为案例进行分析。

首先，以主要政策背景为线索交代选取这些案例的原因。

（1）“土地用途管制”与“增减挂钩”

1997年中共中央、国务院发文要求“对农地和非农地实行严格的用途管制”。1998年全国人大修订《土地管理法》，“土地用途管制”正式出台，这是我国土地资源就市场范畴被拿出、划入高度行政管制领域的标志。实施土地用途管制的结果，是强有力地刺激了对建设用地的需求[2]。在各地“呼吁”土地之际，2004年，“鼓励农村建设用地整理，城镇建设用地增加要与农村建设用地减少相挂钩”的政策出台。2006年4月，国土部确认了山东、天津、江苏、湖北、四川五省市为城乡建设用地增减挂钩的第一批试点。2008年6月，《城乡建设用地增减挂钩管理办法》颁布。此后，挂钩试点进一步扩大，全国共有24个省级地方试行此策。

（2）“城乡统筹”与“土地整治”

回顾2003年以来关于“三农”问题的中央一号文件，“统筹城乡发展、促进新农村建设、加快推进农业现代化”成为主要要求。2003年，中共十六届三中全会提出“五个统筹”的科学发展观。2007年6月，国家批准成都、重庆设立全国统筹城乡综合配套改革试验区。2010年中央一号文件明确提出：“有序开展农村土地整治，城乡建设用地增减挂钩要严格限定在试点范围内，周转指标纳入年度土地利用计划统一管理，农村宅基地和村庄整理后节约的土地仍属农民集体所有，确保城乡建设用地总规模不突破，确保复垦耕地质量，确保维护农民利益。”国土资源部在深入调查研究的基础上，按照保障科学发展的总体要求，提出了以土地整治和城乡建设用地增减挂钩为平台，促进城乡统筹发展的基本思路[3]。

（3）成都与重庆的“增减挂钩”探索

目标实际，凡心驱动者众。挂钩的初始目标非常实际，就是地方政府要扩大城市建设用地。但改革像很多事情一样，结果永远优于意图[4]。在探讨合法获得土地的途径上，成都走了城乡统筹试点之路，重庆走了“地票”之路。成都城乡统筹和重庆地票，均是“增减挂钩”这项政策在不同地方的探索实践与制度突破。成都的经验是将底阀性财政资源向农村和农民倾斜，而且启动了土地制度和其他制度方面的改革，通过重新界定财产权利，使经济资源在城市化加速积聚和集中所带来的土地级差收入，在分配上更好地兼顾城乡人民的利益[5]。重庆“地票”交易是基于城乡建设用地产权一体化的基本制度框架，以稀缺的农村集体建设用地指标为交易对象，将农村集体建设用地嵌入城镇建设用地价格形成机制，通过“资产性”地权交易在集体资产价值获得实现的同时，实现城乡建设用地实物资产的增减挂钩、要素的优化组合和产业的集聚[6]，是以实现城乡建设用地收益公平分配为“杀手锏”的制度创新[7]。

（4）土地收益分配与台湾土地制度变革

只要有土地的用途管制和规划管理，就会有土地价值的巨大差异[8]。所以，土地收益的分配问题不管在农村还是城市地区均是人们关心的核心焦点。比如，台湾一直将地利共享作为原则，土地增值收益的税收调节，紧紧扣住土地，而不是按建筑物面积补偿，避免了土地征收或规划变更时“种房子”的现象。

台湾地区在“耕者有其田”和“平均地权，涨价归公”的原则下，土地制度主要经历两个阶段，即土地改革和土地重划。土地改革运动

1. 刘彦随．科学推进中国农村土地整治战略[J]. 中国土地科学，2011(4):3-8.

2. 周其仁．城乡中国（下）[M]. 北京：中信出版社，2014.

3. 郧文聚，杨红．农村土地整治新思考[J]. 中国土地，2010(1):69-71.

4. 周其仁．城乡中国（下）[M]. 北京：中信出版社，2014.

5. 周其文．成都城乡统筹启示录[J]. 国土资源导刊（湖南），2010(12):56-58.

6. 程世勇．“地票”交易：模式演进和体制内要素组合的优化[J]. 学术月刊，2010 (5)5.

7. 杨继瑞，汪锐，马永坤．统筹城乡实践的重庆“地票”交易创新探索[J]. 中国农村经济，2011 (11):4-9.

8. 华生．城市化转型与土地陷阱[M]. 北京：东方出版社，2013.

自 1949 年初持续到 1953 年底，从“三七五减租”[1] 开始，经历了“公地放领”[2]，最终实现“耕者有其田”[3]。后来，随着经济社会转型升级，农业在国民经济生活中逐渐让位于工商业，小农经济对于农业与整体经济的制约作用逐渐显现[4]。产业升级、城市扩张、旧城改造的需要，都提出了对原土地制度进行变革的要求，也就是当前台湾土地重划的主要任务。台湾的土地变革，早期是土地所有权的重新分配，后期则较注重土地利用。1974 年颁布了《区域计划法施行细则》、《都市计划法》、《非都市土地使用管制规则》等法规，对土地使用管制作了更加详尽的规定。为进一步落实分区管制的功能，台湾还明确规定了各分区限制内容，在划定使用分区的基础上，编定了 18 种使用地。明确限定允许使用和不允许使用的具体标准和条件。无论土地重划还是土地用途管制，台湾的经验均值得借鉴。

（5）集约节约用地政策与广州的探索

自 20 世纪 90 年代以后，随着大量农民向城市集中，城镇空间急速扩大，但农村的居民和建设用地面积未减反增。即中国城镇建成面积的扩大速度快于人口的城镇化率，资源与人口的集聚程度都在提高，但空间资源的集约与集聚程度却低于人口和劳力的集聚程度。2008 年，国务院《关于促进节约集约用地的通知》明确要求，切实保护耕地，大力促进节约集约用地[5]。在此背景下，广东省启动建设节约集约用地示范省，开始探索“三旧”改造。虽然三旧改造针对的主要是城市地区，但其改造落脚点在于土地整治与利用，在“明晰土地产权”、“创新土地管理政策”，“完善集体土地权能”、“分享土地增值收益”均有所突破。

总之，在集约节约利用土地、城乡统筹的原则下，各地对“土地用途管制、增减挂钩、土地整治、产权财权确立、土地收益分配”等方面的探索均是创新点。同样，以下详述的案例在规划体系构建、规划编制与实施管理上也有所创新和突破，值得上海借鉴。

3.1 成都的城乡统筹

3.1.1 发展历程

2003 年，中共十六届三中全会提出“五个统筹”的科学发展观。2004 年 2 月，成都市委市政府正式做出“统筹城乡经济社会发展、推进城乡一体化”的战略部署。五个成都近郊区（市）县开展城乡统筹试点工作，后将试点推广到五个主城区。同年“五朵金花”[6] 成为开篇之作，成为成都“城乡一体化”战略成果的亮点。2005—2006 年，成都市深入探索，提出“全域成都”，全面推进城乡一体化发展。至此，可称为成都城乡统筹的初步探索阶段，确立了规划在城乡统筹工作中的统领地位，对规划管理体制进行了初步改革。

2007 年 6 月，国家批准成都设立全国统筹城乡综合配套改革试验区，成都以此为契机，加快推进城乡一体化建设。试行包括农村土地流转制度、行政管理体制、城乡全覆盖社会保障制度等多项改革。2008 年，汶川“5·12”地震灾后重建，为成都的城乡统筹带来新的契机。以城乡统筹的思路推进的灾后重建工作，使得改革实践得以深化。2009 年，探索农村产权制度改革，确权颁证、还权于民，促进土地流转，解放和发展农

1. 三七五减租，即降低台湾佃农向地主缴纳的地租（由土改前农民的地租为 50% 以上统一降到 37.5%），通过规定地租的上限方式降低佃农的地租负担，改善佃农的处境。除了进行原则减租外，对于农业种植的不确定性也给出了相应的办法，并于 1951 年 6 月对于三七五减租成果用法律形式加以巩固。（根据资料整理：中国社会科学院经济研究所政治经济学研究室，杨新铭，《台湾土地制度演变历程的启示》）

2. 在三七五减租基本完成后，土改”进入“公地放领”阶段，即政府将其“国有”、“省有”耕地直接划分给佃农耕种，变佃农为自耕农。与三七五减租不改变土地所有权、只改变使用权和受益权不同，公地放领是通过改变土地所有权实现的，且这种所有权转移是有偿转让。到 1952 年公地放领基本结束，一定范围内实现了“耕者有其田”，为进一步限制地主耕地规模，实现全岛范围的“耕者有其田”奠定了基础。（根据资料整理：同上）

3. 为了进一步全面实现“耕者有其田”，台湾于 1953 年通过实施《实施耕者有其田条例》限制地主土地，对地主所有的土地进行重新分配。该条例将土地按质量划分为 26 个等级，并按等级限定地主保有土地数量的上限，超出部分由政府按照公地放领的价格进行收购，政府也分 10 年向地主支付全部土地补偿款。到 1953 年末，通过征收地主土地配发给佃农的方式而基本完成了“耕者有其田”为目标的土地改革。（根据资料整理：同上）

4. 中国社会科学院经济研究所政治经济学研究室，杨新铭.《台湾土地制度演变历程的启示》.

5. “一要按照节约集约用地原则，审查调整各类相关规划和用地标准。二要充分利用现有建设用地，大力提高建设用地利用效率。三要充分发挥市场配置土地资源基础性作用，健全节约集约用地长效机制。四要强化农村土地管理，稳步推进农村集体建设用地节约集约利用。五要加强监督检查，全面落实节约集约用地责任。”

6. 位于成都市锦江区三圣花乡，原名三圣乡现隶属于三圣街道办事处，作为成都“198”生态及现代服务业综合功能区的重要组成部分，三圣花乡推出五种不同风格的休闲农业旅游观光区，包括“花乡农居”、“东篱菊园”、“幸福梅林”、“江家菜地”和“荷塘月色”，别称“五朵金花”。

村生产力[1]。至此，成都进入城乡统筹的全面改革阶段，实践上的代表是“198”规划[2]和灾后重建。2009年底，成都市委确立了建设世界生态田园城市的目标，力争将成都建设成为城乡一体化、全面现代化与充分国际化的区域枢纽和中心城市，对城乡规划工作进行了深入改革。

3.1.2 主要内容

城乡统筹的实质是协调城市与乡村的各类资源要素，打破城、镇、村的脱节格局，通过将公共服务设施与交通等市政基础设施由城市向农村覆盖，逐步实现城乡一体化。以“三个集中”（工业向集中发展区集中，农民向城镇集中，土地向规模经营集中）为核心，以市场化为动力，以政策为保障，推进城乡一体化，积极探索以城带乡破解城乡二元结构和“三农”难题的新途径[3]。

成都城乡统筹规划编制的核心内容全域规划满覆盖。除各层面常规规划的编制外，还对基础设施、民生设施的一体化规划、城乡结合部规划探索、县域规划法定化及村镇规划满覆盖进行了探索。以“三个集中”为总的行动纲领，重点在以下四方面进行实践探索：

1. 全域成都，规划满覆盖

全域成都是打破成都市域内的行政区界，城乡一盘棋，统筹研究确定全域产业发展、全域功能分区、全域城乡体系、全域城乡空间形态、全域城乡交通结构体系、全域生态格局，统筹配置全域公共服务设施和市政基础设施，实现规划“满覆盖”。未来成都以交通网络连接的城镇走廊（密集发展区）与乡村协调同步发展。集中发展的同时，将规划认为应予保护的空间留住、守好；在乡村地区，除根据规划形成一定数量的农村新型社区（中心村）外，均是建设行为受到严格制约的自然开敞生态空间。

目前，成都初步形成了以区域总体规划为核心，控制性详细规划为基础，各类专业专项规划为纽带，覆盖全市的总体规划、专业规划、专项规划、详细规划、城市设计的规划体系，其中重点镇以上城市建设用地（含工业集中发展区）控制性详细规划覆盖率达100%[4]。

2. 县（区）域总体规划法定化

2007年，为适应建立统筹城乡配套改革试验区的要求，成都市规划管理局提出了针对二、三圈层区（市）县编制县域总体规划的构想，构筑城乡规划管理平台，并通过《成都市城乡规划条例》，在《城乡规划法》规定的规划体系基础上，增设“县域城乡总体规划”层次，赋予县域城乡总体规划明确的法律地位，弥补现有法定规划体系的不足[5]。

县（区）域总体规划是在全域成都规划的指导下编制的成都市域内所辖区县的城乡统筹规划，是落实全域成都、规划“满覆盖”的主要抓手和平台。作为地方性法规，将城乡空间规划的主要控制要素汇集在一起，实现“一张图管总”，方便规划管理与规划实施监督。在县（区）域总体规划指导下，县城、镇、村不再编制县域城镇体系规划和镇、村总体规划，直接进入城区总体规划与镇、村建设规划编制阶段。

3. 三规合一

成都提出，要由“三规分立”转变为“三规合一”。城乡规划与产业发展规划、土地利用规划要结合、协调、互补，将三种规划融入“一张图”，搭建覆盖城乡的“一张图”综合信息平台。

4. 城乡结合部的探索：非城市建设用地规划建设——“198”与“G2000”[6]

非城市建设用地除了生态效益和社会效益，还蕴藏着巨大的商机和财富，非城市建设用地不是“不建设”，而是要“怎样建设”。2004年成都正式启动“非城市建设用地规划”编制工作；2006年5月至2007年12月编制《成都市中心城非城市建设用地城乡统筹规划——成都市“198”地区控制规划》（简称“198”规划）并付诸实施；2009年开展《成都

1. 赵钢，朱直君．成都城乡统筹规划与实践．城市规划学刊，2009(6)：12-17.

2. “198”规划：成都市中心城以85km长的绕城高速公路为界，面积600km²，其中198 km²规划以非城市建设用地（含绕城高速两侧各500m绿带以及外围六个郊区新城组团伸入中心城的放射状楔形绿地），故此得名。规划明确以现代服务业（如总部经济）为支撑产业，配置约25%的建设用地，引入市场竞争机制，吸引社会资本带动区域生态环境建设。

3. 赵钢，朱直君．成都城乡统筹规划与实践．城市规划学刊，2009(6)：12-17.

4. 张樵．以规划为基础推进成都统筹城乡综合配套改革试验区建设[J].成都规划，2009(2):7-9.

5. 曾悦．三分编制 七分管理——成都城乡统筹规划经验总结[J].城市规划，2012(1)：80-85.

6. “G2000”：成都都市区3681 km²，辖9区2县1高新区，其中规划非城市建设用地约2300km²，主要承担生态景观和现代农业两大功能。按照市场运作原则，2300 km²用地中配置约10%的建设用地（主要用于三产以及农民集中居住），余下2000余km²净绿地，称之为“Green2000”，简称“G2000”。“G2000”中保留大量的基本农田，另结合发达的水系，规划大型湿地、6.67 km²湖泊以及主题公园等。

都市区总体控制规划》，提出“G2000”的非城市建设用地规划控制，在更大空间奠定了成都未来良好的生态格局。

同时，这也是对城乡结合部规划的探索。规划打破生态绿地中不能进行房屋建设的传统思想，与国土部门紧密配合，整合集体土地与国有土地，形成统一规划平台，以旧城改造的方式换取了“198”地区的重生。规划部门制定《成都市中心城郊区集体建设用地规划管理规定》，将“集体建设用地规划管理”纳入《成都市规划管理技术规定》，国土、建委、房管等部门同样将“198”区域纳入各自的管理平台。规划还将生态绿地与建设用地按一定比例捆绑包装成若干项目作为拍卖条件通过企业来实施，并与建设项目同步验收，保证了生态绿地的建设。

3.1.3 规划体系

1. 编制体系

在编制工作初期，成都开展了《成都市全境规划研究》，初步回答了成都“能有多大”和“应有多大”的问题，确定了远景城乡“18366”体系结构和“一城三圈六走廊”的空间结构（图 3-1），为下阶段各类规划编制和规划编制体系的革新提供了最基本的参考[1]。

根据基础研究，结合国家现行法律、法规，结合乡镇密度大，山区、丘区、坝区发展不平衡等实际，成都确定了合理的规划类型，明确主干规划体系，建立起覆盖全域的城乡规划编制体系（图 3-2）。该体系从 6 个空间层级开展工作，层层相扣，突出城乡统筹特点（图 3-3），形成以中心城为核心、区（市）县城为骨干、重点镇为补充、小城镇和农村新型社区（农村聚居点）为基础的城乡空间结构体系[2]。

2. 技术体系

成都制定了一系列适用于本市、覆盖城乡的技术标准（红皮书系列），作为指导城乡规划、建设与管理的地方性技术文件。包括：《成都市规划管理技术规定》（逐年更新）、《成都市中心城城市设计导则（试行）》、《成都市小城镇规划建设技术导则（试行）》和《成都市社会主义新农村规划建设技术导则（试行）》。同时，成都从 2004 年起陆续制定《农村新型社区规划建设标准（试行）》、《一般村庄整治导则（试行）》、《农村地区规划建设技术导则》和《成都市集体建设用地规划实施意见》及补充通知等规定，规范了农村地区的规划管理。

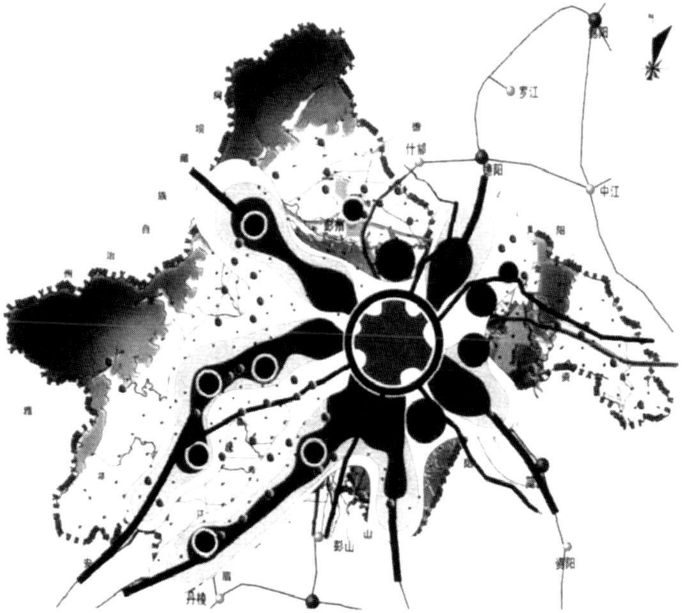

图 3-1
成都市全境规划研究“一城三圈六走廊”空间结构图
图片来源：胡滨，薛晖等 . 成都城乡统筹规划编制的理念、实践及经验启示 . 规划师，2009（8）：26-30.

3. 管理体系

在规划审批方面，成都主要通过“抓两头[3]，放中间[4]”的方式对规

1. 胡滨，薛晖等 . 成都城乡统筹规划编制的理念、实践及经验启示 . 规划师 .2009（8）：26-30.

2. 赵钢，朱直君 . 成都城乡统筹规划与实践 . 城市规划学刊，2009（6）：12-17.

3.“抓两头”：市规划局以前瞻性、全局性的规划编制与审批为主，负责制定规划政策和标准，并加强对全市规划管理的检查和执法监督。（参考资料：曾悦 . 三分编制七分管理——成都城乡统筹规划经验总结 . 城市规划，2012（1）：80-85.

4.“放中间”：将主要的规划审批职能下放到区（市）县，区（市）县规划分局主要负责辖区内除市局统一编制外的各类城乡规划及相关事务，同时推动建设项目规划审批属地管理，实行建设项目规划审批的统一受理、集中办理与一站式服务。（参考资料：曾悦 . 三分编制七分管理——成都城乡统筹规划经验总结 . 城市规划，2012（1）：80-85.

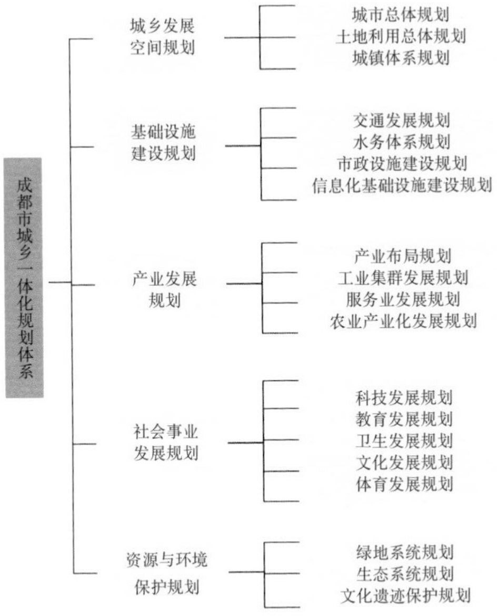

图 3-2

成都市城乡一体化规划体系

资料来源：赵钢，朱直君．成都城乡统筹规划与实践．城市规划学刊，2009（6）：12-17.

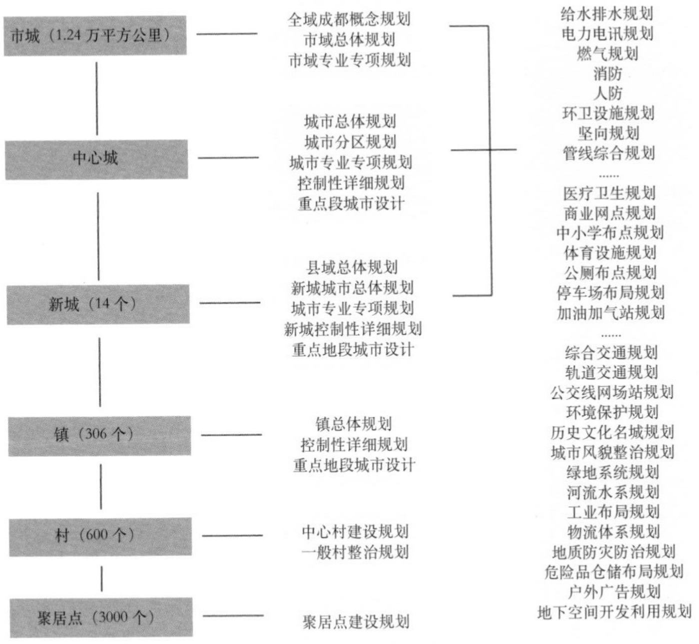

图 3-3

成都市城乡统筹规划编制体系

资料来源：胡滨，薛晖等．成都城乡统筹规划编制的理念、实践及经验启示．规划师，2009（8）：26-30.

划审批进行管理，同时，通过精简审批环节与加强审批监督，对规划审批管理进行了完善。规划实施管理上，主要通过管理属地化[1]和加强城乡规划监督对规划实施进行管理。

成都的城乡规划创新更多还是管理体制上的创新。相关导则的制定使规划编制有了纲领，使大量城镇规划的编制在相对短的时间内保证高质量地完成成为可能，城市建设也更有规则可依；审批权与编制权的部分下放使区县有了更大的主导权与责任，简化了办事流程，方便了民众；而监督工作的大力开展带来的反馈又反过来指导了规划的编制与管理，也成为规划实施的有力保障[2]。

3.1.4 启示借鉴

除了规划编制与管理上的创新，成都城乡统筹更可贵的经验来自对土地制度改革的探索和实践。通过重新界定财产权利，使经济资源在城市化加速积聚和集中所带来的土地级差收入，在分配上更好地兼顾城乡人民的利益[3]。

1. 管理属地化即指中心城区规划实施管理由市规划主管部门负责，各郊区（市）县规划实施管理由县级规划主管部门负责，提高各级规划主管部门的行政效力。规划实施管理的改革主要集中在城乡规划监督方面。（参考资料：曾悦．三分编制七分管理——成都城乡统筹规划经验总结．城市规划，2012（1）：80-85.

2. 曾悦．三分编制 七分管理——成都城乡统筹规划经验总结 [J]. 城市规划 ,2012（1）：80-85.

3. 周其文．成都城乡统筹启示录 [J].《国土资源导刊（湖南）》，2010(12):56-58.

第一，通过农村土地整治所增加的农地和农村建设用地指标，经由“占补平衡”和“增减挂钩”，进一步推动土地资源的集约利用，从而释放出更多的级差土地收益。充分而主动地利用土地级差收益规律，不但可以更合理地配置城乡空间资源，而且可以给城乡统筹提供坚实的资金来源与工作平台。

第二，探索土地产权制度改革，推进土地要素自由流动。成都市于2008年1月1日出台了《关于加强耕地保护进一步改革完善农村土地和房屋产权制度的意见（试行）》，在全国率先启动了农村产权制度改革，推动建立“归属清晰、权责明确、保护严格、流转顺畅”的现代农村产权制度，以“还权赋能”为核心，对农村土地和房屋实施确权、登记和颁证，将农民对土地和房屋的财产权落到实处；建立了市、县、乡三级农村产权交易中心，推动农村产权规范、有序流转；在全国率先创设了耕地保护基金，建立起充分调动广大农民积极性的新型耕地保护补偿机制[1]。

成都经由试点，摸索出一套实际可行的确权程序，如“村庄评议会”（又叫“村资产管理小组”），确权已从一个比较抽象的口号，发展为由动员、入户调查、实地测量、村庄评议与公示、法定公示、县级人民政府颁证等环节组成的可操作程序。成都的确权先行，消除了土地制度改革的系统性风险，为深化改革加上了一道保险阀，普遍地给所有农民办理农地承包经营证、山林承包经营证、房产证所有权证和宅地基使用权证，加上土地的集体所有权证，意义非常重大。

第三，探索改革现行国家征地制度的现实途径。源于征地制度的挂钩政策，在体制尚未变动之际，往往离不开政府主导，特别是试点阶段，但成都却尝试探索与市场的挂钩。从改变现存征地制度的分配关系入手，适当扩大政府征地所得对农村和农民的补偿，通过占补平衡和挂钩项目从城市的土地收益中，逐步拿出大量资金，返还农村投入土地整治；然后，适当扩大征地制度的弹性，在严格保证农民减少的建设用地得到复垦的前提下，适当扩大挂钩项目的范围，从而获得更多的级差地租收益，以增加农民可分享的利益；再者，寻找更可靠的耕地保障机制，从地方性的土地收益中拿出一部分资金来保耕地（成都从地方的土地出让金里每年拿出26亿～28亿元，直接通过补助农民的民生而保护耕地），为大规模利用市场机制、充分发挥级差地租规律创造条件；最后，缩小征地制度与扩大集体建设用地入市并举，在坚持城乡试验区的框架内，大胆而又谨慎地为农

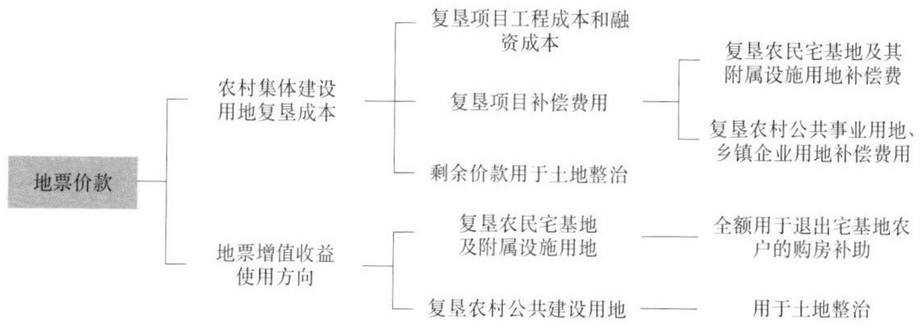

图 3-4

重庆地票价款分配图

资料来源：王英，佘雅文．重庆地票交易制度与运行问题研究．建筑经济，2011（12）：61-64.

村建设用地入市提供创新的合法通道。这些尝试，对平稳地改革现行的国家征地体制，逐步转向公益性用地靠征用、经营性用地靠市场新体制提供了重要的借鉴意义。

第四，在农村建设用地特别是农村居民自用宅基地方面努力找寻新的平衡点。把农村人均150 m²或者130 m²居民占有的建设用地分开处理，其中人均30～35 m²的部分用来保证每个农民的居住权；余下的部分明确为“其他农村建设用地”，经由合适的程序可以释放出来进入流转。

另外，成都城乡统筹在探索“户籍及配套制度改革，推进劳动力要素自由流动”及“农村投融资体制改革，推进资金要素自由流动”方面也值得借鉴。

3.2 重庆的“地票”

在大量农民涌入城市、城市建设指标不足而农村建设用地大量闲置的背景下，重庆市在严格执行“占补平衡”的耕地保护制度的基础上，创新性地推出了“地票”制度。

1. 阎星，田昆，高洁．破除二元体制，开拓中国新型城市化道路——以成都城乡统筹的改革创新为例[J]. 经济体制改革，2011（1）：112-115.

2006 年，江津区对全区用地情况进行调查摸底后发现，39 万农户中，有 23% 完全放弃了承包地，60% 的农户以非农收入为主，大量的农村房屋空闲和废置。调查研究显示，江津区农村居民人均宅基地面积达 198 m²，比国家《村镇规划标准》人均 150 m²建设用地的上限高了 48 m²[1]。

2008 年 11 月 17 日，重庆市第三届人民政府第 22 次常务会议通过了《重庆农村土地交易所管理暂行办法》，标志着显化农村土地资产、实现城乡土地资源空间流转的工具——地票制度的诞生[2]。2008 年 12 月 4 日，重庆农村土地交易所宣布挂牌成立。

按照重庆市政府印发的《重庆市农村土地交易所管理暂行办法》（渝府发〔2010〕89 号）第 18 条的规定，重庆市农村土地交易所交易的地票特指“农村宅基地及其附属设施用地、乡镇企业用地、农村公共设施和公益事业建设用地等农村集体建设用地复垦为耕地后，可用于建设的用地指标”。可见，地票是票据化的“建设用地挂钩指标”（下称“指标”），地票的交易即是通过购买该指标获得新增等量城镇建设用地指标的过程。

地票的产生与交易程序如下：农民在复垦申请立项批准后，以个人或农村集体经济组织为单位对农村宅基地或公共建设用地进行复垦，复垦土地验收合格后由国土资源行政主管部门核发城乡建设用地挂钩指标凭证，凭此指标凭证向农村土地交易所提出交易申请；各地的指标被农村土地交易所打包成为不同规格大小的地票，在政府制定的基准交易价格下进行公开交易，并将交易价款返还给农民；竞购方（以土地储备机构和房地产开发商为主）通过竞购获得地票，在重庆主城区内选择符合城市规划和土地规划的相应面积宗地作为拟开发新增城镇建设用地，并进一步凭地票参加该宗地的招拍挂，获得该宗地使用权，实现指标落地，至此交易结束（图 3-4）[3]。

长期以来，农村集体建设用地“经营性”地权的市场化流转由于受土地固定区位空间的限制，难以实现建设用地的“级差地租”，难以形成要素集聚和产业协同的优势，更面临着城乡规划冲突、产权冲突及城乡土地价格“双轨制”下福利和利益分配的损失[4]。重庆地票制度的主要功能与作用在于有效地协调了土地市场和管理秩序；完善了耕地占补平衡制度；通过农村建设用地的“空间转移”优化了区域建设用地布局，同时提高了农村建设用地利用效率；更在一定程度上促进城乡收入差距，实现多赢。其制度设计的出发点与思路均有较多的借鉴之处。

在统筹城乡的背景下，重庆“地票”交易模式属于城乡建设用地市场一体化的初步探索。重庆地票制度实施 4 年以来亦出现一些问题。首先，地票来源于农村集体建设用地复垦，但显然这个用地总量是有限的，绝不可能无止境地供给；其次，复垦耕地的质量也是一个不能忽视的问题；此外，还有学者提出制度供给地票集体经济组织所有权的保障问题、地票增值收益分配不够合理、地票落地使用制度存在缺陷等。可见，重庆地票体系从制度设计到操作细节都还有待完善。

扩展阅读：地票制度实验与效果——重庆土地交易制度创新之思考[5]

土地是财富之母，土地制度是国家的基础性制度，农村土地制度改革事关我国经济社会发展全局。党的十八届三中全会提出，建立城乡统一的建设用地市场。今年 1 月，中央就农村土地征收、集体经营性建设用地入市、宅基地制度改革试点等工作发布了指导意见。这是推进新一轮农村土地制度改革的顶层设计。近年来，重庆市按照中央赋予统筹城乡综合配套改革试验区的要求，探索建立了地票交易制度并付诸实践，受到社会广泛关注。

地票制度设计的政策理论问题

2008 年，重庆报经中央同意，成立农村土地交易所，启动了地票交易试点。我国国情，决定了必须实行最严格的耕地保护制度。将农村闲置的宅基地及其附属设施用地、乡镇企业用地、公共设施用地等集体建设用

1. 杜远．重庆地票四年 [N]. 经济观察报，2013 年 6 月 24 日(13).

2. 黄美均，诸培新．完善重庆地票制度的思考——基于地票性质及功能的视角 [J]. 中国土地科学，2013(6):48-52.

3. 王英，佘雅文．重庆地票交易制度与运行问题研究．建筑经济，2011(12)：61-64.

4 杨继瑞，汪 锐，马永坤．统筹城乡实践的重庆“地票”交易创新探索 [J]. 中国农村经济 [J].2011(11):4-9.

5 作者：黄奇帆，文章转载于 2015 年 5 月 4 日刊登的《学习时报》A8 版。

地复垦为耕地，无疑会盘活农村建设用地存量，增加耕地数量。按照我国土地用途管制制度和城乡建设用地增减挂钩、耕地占补平衡的要求，增加的耕地数量就可以作为国家建设用地新增的指标。这个指标除优先保障农村建设发展外，节余部分就形成了地票。按照增减挂钩政策，地票与国家下达的年度新增建设用地指标具有相同功能。通过交易，获得地票者就可以在重庆市域内，申请将符合城乡总体规划和土地利用规划的农用地，征转为国有建设用地。

这一制度创新，从系统化的层面看，主要基于三方面的理论逻辑。

地票制度是被异化城镇化路径的正常回归。全球城镇化的普遍规律是，城市建设用地增加，农村建设用地相应减少，但农耕地不仅不会减少，还会有所增加。究其根源，城市居民人均居住生活用地约 100m^2，而农村则在 200~300m^2 左右，农村人均用地量约为城镇的 2.5 倍。理论上讲，一个农村居民进城后，可节约用地 150m^2 左右，如果将其复垦，耕地必然增加。我国城镇化却出现了与这个普遍规律相悖的情形。2000—2011 年，全国 1.33 亿农民进城，城镇建成区面积增长 76.4%，但农村建设用地反而增加了 3 045 万亩。耕地年均减少约 1 000 万亩，直逼 18 亿亩耕地红线。出现这一问题，其症结在于城乡二元分割的土地制度。我国法律规定，城市土地属于国家所有，农村土地除非国家征收，不得转为城市建设用地。农民进城后，留在农村的建设用地退出渠道淤塞，城市又不得不为其匹配建设用地。这样的“两头占地”，导致城市建设用地刚性增加，农村建设用地闲置。城市建设用地刚性增加是以减少农耕地为前提的。因而，耕地保护陷入了只减难增的局面。重庆鼓励外出务工、安居农民在符合规划的前提下，自愿将闲置宅基地复垦，形成地票后到市场公开交易。这就为农民自愿有偿退出农村宅基地开辟了一个制度通道。它有助于推进土地城镇化和人口城镇化协调发展，为破解我国的“土地困局”提供了一条路径，是顺应城镇化发展普遍规律的。

地票制度是产权经济学的创新实践。我国土地制度与西方国家有着本质区别，农村土地为集体所有，农民虽有使用权，但无处分权。土地产权制度的特殊性决定了必须实行严格的用途管制，并由政府代表社会进行管理，以确保公共利益和长远发展。由于我国农村土地集体所有制产权模糊，导致出现了“人人有份、户户无权”的状况，土地产权很难“动”得起来。地票制度正是针对农村建设用地比较模糊的产权状况，进行确权分置：土地所有权归集体，将土地使用权视为一种用益物权归农民，所有权与使用权按比例获得各自收益；并将耕地复垦验收合格票据化形成的地票，交由政府设立的土地交易所组织市场交易。这样，就把农村闲置的、利用不充分的、价值很低的建设用地，通过指标化的形式，跨界转移到利用水平较高的城市区域，从而使“不动产”变成了一种“虚拟动产”，用市场之手把城乡之间连了起来，实现了农村、城市、企业等多方共赢。

地票制度是恪守“三条底线”的审慎探索。土地是农民的命根子。中央反复强调，推进农村土地制度改革，必须“坚持土地公有制性质不改变、耕地红线不突破、农民利益不受损”三条底线，这是检验改革成败的试金石。三条底线不能破、必须坚守，是重庆地票制度设计和实践的基本准绳。我们设置了三道“保险”：一是充分尊重农民意愿，规定宅基地复垦必须是农民自愿，且经集体经济组织书面同意；农村公共用地复垦必须 2/3 以上成员同意，不得搞强迫命令。二是科学分配收益，地票价款扣除必要成本后，按 15:85 的比例分配到集体经济组织和农户。集体经济组织虽然只获得 15% 的地票净收益，但还能获得复垦形成的那份耕地，不仅不受到任何损失，还有一部分现金收益，充分保护了集体所有权。农户获得地票净收益的大头，主要是对农民退出土地使用权的补偿，切实维护了农民的利益，同时也有增加农民财产性收入的考虑。三是落实土地用途管制，规定地票的产生、使用都必须符合规划要求，复垦形成的耕地必须经过严格验收，避免了“先占后补”落空的风险，确保了守住耕地红线。

地票交易的功能作用

重庆地票交易的制度设计，与国家全面深化农村土地制度改革和健全城乡发展一体化体制机制，在方向上是完全一致的，从探索情况看也是平稳的。过去 6 年，重庆累计交易地票 15.26 万亩，成交额 307.59 亿元，成交均价稳定在 20 万元 / 亩左右。在创新城乡建设用地置换模式、建立城乡统一的土地要素市场、显化农村土地价值、拓宽农民财产性收益渠道及优化国土空间开发格局等方面，都产生了明显效果。

有利于耕地保护。地票运行按照“先造地、后用地”的程序，以复垦补充耕地作为城市建设占用耕地的硬性前置条件，体现为盘活建设用地存量，更有利于落实耕地占补平衡制度。重庆农村闲置建设用地复垦后，95% 以上面积可转变为耕地，而地票使用所占耕地仅占 63% 左右，地票落地后平均可“节余”32% 的耕地，使得重庆在城镇化推进过程中，耕地数量不降反增。为避免出现“占优补劣”现象，我们实施补充耕地等级折算、地力培肥等方式加以弥补。重庆正在细化农村建设用地复垦工程质量标准，进一步明确农用地分等定级和产能核算标准，建立地票生成与落地过程中数量和质量的对应关系，更好地保障补充耕地的数量和质量。

打通了城乡建设用地市场化配置的渠道。地票制度设计运用城乡建设用地增减挂钩原理，但突破了现行挂钩项目“拆旧区”和“建新区”在县域内点对点的挂钩方式，采用“跨区县、指标对指标”的模式，实现城乡建设用地指标远距离、大范围的空间置换。通过置换，再经过平台交易，市场的价值发现功能发挥作用，就抹平了城乡建设用地的价值差异，显化了边远地区农村零星分散集体建设用地的资产价值，让“千里之外”的农民分享到大都市工业化、城镇化进程的红利。

开辟了反哺“三农”的新渠道。复垦宅基地生成的地票，扣除必要成本后，价款按 15 ∶ 85 的比例分配给集体经济组织和农户。这一制度安排，在实践中发挥了“以一拖三”的功效：一是增加了农民收入渠道。重庆农村户均宅基地 0.7 亩，通过地票交易，农户能一次性获得 10 万元左右的净收益，对他们而言，是一笔很大的财产性收入。复垦形成的耕地归集体所有，仍交由农民耕种，每年也有上千元的收成。二是推进新农村建设。近几年，重庆能够完成数十万户农村危旧房改造和高山生态移民扶贫搬迁，就得益于此。三是缓解“三农”融资难题。地票作为有价证券，还可用作融资质押物，并为农房贷款的资产抵押评估提供现实参照系。截至目前，重庆办理农村集体建设用地复垦项目收益权质押贷款 118.79 亿元，四年增长了 20 多倍。

推动了农业转移人口融入城市。近年来，重庆累计有 409 万农民转户进城，其中相当一部分自愿提出退出宅基地，成为地票的重要来源。农民每户 10 万元左右的地票收益，相当于进城农民工的“安家费”。有了这笔钱，他们的养老、住房、医疗、子女教育及家具购置等问题，都能得到很好的解决。这样，他们就能更好地融入城市生活。

优化了国土空间开发格局。目前，重庆已交易的地票，70% 以上来源于渝东北、渝东南地区，这两个区域在全市发展中承担着生态涵养和生态保护的功能，发展导向是引导超载人口转移，实现“面上保护、点上开发”。而地票的使用，95% 以上落在了承担人口、产业集聚功能的主城及周边地区。这种资源配置，符合“产业跟着功能定位走、人口跟着产业走、建设用地跟着人口和产业走”的区域功能开发理念，有利于推进区域发展差异化、资源利用最优化和整体功能最大化。

深化地票制度改革需要注意的几个方面

习近平总书记强调：“改革开放在认识和实践上的每一次突破和发展，无不来自人民群众的实践和智慧，要鼓励地方、基层、群众解放思想、积极探索，推动顶层设计和基层探索良性互动、有机结合。”重庆地票改革作为一种先期探索，应当按照中央的要求，完善相关制度，持续深入推进，逐步形成常态化、制度化、法制化的做法。结合地票制度近年运行情况的分析，今后还可以进一步完善三个方面。

优化配置建设用地计划指标和地票指标。地票具有与国家下达的新增建设用地指标相同的功能，在两种指标并存的情况下，应该科学确定地票在供地总盘子中所占的比例，这是保障地票制度长期稳定运行的关键。地票占比太高，会影响其价值，地票占比太低，节约用地和反哺农村、农民的实际效果又不明显。为此，重庆市规定，国家建设用地计划指标主要满足基础性、民生性用地需求，经营性用地一般通过购买地票获取新增建设用地指标。按照《重庆市土地利用总体规划（2006—2020 年）》，考虑到人口流动带来的城乡建设用地增减趋势，2020 年前，重庆将完成近 20 万亩农村建设用地复垦任务，每年约有 3 万亩，恰好与地票需求规模相当，地票制度运行是可持续的。

准确把握地票制度的适用范围。地票制度必须是城乡建设用地指标远距离、大范围置换，就近城镇化并不适用，也无任何意义。这是因为，城市近郊农村土地潜在价值本身就比较高，通过征地动迁，农民即可获得较高的经济收益，没有必要搞地票交易。而远郊农村的闲置建设用地，受区位所限，开发建设机会相对较少，土地价格很低，一旦通过地票交易，就可以突破级差地租的桎梏，充分显化其价值。重庆地票主要来源于相对偏远的渝东南、渝东北地区，也证明了这一点。目前，我国农村集体经营性建设用地入市已进入“试水”阶段。城市近郊集体经营性建设用地入市与远郊地票交易制度若能形成有效配套，就可以让农民无论离城市较近还是远居偏远山区，都能平等参与现代化进程、共同分享现代化成果。

科学设定地票基准价格和收益分配机制。地票作为城市建设用地的“许可凭证”，其价值是通过土地交易所的市场交易过程而实现价格发现的，其价格必然会受落地区域土地供求关系的影响。我们按照使市场在配置资源中起决定性作用同时更好发挥政府作用的要求，做好两方面的调控：一是地票在市场中供应量的调控，二是地票上市基准价格的调控。目前，重庆地票实行每亩 17.8 万元的最低交易保护价，就是参考地票生产成本、新增建设用地有偿使用费、耕地复垦费等多种因素，综合考虑农民利益保护与地票落地区域的经济承受能力而制定的。下一步，我们将根据经济社会发展水平和地票市场运行情况，适时对基准价格进行调整，既使农民权益得到有效保护，也不至于过度加重城市发展负担，从而让地票改革更健康、更可持续地向前推进。

农村土地制度改革是一项系统性、全局性、政策性极强的复杂工程，关乎亿万农民生存根本，关乎城乡统筹发展，也涉及土地管理法、物权法、担保法等法律法规的适时修订。习近平总书记强调，凡属重大改革都要于法有据，重大改革成果也需要通过法治来巩固。我们期待，理论界和实务界全面准确掌握重庆地票改革的法理逻辑、操作路径和配套制度，并提出更有利于实现改革目标的意见和建议，为深化农村土地制度改革、推动城乡一体化发展做出新的更大贡献

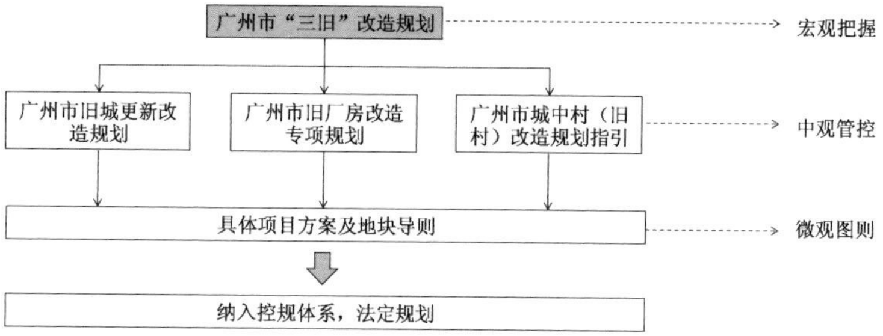

图 3-5

广州市“三旧”改造规划体系[2]

3.3 广州的“三旧”改造

广州市是国家中心城市之一，多年来经济保持快速增长，土地资源消耗亦相当惊人。

2008 年 3 月 7 日，温家宝总理在第十一届全国人大第一次会议广东代表团审议政府工作报告时提出：“希望广东在这一方面做出新的成绩，积累新的经验，真正使广东不仅经济发达，而且生态优美，成为节约集约利用土地的示范省。”随即，广东省启动建设节约集约用地示范省，省部合作共同推进，并提出“制定扶持政策，积极推进旧城镇、旧厂房、旧村庄改造”[1]。

2009 年，广东省政府出台《关于推进“三旧”改造促进节约集约用地的若干意见》（粤府 [2009]78 号），在广东省“三旧”改造政策的指导下，广州市又制定了《关于加快推进“三旧”改造工作的意见》（穗府 [2009]56 号，以下简称“56 号《意见》”）等一系列规范文件。这些文件遵循政府主导、市场参与的原则，分别对旧城镇、旧村、旧厂房改造政策做了详细规定，在尊重主体意愿、创新鼓励措施和改造模式、加强规范监管等方面做了新的探索。2012 年，广州市在全面总结和梳理“三旧”改造政策试点工作三年实施效果的基础上，针对新情况对“三旧”改造政策进行补充和完善，颁布了《关于加快推进“三旧”改造工作的补充意见》（穗府 [2012]20 号，以下简称“20 号《意见》”）。

广州市“三旧”改造中，对旧村庄的改造落脚点在于土地整治与利用。改造方式大体分为两种：一次性整体拆迁重建与滚动性拆迁重建。前者启动资金大，资本回收周期长，收回全部投资需要很长时间；后者则利用物业收益，使土地资本更早进入资本循环，实现土地资本的滚动利用，一定程度上缩短了改造周期，降低了资本回收成本。

广州“三旧”改造主要在以下四个方面实现了创新：简化历史用地完善手续，明晰土地产权，以解决产权不清晰带来的土地无法流通、无法进行长期投资导致土地低效利用的问题；创新土地管理政策，完善集体土地权能；改造模式和土地供给主体多元化，调动多方主体的积极性；使原业主可以分享土地增值收益，将原本政府与原业主对立的关系变成合作共赢的关系。这些经验都相当值得借鉴。

另外，广州市“三旧”改造政策出台后，“统筹规划、有序推进”成为“三旧”改造的重要原则，建立了“1+3+*N*”的规划编制体系（图 3-5）。其中的旧村改造，由于土地权属和政策等较为复杂，仅编制改造规划指引，通过指引指导各村具体改造方案的编制。专项规划可作为相关职能部门推进全市“三旧”改造工作、调整控规导则，以及审查和审批改造地块方案的依据。“N”指“三旧”改造地块的改造方案或规划控制导则，对接控规地块管理图则。主要内容包括：在各类专项规划的指引下，研究具体改造地块的改造方案并编制控规导则。结合控规全覆盖和控规导则调整工作，将“三旧”改造规划纳入控规体系。

1. 朱志军，滕熙．广州三旧改造背景下的城中村改造策略探讨——以海珠区土华村更新改造规划为例 [C]．转型与重构 :2011 中国城市规划年会论文集．南京：东南大学出版社，2011:728-735.

2. 赖寿华，吴军．速度与效益：新型城市化背景下广州“三旧”改造政策探讨 [J]．规划师，2013(5)：36-41.

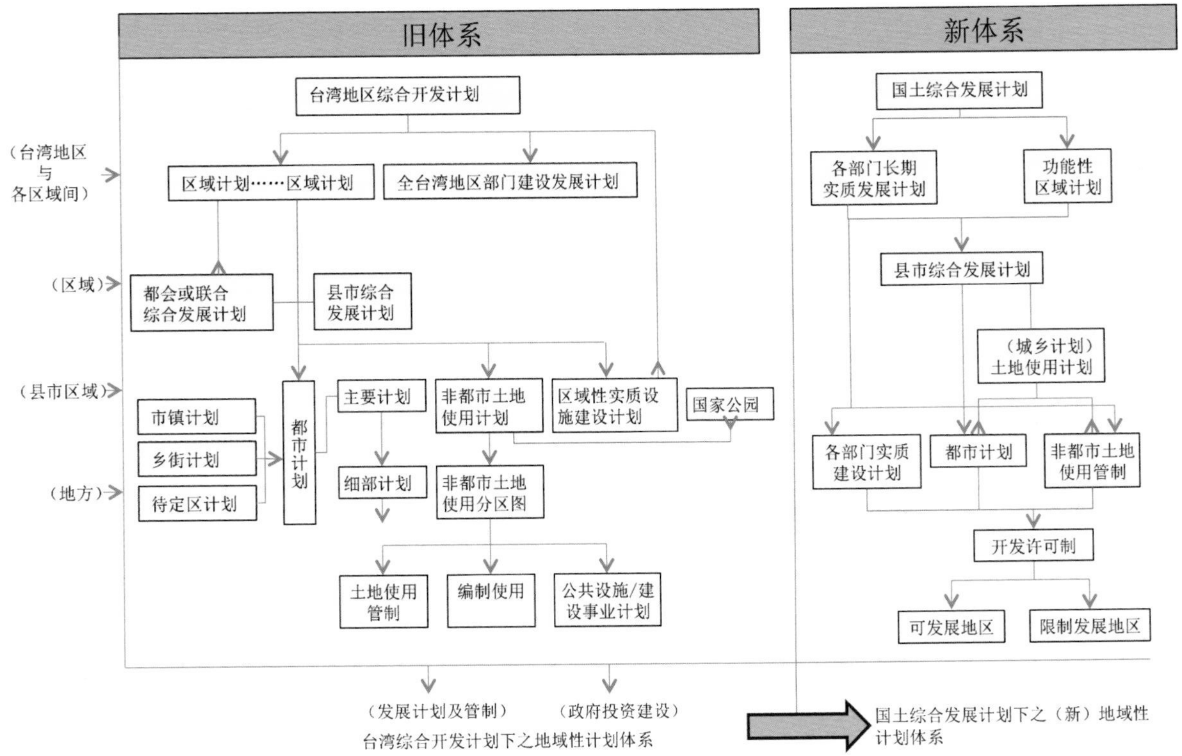

图 3-6

台湾新旧规划体系

资料来源：辛晚教，廖淑容．台湾地区都市计划体制的发展变迁与展望．城市发展研究，2000（6）：5-14.

3.4 台湾的土地重划

3.4.1 台湾的非都市土地使用计划与管制

台湾地区所称的“计划”与大陆的“规划”含义基本一致，如区域计划、都市计划、土地使用计划分别对应与大陆的区域规划、城市规划、土地利用规划。

台湾地区现行土地使用计划体系大致可分为 4 个层次：①国土综合开发计划，以整个台湾地区为计划实施范围；②功能性区域计划，分为北部、中部、南部 3 个区域计划，以及各个部门长期实质发展计划；③各县、市综合发展计划；④在各县区辖区内，各部门实质建设有专项计划、都市土地有都市计划，而非都市土地则依区域计划或非都市土地使用计划划分土地使用区（10 种）及各种使用地（18 种）(图 3-6)。

台湾现行非都市土地使用计划及管制体系，是基于区域计划编制非都市土地分区使用计划 (图 3-7)，以乡镇为单元制定非都市土地使用分区图，并编定各种使用地，经批准后实施管制。

为保护有限的土地资源，1974 年台湾颁布了《区域计划法施行细则》、《都市计划法》、《非都市土地使用管制规则》等法规，对土地使用管制作了更加详尽的规定。非都市土地使用管制相对而言更加严格，

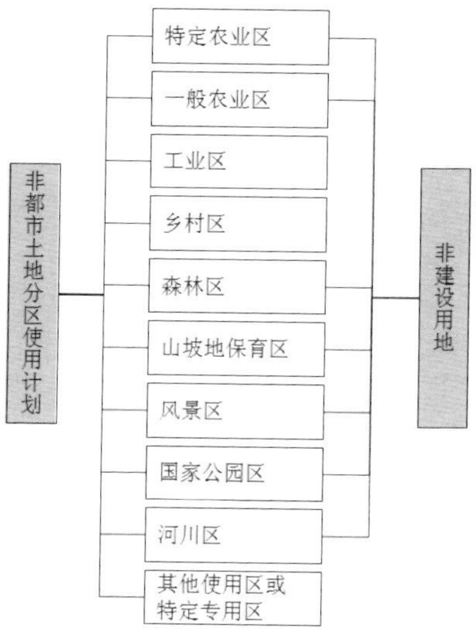

图 3-7
台湾非都市土地分区使用计划
资料来源：孟庆等．台湾地区非建设用地规划管理的经验和启示 / / 转型与重构：2011 中国城市规划年会论文集：1356-1366.

它在土地使用分区使用计划和土地使用分区图的基础上还要编定各种使用地[1]。所以，为落实编定管制的功能，并充分发挥土地利用的潜力，一般来说台湾地区土地一经编为某种使用地后，即应按编定的用途使用，不得再任意变更（因客观条件变化引起的除外）。申请同意使用某地块则应由土地所有权人或合法使用人，凭申请书向土地所在地乡镇市区公所申请，至于许可使用的细目及附带条件的程序、标准，则依“非都市土地容许使用执行要点”办理。

台湾的非都市土地使用管制对上海郊区小城镇和农村地区的土地用途管制有一定的借鉴意义。一方面，有充分的法规依据（如《区域计划法》、《城乡计划法》、《非都市土地使用管制规则》），并且为适应时代需求不断更新；另外，非都市土地使用计划是以乡镇为单元制定非都市土地使用分区图，并编定各种使用地，经批准后实施管制。非都市土地分区使用计划由地方政府制定，按乡镇行政区域分别绘图，规划期限为 5~25 年，比例尺大于 1：25 000，核心内容是：土地使用分区的确定和土地使用的编定[2]。

3.4.2 台湾土地重划

台湾的土地重划体系包括市地重划和农地重划，而农地重划又可分为农地重划[3]和农村社区土地重划。

1. 台湾农村社区土地重划

台湾从 2000 年开始正式推行农村社区土地重划，通过土地重划和社区建设来提供休闲产业推广条件并振兴农村经济，以缩短城乡发展差距。

台湾农村社区土地重划的执行过程可以分为三个阶段，第一阶段是先期规划，使农村社区重划与区域规划、县市发展计划以及地方特色等相一致；第二阶段是非都市土地开发许可；第三阶段是工程设计、重划建设、测量及地籍整理。

台湾农村社区土地重划的组织管理体系可以分为“地区中央”和“地区地方”两个层级，其中“地区中央”层级包括主管机关，即台湾地区内政部（地政司），和辅助机关，即台湾地区内政部土地重划工程处（局）；“地区地方”层级包括主办机关，即台湾地区院辖市政府或县（市）政府，和协办机关，即乡（镇、市、区）公所。

台湾地区还从法律法规、资金等方面对农村社区土地重划提供支持。台湾农村社区土地重划同时受《政府采购法》及其施行细则、《区域计划法》及其施行细则、《原住民保留地开发管理办法》等的约束。台湾农村

1. 土地使用分区计划划分出各区土地使用的基本方向和主要用途，包括特定农业区、一般农业区、工业区、乡村区、森林区、风景区等，而使用地编定则针对每一宗地的具体用途加以规定，例如甲种建筑用地——供农业区建筑使用者，乙种建筑用地——供乡村区内建筑使用者，丙种建筑用地——供森林区、山坡地保育区及风景区内建筑使用者等。一旦擅自违反规定用途，非法变更土地用途除被处以罚款外，情节严重还将被判有期徒刑或拘役。

2. 孟庆，彭瑶玲，刘亚丽．台湾地区非建设用地规划管理的经验和启示 [C]// 转型与重构：2011 中国城市规划年会论文集：1356-1366.

3. 农地重划是指农村耕种土地的调整，即将一定区域内不合经济利用的农地加以重新规划整理，建立标准丘块，并配置农水路，使每一丘块能直接临路、直接灌溉及直接排水，以改善农业生产环境，扩大农场规模，增进农地利用，并配合农业机械化作业，提高经营效率，促进农业建设发展，增加农民收入。（参考资料：中国社会科学院经济研究所政治经济学研究室，杨新铭．《台湾土地制度演变历程的启示》）。

社区土地重划的资金主要来自政府。从 2001 年开始分三个阶段实施农村社区土地重划示范计划。对于纳入示范计划的农村社区，政府全额补助其行政业务费、规划设计费、基本设施工程费。并将重划区内的公有土地和未登记地供公共设施建设使用，农村社区土地所有权人只需负担部分的公共设施用地、拆迁补偿费、重划贷款利息；对于未纳入示范计划或者自行组织办理农村社区土地重划的农村社区，政府全额补助其行政业务费、规划设计费、90% 的工程费，同样将重划区内的公有土地和未登记地供公共设施建设使用，农村社区土地所有权人需要承担部分公共设施用地、拆迁补偿费、重划贷款利息和 10% 的工程费。此外，政府还为农村社区提供低息重划贷款、减免有关税费，以进一步减轻社区居民的负担。

台湾农村社区土地重划完毕后，重新登记土地权属。重划区内的土地价格大幅上涨，所以重划后的利益如何分配进行公平、公正、合理分配是农村社区土地重划能够取得成功的关键。

台湾农村社区土地重划的利益分配机制有如下经验值得借鉴。一是落实能够满足农民及农村社区需要的各项重划工作，创造重划利益并充分发挥政府行为的正外部性以提升重划效益。政府对纳入示范计划的农村社区给予重划资金支持，重划涉及的行政业务费、规划设计费、工程费由政府全额补助，公共设施用地、拆迁补偿费、贷款利息则由土地所有权人按照重划后土地的受益比例共同负担。政府还提供低息重划贷款、重划资金奖励等来减轻农民的负担，若负担仍旧过于沉重，经过主管机关、辅助机关、主办机关等协商，可以调整重划负担比例。二是对重划利益进行合理分配，在“涨价归公”思想的指导下将土地增值收益在政府、农民、农村社区之间进行分配，并依据“按劳分配”的原则让各利益主体共享重划利益，把农民作为主要受益方。这能够使利益主体之间形成一种和谐的利益关系。三是实施农村社区土地重划后，将抵费地的盈余额用作为重划成果维护社区后续建设专项资金，发挥台湾地区“院辖市”或县（市）政府及社区居民的作用，使重划利益得到维持，并鼓励社区以农村社区土地重划成果为基础，结合其他有利于推动社区建设的项目不断提升重划利益。四是内政部工作人员、农村社区土地重划委员会委员、农村社区更新协进会委员以及其他重划相关工作人员采用多种形式培养农民进行土地重划的意识。从重划目的、重划负担计算及分配、重划过程、重划效益、重划后的土地再分配等方面进行全面的宣传，并在重划期间定期举办宣传说明会，让农民在会上畅所欲言。同时组织农民参观已经完成土地重划的农村社区，直观展现重划后的农村社区新面貌，以激发社区居民对农村社区土地重划的需求。还从制度层面和执行层面提升利益主体特别是农民的地位，以促进重划各项工作的顺利进行，使各利益主体积极参与重划并获得合法利益[1]。

2. 台湾市地重划

与农地重划由政府主导不同，市地重划是完全自偿性土地开发。

市地重划是改造旧市区和开发新市区的有效措施，它无须筹措巨款征收土地，而是根据城市开发需要，发动某一地区的土地所有权人先交出土地，让市地重划机构使用科学的规划方法，把该地区杂乱的地形、地界和零散不能经济利用的土地依法加以重新整理，并配合基础设施建设，使每宗土地大小适宜、形状方整，然后在保留公共设施用地的前提下，将重划土地合理地分配给原土地所有权人，由他们依照城市规划自行建筑房屋或作其他使用。

市地重划的原理是公共基础设施所需要的基地不以征收或捐献等方式取得，而是由重划地区的土地所有权人按受益程度比例分摊；另外，实施重划所需费用也由重划后保留一部分土地出售来抵充，称为抵费地。因此，原土地所有权人需要负担公共设施用地及抵费地，其重划后所分配的面积将比重划前的面积减少。一般来讲，土地所有权人可以获得重划地的 55%，而 45% 则用于公共设施建设以及抵费地。但是，经过市地重划后，由于区域中道路等公共基础设施完善，土地区位配置有序，其地价势必随之上涨，这是土地所有权人愿意参与市地重划的最主要动机。据资料统计，在大城市重划后获取的公共设施用地中，原公共设施用地约占 1/3，由土地所有权人负担提供的用地约占 2/3，加上抵费地，参加重划的土地所有权人所负担的用地大约占提供重划面积的 35%；把这种重划成本转入地价计算，则重划后的地价应为重划前的 1.54 倍。据台北和高雄多年地价变动情况统计，重划后平均地价为重划前的 1.81 倍和 2.65 倍。可以说市地重划是当前台湾城市土地开发与规划管理最主要的途径之一。

台北和高雄在市地重划的法规制定、执行机构、实施办法、计算方法等方面都已形成一定的体系[2]。目前，台湾与市地重划相关的法规主要有：“平均地权条例”（第 56~67 条）、“平均地权条例施行细则”

1. 张修川．台湾农村社区土地重划的经验 [J]．中国土地．2012(8)：57-58.

2. 刘剑锋．城市改造中的土地产权问题探讨——德国和中国台湾、香港地区经验借鉴 [J]．国外城市规划．2006(2)：48-50.

（第 81~89 条）、“土地法第 6 章土地重划”（第 135~142 条）、“土地法施行法”（第 33 条）、“都市计划法”（第 58 条）、“市地重划实施办法”（共 60 条）、“奖励土地所有权人办理市地重划办法”（共 56 条）。这些法规把台湾地区的市地重划活动纳入了规范化的法制管理之中。

通过吸取以上各地的城乡发展经验，上海在推进新型城镇化的过程中，可以明确未来发展的重点方向：一、从城乡规划体系到相关经济、土地制度改革全方位、立体式推进城乡统筹发展；二、以城乡土地整治（农地整治和建设用地整治）推动集约化和可持续发展，减少对城市生态空间的挤压和侵占。建立完善的保障机制是规划实施的关键。

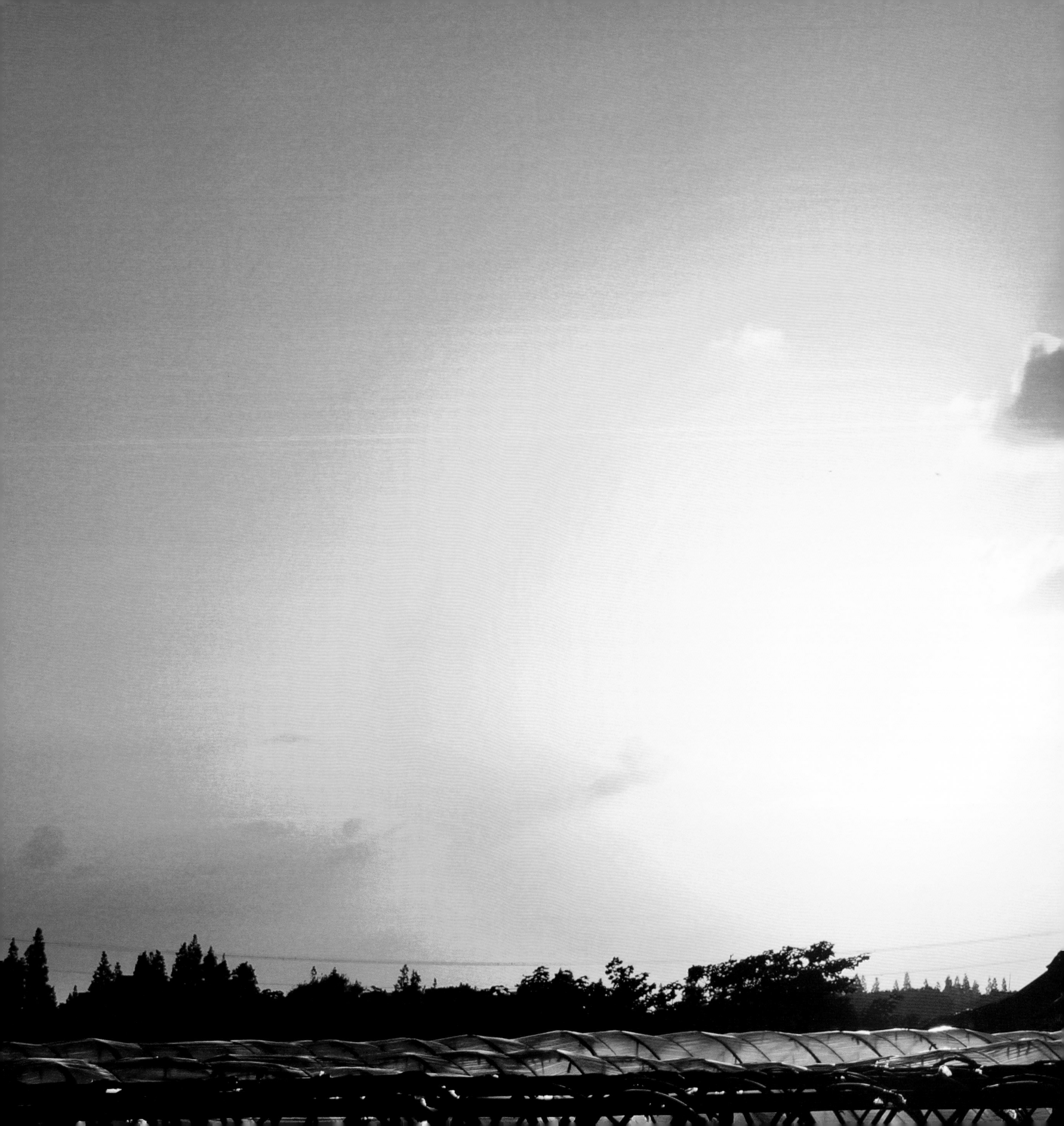

Part 2

第二篇

问题分析与判断

Problem Analysis and Determination

青浦区香花桥街道泾阳村 王颖莹摄

CHAPTER FOUR

城镇化的底线

The Baseline of Urbanization

CHAPTER 4

SUMMARY

章节概要

生态底线　规模底线　文化底线

以“底线”思维思考新型城镇化发展之路。

青浦区白鹤镇五里村，李坤恒摄

新中国成立以来，上海的城镇化走过了卫星城—工业卫星城—“一城九镇”，1966城镇体系—新城主导等阶段。每个阶段的城镇化模式都顺应着经济社会发展变迁，在此过程中规划起到了极为重要的作用，为高速的城镇建设需求提供了宏观指引。

不可否认，在城镇化的过程中也伴随着很多问题，如城市蔓延、生态空间挤压严重、人多地少矛盾显现、环境问题日益突出等。当前，上海的城市化率已达90%，城镇化速度已不是追求的目标，新阶段上海城镇化必须要正视这些问题和挑战。

扩展阅读：以创新驱动、转型发展为主线，推动上海走上可持续的新型城镇化发展道路[1]

新中国成立以来，上海城镇体系建设主要经历了四个阶段。

第一阶段为1956—1967年，城镇体系建设的重点是发展卫星城。为适应工业和城市发展的需要，上海制定了《上海市1956—1967年近期城市规划草图》和《上海市1958年城市建设初步规划总图》，提出在市区周围建立卫星城、疏解市区工业企业和人口的设想，并编制了闵行、吴泾、安亭、嘉定、松江5个卫星城的具体规划，为上海改造旧市区和发展卫星城提供了发展方向。

第二阶段为1986—1999年，确立了中心城、卫星城、郊县小城镇和农村集镇四级城镇体系。1986年，国务院批复《上海市城市总体规划方案》，指出要逐步改变单一中心的城市布局，积极地、有计划地建设中心城、卫星城、郊县小城镇和农村集镇，逐步形成层次分明、协调发展的城镇体系。要重点发展金山卫和吴淞南北两翼，加速若干新区的建设，要加强卫星城和郊县城镇建设，尽可能就地消化农村剩余劳动力，避免农村人口大批涌入市区。

第三阶段为1999—2010年，提出了中心城、新城、中心镇和一般镇四级城镇体系。2001年5月，国务院正式批复并原则同意《上海市城市总体规划》（1999—2020年）。规划明确了以中心城为主体，形成“多轴、多层、多核”的市域空间布局结构。“多层”指中心城—新城—中心镇—一般镇构成的市域城镇体系。“多核”包括中心城和11个新城。同时，上海在《关于上海市促进城镇发展的试点意见》中进一步明确，“十五”期间重点发展“一城九镇”。之后，2004年出台的《关于切实推进“三个集中”加快上海郊区发展的规划纲要》又对市域城镇体系作了更为详细的规划，明确按“体系呈梯度、布局成组团、城镇成规模、发展有重点”的原则，在郊区形成“新城、新市镇和居民新村”三级城郊居住体系。

第四阶段为2011年以后，提出以新城建设为重点，构筑城乡一体、均衡发展的城镇发展格局。本市“十二五”规划纲要指出，未来五年将大力推动城市发展重心向郊区转移，以新城发展为重点，分类推进七大新城建设；优化小城镇布局，实施有重点、有层次、有步骤的小城镇发展战略；同时，进一步加大工业反哺农业、城市支持农村的力度，扎实推进新农村建设，着力构筑城乡一体化发展新格局。

在快速城镇化和工业化的过程中，城乡发展逐渐积累了许多的矛盾和问题，如建设用地紧张、城乡差距拉大、生态环境恶化等。或许，作为一个普通市民无法直接感知上述问题，但是由这些问题间接引发的征地拆迁、住房紧张、交通拥堵、大气污染等却时时见诸报端（图4-1）。上海“城镇化”的进程还在持续，我们应该以怎样的方式来推进“城镇化”，问题导向和底线思维为我们提供了方向和视角。

扩展阅读：

欧美发达国家在快速城镇化和工业化的进程中都曾出现过城市急速扩张导致人口膨胀、交通拥挤、住房困难、环境恶化、资源紧张的问题，也就是通常所说的“城市病”。在之后的岁月里，他们都在为之前工业化、城镇化透支的成本进行补偿。经过几十年乃至上百年的努力，才换来今天社会、经济、生态相对和谐的发展局面。

1952年伦敦的严重烟雾事件促使英国人民开始深刻反思，英国政府开始“重典治霾”，经历了六十多年的治理，出台了一系列法案，才使今天的伦敦成为一座“绿色花园城市”。

同样在美国，二十世纪五六十年代污染泛滥（如洛杉矶光化学烟雾事件），市场失灵，政府逐渐认识到类似城市环境治理不能依赖于“无形的手”，而应作为“政府应当提供的基本的公共产品和公共服务”，后续出台了《国家环境政策法》，建立了环境影响评价体系，逐渐改善了生态环境。

1 作者：齐峰

图 4-1
上海市征地拆迁、住房紧张、交通拥堵、环境污染问题
（陈亮，姚佳凯，张芬芬摄）

4.1 生态底线

生态底线是保障城市生态安全、优化城市空间布局所必须严格保护的空间范围。

4.1.1 现实情况

随着上海建设用地逐步达到市域总面积的 44%，生态空间被严重挤压，尤其是规划设想中的一些系统性、骨架性的廊道都已无法贯通，加上上海地处平原，本身生态资源就较缺乏，城市整体的生态环境质量呈逐步下降的趋势，虽然没有研究表明上海的生态承载力极值是多少，但从近年来雾霾天数、热岛效应的增加来看，环境问题已逐渐影响了人们的生活品质，成为城市发展的巨大阻力（图 4-2）。

从区域来看，主要河道上游及沿岸地区生态压力大，开发强度高，人口产业密集；上海周边区域内生态资源稀缺，同时缺乏整合，影响生态网络的构建（图 4-3）。

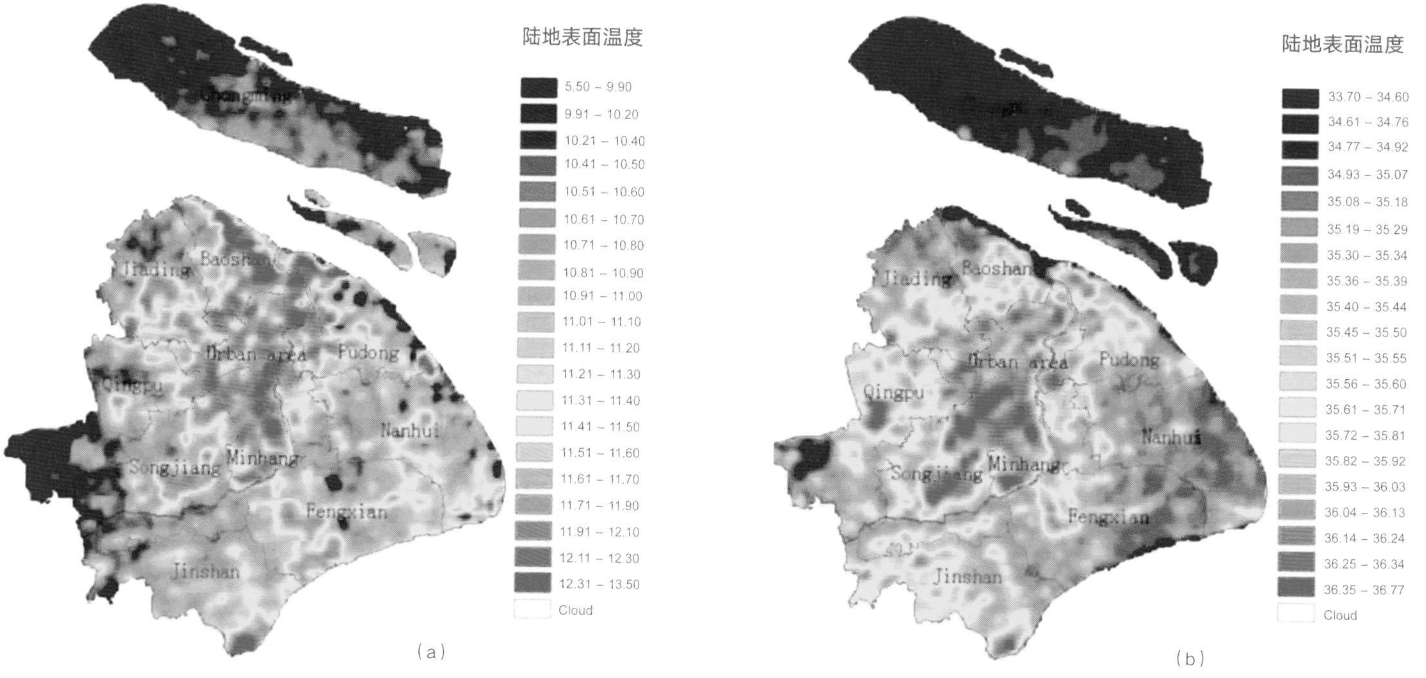

图 4-2
上海陆地表面温度冬（a）夏（b）分布图
资料来源：Urbanization and its environmental effects in Shanghai, Linli Cui, Jun Shi

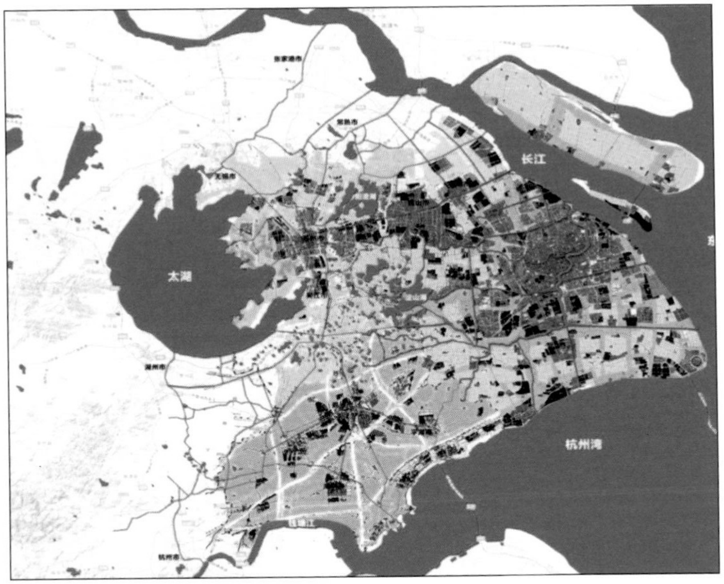

图 4-3
太湖流域建设发展情况图
图片来源：上海市城市规划设计研究院．上海市生态保护红线专项规划研究

从市域范围看：生态空间缺乏，大量生态用地被蚕食，生态空间保护迫在眉睫。由于从 1997—2010 年新增了大量建设用地，在《上海市城市总体规划（1999—2020 年）》总体规划划定的生态敏感区、建设敏感区以及楔形绿地内，现状建设用地已分别占到了 20%，55%，55%，生态空间保护亟需政策机制保障。

另外，上海生态保护机制缺乏统筹整合，需建立一体化的机制保障，统筹各个部门的生态保护政策和资金。

4.1.2 生态空间的保护与实施

保护生态空间是保障区域与城市安全的基础，也是提升城市生活品质的重要一环。

上海的生态空间规划呈现网络结构，强调连续性和网络化，保证空气、风、水的流通、动物的迁徙、植物的生长，延伸到城市的每个角落。但生态网络始终停留在规划层面，难以实施，而且越来越多的现有生态资源正在被逐步侵蚀。

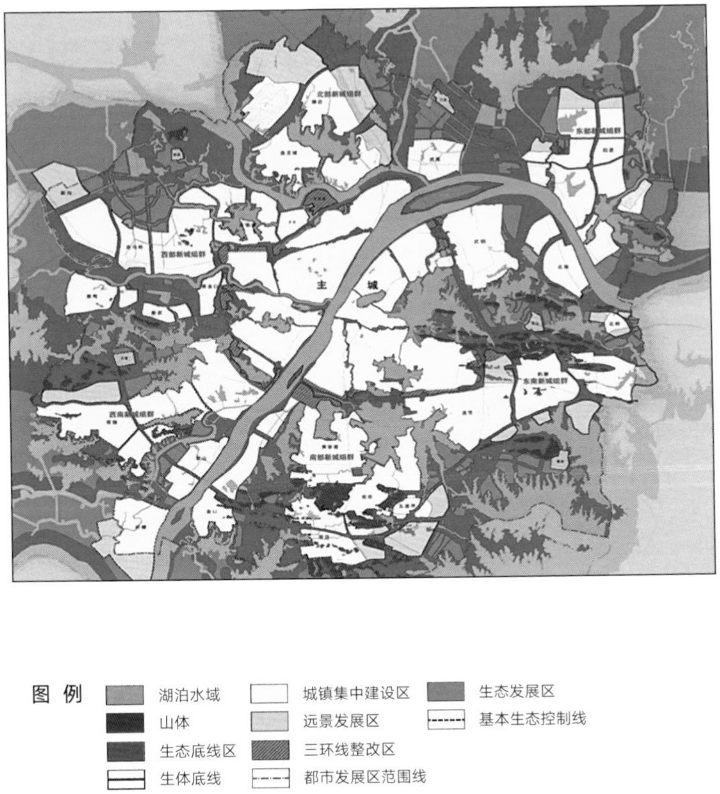

图 4-5
武汉市基本生态控制线范围图
图片来源：www.wpl.gov.cn/pc-0-48380.html.

2015 年两会上，市人大代表德甄说：“生态环境是地区发展的重要标记，也是可持续发展的指标。我在合庆镇调研时，一位黄月琴老妈妈说，年轻时嫁到合庆镇，小姐妹羡慕她嫁到了空气清新的地方，可现在的环境已经不宜居了，儿子、孙子都不愿意住了。我把老妈妈的心声带到会上，我也想说，发展不能牺牲环境。”韩正书记当即回应，绝不能牺牲环境换取一时发展，否则就是牺牲了群众的利益，牺牲了长远的利益。上海生态环境治理已到了刻不容缓的地步，城镇、产业的发展不能再以生态为代价，必须严守生态底线。

目前上海已基本确定了生态红线，划入红线的区域将实施严格的规划管制。生态红线内也将探索生态补偿机制，以促进生态空间的实施。

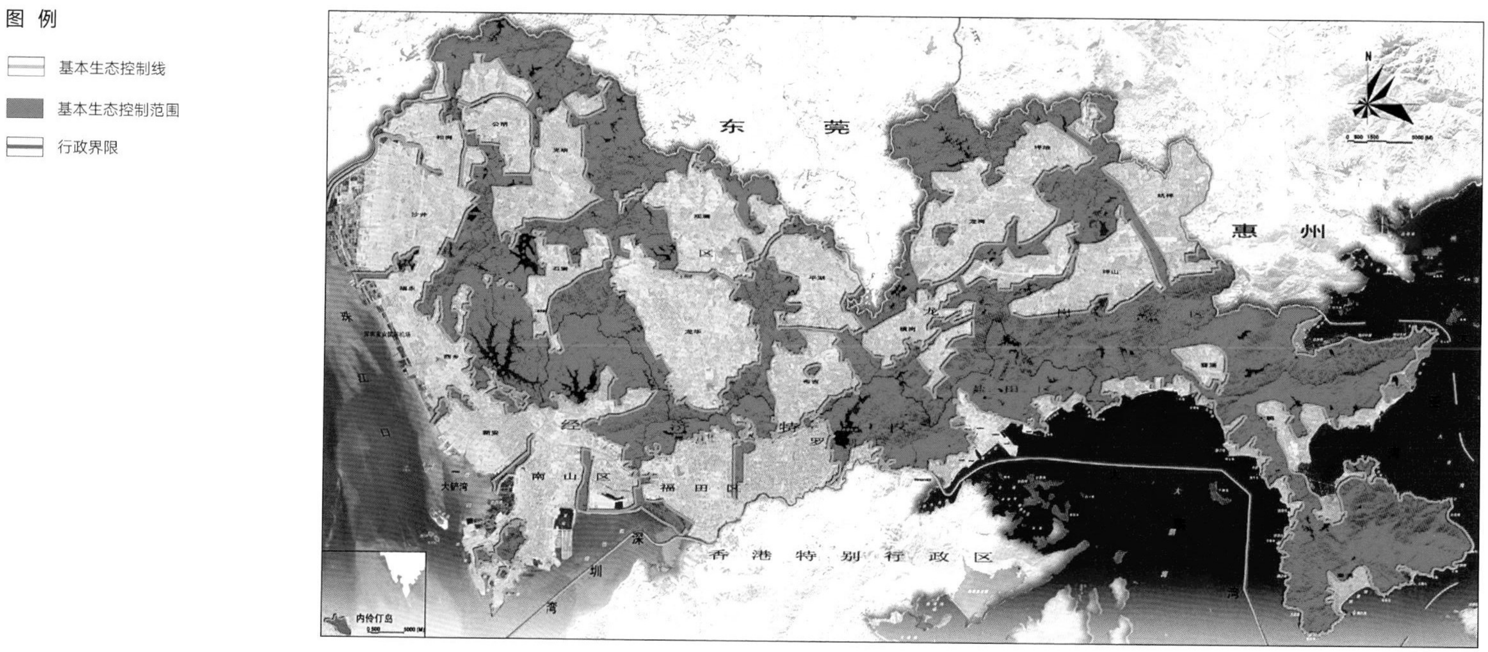

图 4-4
深圳市基本生态控制线范围图
图片来源：http://www.szpl.gov.cn

扩展阅读：【三线划示】刚柔并济——生态保护红线与生态补偿机制[1]

近年来，面对日益恶化的生态环境，政府和公众的环保意识逐渐增强。为守住生态底线，控制城市无序扩张，国内多个城市和地区相继开展了生态控制线划定及规划编制工作，深圳、天津滨海新区、东莞、武汉、香港等地的实践为生态保育工作提供了丰富的经验。

1. 国内生态保护实践

1）深圳：生态立法，严格限制线内建设活动（图 4-4）

2005 年，深圳市颁布《深圳市基本生态控制线管理规定》（以下简称《规定》），将 974km² 土地划入基本生态控制线内。《规定》明确了生态控制线划定和调整、监督和管理方案及相关法律责任，通过立法确保基本生态控制线的刚性。

线内的建设活动受到严格限制，《规定》提出：除重大道路交通设施、市政公用设施、旅游设施、公园以外，禁止在基本生态控制线范围内进行建设；在规定前已签订土地使用权出让合同但尚未开工的建设项目，准许建设的项目应严格控制开发强度与用地功能，对生态环境影响较大的建设项目由市土地主管部门依法收回用地并给予补偿；基本生态控制线内已建合法建筑物、构筑物，不得擅自改建和扩建。

2）武汉：弹性控制，双线管控（图 4-5）

2012 年，武汉市颁布《武汉市基本生态控制线管理规定》，借助生态底线区（1 566km²）和生态发展区（248km²）两条生态控制线来实现生态空间的分类管理和控制。

1. 本内容由上海市城市规划设计研究院国土规划设计分院（国土规划研究中心）蒋丹群供稿。

生态底线区：遵循最严格的生态保护要求。线内原有村落，鼓励异地统建，逐步恢复生态功能；对生态保护无不利影响的工业、仓储类项目，可予以保留；对生态保护有不利影响的项目，进行改造和产业转型；不符合规范要求的项目，逐一清理，限期整改搬迁。

生态发展区：在满足项目准入条件的前提下，旅游度假项目通过环评等程序，可以限制性地进行低密度、低强度建设；工业项目视其对周边环境的影响，进行整改或以置换的方式迁出；新增的工业项目，严格执行准入标准。

2. 存在问题

深圳、武汉均通过划定生态控制线、限制线内经济活动来防止城市蔓延危及生态系统，土地利用方式、土地开发强度的紧约束致使线内地区无法依靠土地财政创收，不可避免地影响了这些地区的经济发展。

深圳市有近 300 个原农村社区被划入基本生态控制线，初期仅大鹏新区得到了有限的生态补偿（图 4-6，图 4-7）。参照深圳市最低生活补助线标准，从 2007 年 1 月 1 日至 2010 年 12 月 31 日，大鹏半岛原村民每人每月可得到基本生活补助费 500 元。同一时期，大鹏半岛集体（股份公司）对 125 个年人均集体分配收入在 2 000 元以下的自然村提供社会保险参保补助。其中，年人均集体分配收入低于 1 000 元的自然村村民可获得全额补贴，年人均集体分配收入在 1 000 元及以上、2 000 元以下的自然村村民可补贴 50%。线内外社区经济发展条件不均等、经济收益悬殊，生态补偿机制不健全的状况极易造成线内社区居民的心理不平衡。当社会整体生态效益与地区、个人经济利益产生冲突时，即使划定生态控制线的长远利益大于小众的短期利益，生态保护工作也难以顺利推进。

3. 对上海的启示

上海市的生态保护红线划示工作正在积极开展。为促进生态保护红线内地方政府和公众自发保护生态资源，不仅需要划定生态保护红线进行刚性控制，还需要通过经济手段等方法来激发保护行为。

鉴于单一的补偿标准很难在政府财政承受力与公众期望值之间寻找到最佳的平衡点，生态补偿政策唯有紧密结合线内生产实践，适度下放线内生态资源的使用权和管理权，增加公众参与，才能实现生态保护红线内部资源效益最大化。

结合地区特点，协同考虑农林用地、未利用地与建设用地的土地利用模式转变与创新，因地制宜地发展资源节约、生态高效型产业，建设非同质化的生态景观，才能使得红线保护有力度、长远发展可持续。

4.2 规模底线

4.2.1 不得不为的“总量锁定”

随着城镇化率快速提升，中心城逐渐扩张蔓延至近郊地区，为了避免"摊大饼式"的生长，2006 年上海确定了“1966 城镇体系”，重点建设新城以形成组团式的发展，一批工业园区在郊区落户，各类基础设施纷纷上马，郊区的建设如火如荼。上海郊区成为经济发展中第二产业的重要阵地。据统计，郊区工业用地从 2006 年的 500.9 km^2 增加到 2010 年的 551.5 km^2，年均增加 10.12 km^2，工业用地中 68% 分布在郊区。

于此同时，上海的郊区也经历着近六十年来最快速的土地消耗，大量的建设用地开始蔓延，耕地快速减少（图 4-8（a））。从 1949 年至 2010 年，耕地最高达到过 3 887 km^2（1955 年），2010 年达到最低 2 010 km^2。1980 年后，随着快速城市化，对建设用地的需求明显增加，耕地开始急剧减少，图 4-8（b）中，高楼和道路的占地面积在近 20 年中呈直线上升。

新型城镇化为上海带来了新一轮的发展机遇，但上海也同时面临着土地等资源的发展制约。在用地总量上，全市现状建设用地已接近国务院批准的《上海市土地利用总体规划》2020 年的规划目标，若按照以往的新增建设用地增长速度，将提前突破建设用地的“天花板”。在用地效率上，集中建设区内的现状地均 GDP 产出仅为巴黎的 1/3，东京的 1/9，中心城地均 GDP 是全市均值的 4 倍多，占全市现状建设用地 80% 的郊区用地效率低下。

上海城镇化的进程还在继续，土地资源无疑能为城镇化提供大量的支撑，但是城市蔓延和无序扩张等城市病有巨大的隐患，如何有序引导城镇化，并用好有限的土地资源？

图 4-6
大鹏新区西涌

图 4-7
大鹏新区杨梅坑绿道

4.2.2 城镇化未来的发展空间

1. 土地指标

上海的土地资源紧缺，是土地指标和发展空间的双紧缺。这里的土地指标是指新增建设用地指标。《中华人民共和国土地管理法》中规定，我国通过土地利用计划管理“实行建设用地总量控制”。对于上海，由于计划核定的依据——土地利用总体规划锁定了 3 226 km^2 建设用地的总量，每年下达的新增建设用地是有限的。相对于过去 10 年每年 50 km^2 的增量，未来上海几乎已到了无地可用的境地（或者说上海的新增建设用地仅能保障基础设施和公益性设施的建设）。因此土地指标的紧缺是当前上海发展急需解决的问题。

从重庆“地票”、成都“城乡统筹试点”、嘉兴“两分两换”的经验来看，它们都是在总量锁定或是增量急缺的情况下，将低地租地区的土地指标转移到高地租的地方去，以此继续支撑城镇化发展，为经济社会发展提供空间。重庆可借鉴的地方还在于引入了市场机制，将土地指标票据化，由市场决定流向最高价值的地方。

为了缓解城乡建设用地快速增长给耕地保护带来的巨大压力，2006 年开始，国土资源部在四川省、山东省、江苏省、湖北省、天津市等 5 个省市开展城乡建设用地增减挂钩试点。2008 年、2009 年国土部又分别批准了 19 省市加入增减挂钩试点。

2004 年底，为了加快推进三个集中战略[1]，上海市挑选了 15 个镇作为农民宅基地置换的突破口，开始进行宅基地置换工作。后来由于种种原因，实际启动实施了 11 个镇。大部分试点在资金与政策的双重阻碍下，进行得并不如预想的那么顺利，只有嘉定外冈、奉贤庄行等试点取得了比较好的效果。

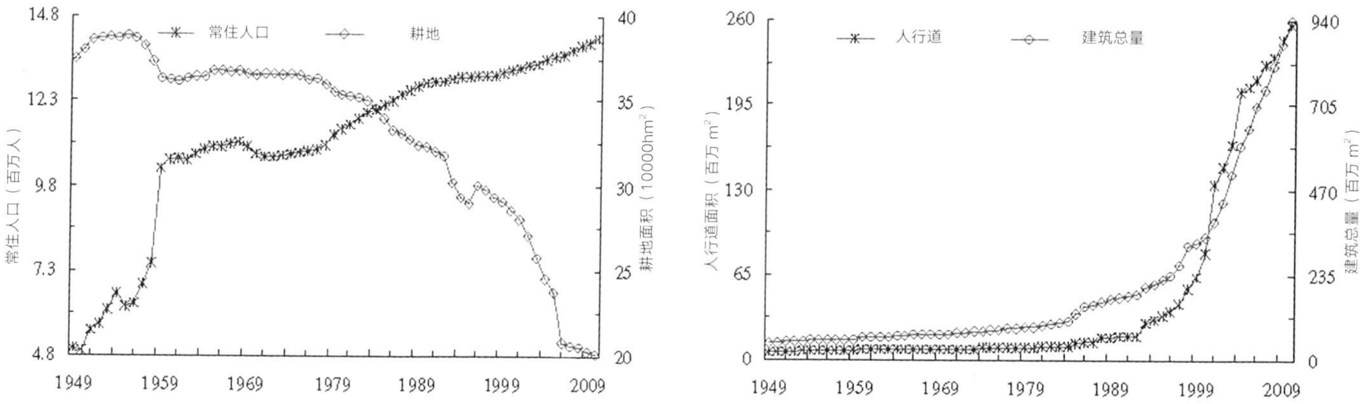

（a）　　（b）

图 4.8

上海城镇化率变化图

（a）常住人口与耕地的变化图　（b）人行道和建筑总量的变化图

资料来源：Urbanization and its environmental effects in Shanghai, Linli Cui, Jun Shi

1. 早在 1995 年，上海市就提出了“农业向规模经营集中、工业向园区集中、农民居住向城镇集中”的郊区发展战略。2004 年，上海市出台《关于切实推进“三个集中”加快上海郊区发展的规划纲要》，提出了“人口向城镇集中、产业向园区集中、土地向规模经营集中”的“三个集中”战略。

扩展阅读：

2004年奉贤庄行宅基地置换项目试点村为新华、陈行、烟墩村三个村。（图4-9）宅基地置换试点主要政策和做法包括：

（1）土地出让和房屋产权：试点基地建设用地一并实行征用和出让，除上缴中央部分外，市、区两级土地出让收益全免。农民集中居住的房屋竣工使用后，按户颁发房地产权证。（除嘉定试点已发外，其它试点还未颁发）。

（2）置换标准：实行旧房评估——新居定价的双作价原则，使置换农户不花钱或少花钱1:1换得新房。

（3）节余土地开发：置换节余部分宅基地，可以在符合国家和市相关政策和规划前提下进行适度开发。开发实行封闭运作、独立核算，收支盈余部分纳入市、区（县）两级专项扶持资金，用于平衡试点投入。

（4）复垦计划：置换后的原宅基地及其住房，必须拆除并组织复垦。经验收合格的，新建住房申请用地免缴土地占补平衡费，不占农转用指标。

（5）推进镇保：有条件的试点地区，应积极推进镇保。试点区域内农业员经与集体经济组织协商一致，在自愿将承包的土地退还给集体经济组织后，男性60岁、女性55周岁以下的，可享受本地被征地人员参加镇保的有关政策；男性60周岁、女性55周岁以上的，可参照本市征地养老政策，享受相应的小城镇社会保险。

该项目被置换的总户数939户，人口3 396人，区域面积9 111亩。集中建房建设基地总用地439亩，共建置换房99幢、2 060套，建筑面积22.5万m^2。通过宅基地置换以及土地复垦和整理，新华村共节约建设用地755亩、增加耕地面积1 342亩。这些土地和农民上交的责任地一起，进行了统一平整，集中了8 000多亩土地，开发了现代农业项目，实现了适度规模经营。农民置换到了新房或拿到了置换补偿金；实行了责任地流转与镇保联动的试点，推进了镇保。

嘉定区外冈是上海镇宅基地置换试点比较成功的一个案例（图4-10）。该项目涉及全镇13个村。经过5年的努力，共置换农户1 128户，腾出宅基地977亩。建造农民集中居住基地34万m^2。通过置换节余耕地485亩。外冈镇宅基地置换，政府重视、农民满意、社会支持。通过置换，农民基本上不贴钱就能拿到与旧房面积基本相等的新房，新房具有房屋产权证能上市交易，农民得到了财富积累，而且置换农民通过“土地换保障”办理了“镇保”，99%以上的置换农民对置换工作表示满意。同时，通过土地整理复垦，组建村级合作农场和专业合作社，实现了农业规模经营。由于外冈镇试点工作机制比较完善，建设成本控制合理，宅基地置换资金能够做到基本平衡。2005年，农民集中居住基地—外冈新苑被评为“上海市优秀村镇住宅”。外冈镇宅基地置换试点工作的成功推进，探索出了一条既节约耕地资源，又提升农民居住生活水平；既实现农民得实惠，又能基本平衡开发成本的新路。

图4-9

奉贤区庄行镇宅基地置换房

图片来源：上海新闻网站

图4-10

左：外冈镇宅基地置换房 右：外冈镇搭建宅基地置换网络监管平台

图片来源：上海市嘉定区外冈镇人民政府网站

2009 年，上海市被国土资源部列为第二批增减挂钩试点省市，开始实施城乡建设用地增减挂钩，并开展新一轮农民宅基地置换工作。2010 年初，嘉定外冈成为上海城乡建设用地增减挂钩首批试点，从而为上海解决土地指标、盘活建设用地、节约集约利用土地、提高农民居住条件、改善生态环境质量等方面积累了经验。

“增减挂钩”是一种“拆一补一”的概念，即拆除复垦集中建设区外的一公顷建设用地可在集中建设区内获得一公顷的新增建设用地指标和占补平衡指标。总体上要求，建新地块建设占用的耕地面积不得大于拆旧地块整理复垦的新增耕地面积，建新地块新增建设用地总面积不得大于拆旧地块的建设用地总面积。节余的新增建设用地计划指标和耕地占补平衡指标可在区县范围内统筹使用。

但是由于当时上海的建设总量没有锁定的要求，土地指标的稀缺性还未充分体现，加上上海高昂的拆迁成本，试点并未得到真正意义上的广泛推广。十八大后，中央提出了新型城镇化的战略目标，重点要推进以人为核心的城镇化，提高城镇建设用地利用效率。特别是 2013 年底的中央城镇化工作会议提出：“城市规划要由扩张性规划逐步转向限定城市边界、优化空间结构的规划。”要“严控增量，盘活存量，优化结构，提升效率，切实提高城镇建设用地集约化程度”。“城镇建设用地特别是优化开发的三大城市群地区，要以盘活存量为主，不能再无节制扩大建设用地。”要“严格控制特大城市人口规模”，“尽快把每个城市特别是特大城市开发边界划定”。这样自上而下进一步限定了上海建设用地规模的扩张。上海市也把 3 226km² 作为终极规模，2020 年之后规划建设用地零增长，按照国家严控建设用地总量和保障新型城镇化建设的要求，对新增建设用地实行“稳中有降、逐年递减”，这就使得新增建设用地资源更加紧张，土地指标更为稀缺和珍贵。尤其是尚处于快速发展时期的各郊区县，仍有比较强烈的用地需求，年度指标逐渐缩减，供需矛盾更加突出。在这样的背景下，增减挂钩作为一种有效增加建设用地指标的手段和工具，具备了进一步推广的时机和条件。

2. 规划空间

上海“两规合一”方案中划定了“集中建设区[1]”（以下简称“集建区”）边界，这个边界就是未来上海（2020 年内）可以扩张的最大建设边界，也就是我们通常所说的发展空间（图 4-11）。

集建区对于上海的规划管理来说意义重大，它是一条规划和土地部门达成共识的管理线：区内是规划认可的建设区域，覆盖法定的详细规划，使用新增建设用地指标；区外是非建设区域，以农业生产和生态保护为主，无详细规划覆盖，除基础设施等特殊项目外基本不允许使用新增建设用地指标。集建区的边线通过信息化管理，目前已用于项目审批，是上海土地管理“批、供、用、补、查”和规划“一书两证”行政许可的重要依据。

集中建设区的划定是上海规土合一的重要标志。在集建区划定前，汇总上海各区县的规划实施方案，规划空间达到 3 400 km² 以上，远远超过土地利用总体规划核定的建设用地总规模。集建区是对规划空间进行瘦身后，结合《上海市土地利用总体规划（2006 — 2020 年）》的编制予以确定的。因此，集建区划示后城乡规划和土地利用总体规划的建设用地规划总规模是一致的，边界也是一致的。

对于集建区外大量的现状建设用地，管理口径基本确定为不允许新建、改扩建（市政、交通、民生等设施除外）。由于集建区的规模限定以及严格的管控，地方政府清楚地意识到规划空间的重要性。增减挂钩能够在某种程度上缓解年度建设用地指标的压力，但上海的发展空间已近饱和，就像饭菜有很多，但碗就这么大，多了也盛不下，因此对于规划空间的使用更趋于慎重，而规划空间也成为与土地指标一样稀缺的资源。

从集建区的分布来看，由于上海呈现圈层式的蔓延，因此当时集建区划定时，发展空间主要集中于中心城和新城，占了 73%（1 852 km²）；周边小城镇的规划空间大量瘦身，占 27%（676 km²），尤其是一些远郊镇，镇区集建区的面积基本就是现状的镇区。当然，这也符合当时上海建设新城的规划导向，小城镇节省的规划空间为新城和其周边的工业区发展预留了增长空间。

十八届三中全会召开后，新型城镇化成为当前国家战略，伴随着土地制度改革，将释放大量的土地红利。从目前国家的导向上来看，新型城镇化要“顺势而为、水到渠成”，依托城镇就地城镇化。一些专家学者的观

1．集中建设区（简称集建区），是指上海市区（县）和镇（乡）土地利用总体规划中确定的规划期内引导城镇集中建设和产业集聚发展的建设区域，主要包括中心城、新城、新市镇镇区、集镇社区、产业园区、特定大型公共设施等。上海全市划定集建区约 2 820 km²。

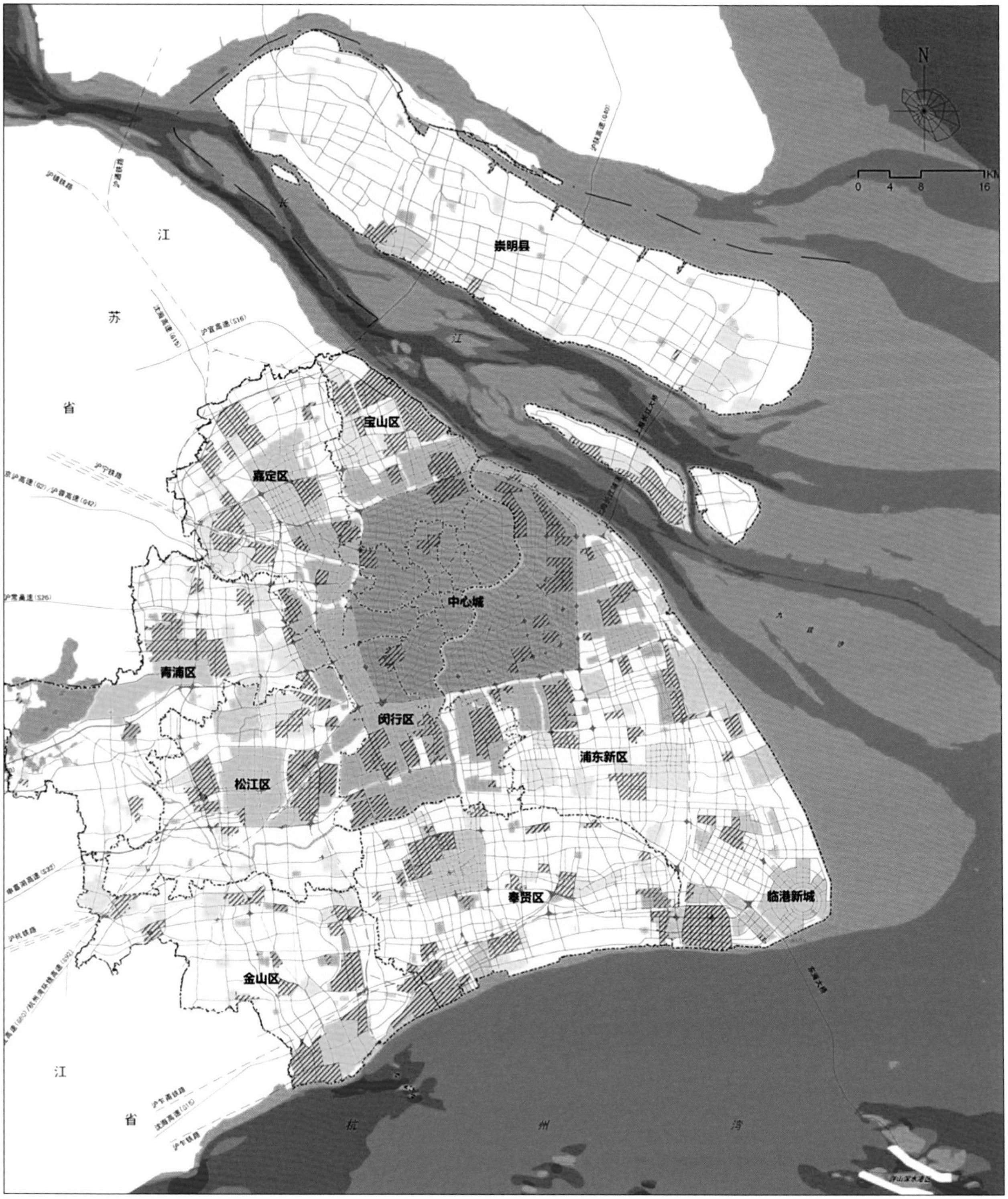

图 4-11
上海市“两规合一”集中建设区布局规划图

资料来源：上海市城市规划设计研究院

点也认为，新型城镇化的本意是拉动农村地区的内需，增加农民的物质资本，要改变以往的城镇化模式，让小城镇成为这次城镇化的主体，通过小城镇的发展来就近吸纳农村人口，开发本地资源，破除城乡二元结构。因此，上海的小城镇面临着一轮发展的契机。

上海推进新型城镇化的经济社会条件相对全国其他地区比较成熟，自下而上的意愿也十分强烈，但摆在面前的是小城镇的发展空间受限，城镇化启动后，农民就近居住、就近就业的空间在哪儿？

上海的集中建设区规模已达 2 808.3 km^2，难以再扩大。集建区外如果需要规划空间必须依赖拆出来，即腾挪平移，但空间的总规模是受限的，不可能达到拆一还一。另外，空间不同于指标，它不能基于市场配置，而是基于规划的合理性，因此能否增加规划空间，增加在哪儿，都必须以规划为前提。

当然，还有的办法就是对现有的集建区进行“瘦身”，因为目前集建区内还有大量未开发的土地，即使 2020 年前所有新增建设用地指标都使用在集建区内，仍有大量的空间剩余，这部分空间可以进行“瘦身”。目前市规土局正在推进的“城市开发边界”划示工作就聚焦于集建区瘦身。

4.3 文化底线

中国是一个农业文明古国，江南一带更是传统的鱼米之乡，以农业发展为基础的乡村文明绵延千年之久，是中华民族五千年文明的重要传承，广大的乡村正是这一文明形态的核心载体，它的空间格局和人居环境，体现了古人的生产生活方式，以及与自然环境的相处之道。然而，在迅速建设的大潮中，我们对村落文明关注仍然较少，尤其是那些处于风景名胜、旅游区、郊野公园等具有休闲游憩功能区内的村落，大多渐渐丧失了传统风貌，丧失了自己原有的特色。尽管对于传统古村落的研究已经愈来愈受到学界的重视，然而对于那些特殊功能区内的一般村落的发展却极少有人问津，它们的发展还没有博得自己应有的一席之地。

上海郊区的村落大多建筑形式各异，景观系统亦不够统一，传统风貌日渐消失。有些村落仍然保存了原有的生存格局与生活状态，但在快速城市化与全球化的背景下，也逐渐丧失了自己原有的特色。还有些村落随着现代生活方式的入侵，原有农耕文化背景下的农业生产活动正逐渐消失，越来越多的农村青年开始接受与城镇青年同样的生活方式，未来农耕文化的传承正面临严重的威胁。如果对于传统村落生活与生产方式的保护仍然以一种模糊的态度消极应对，那么代表广大人民智慧的传统村落文化将面临快速消失的危险。

占到上海近 60% 面积的农村地区，村落是重要的空间载体，传承着上海的农耕文明，是上海的历史和记忆。因此，在上海新型城镇化的过程中，文化的底线必须提升到战略高度。

当前上海农村地区的文化传承与风貌存在以下问题。

1. 生机与活力不足

在现场调研时发现，随着农村青年一代外出打工，农村的产业生产结构和人口年龄结构已经发生了重大变化。现有村内大多以老年人居住为主，年轻人已经基本外出打工，并在镇内购置房产，因而村庄的老龄化趋势已经非常严重。以青浦区西岑山深村为例，村庄空巢化已经达到 70% ~ 80%。按此趋势，未来农村的居住人口将越来越少，现有的村庄缺少生机和活力。

2. 传统风俗民俗活动日渐凋零

郊区一部分村庄已经开展过新农村规划建设，按照新农村规划的建设要求，每个村庄内都会配置公共活动中心，活动中心内包括茶室、电影院、棋牌室、健身室、篮球场、硬质广场等公共活动空间。现在，村内的公共活动室大多是老年人在使用，以打牌、搓麻将等娱乐活动为主。在调研中发现，村落内有关传统民俗的文化活动较少，大部分的活动已经完全是城市居民的活动内容。虽然村民的公共文化生活随着生活水平的提高，会有新的诉求，但是如何将传统文化民俗民风传承下来，让后代保存发扬，并能积极融入现代的文化要素，才是真正有价值和竞争力的公共文化生活。

3. 村落旅游对物质环境造成冲击

纵观上海，有些村落近年来通过发展旅游事业发挥其乡土化、地域化及历史文化资源优势，获得了很好的经济效益、社会效益和环境效益。然而与此同时，发展旅游业所带来的负面压力正逐渐显现，主要表现在：游客容量增长过快超过了村落所能容纳的环境容量限度；日益增多的小商铺导致了建筑用途的改变，过度的商业化丧失了街区的原真性；土生土长的原住民逐渐外迁，导致村落的人文环境发生变化。

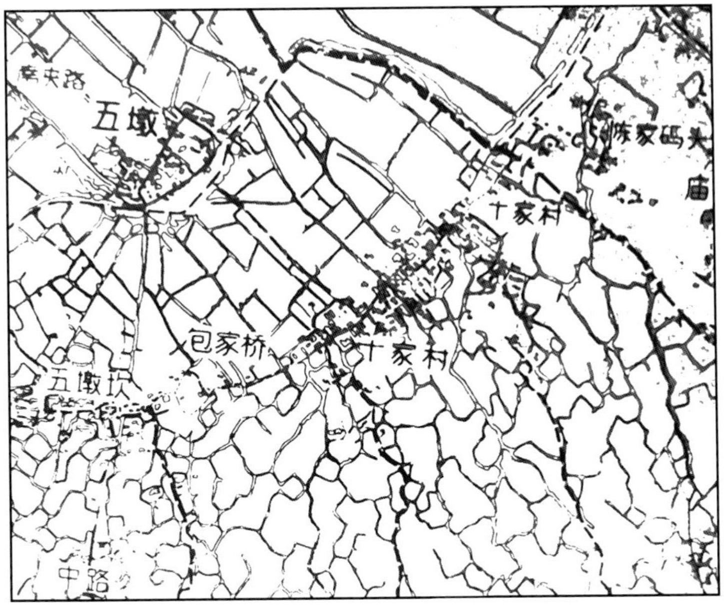

图 4-12

清光绪年间拾村村落地图

图片来源：奉贤区拾村村庄规划，上海市城市规划设计研究院

4. 地域景观特色丧失

如果将村落各个历史时期发展的平面图叠加在一起就会发现，如今的村落肌理已经与早年的村落发展肌理呈现完全不同的形态。以拾村为例，清光绪年间的村落平面图（图 4-12）呈现出清晰的“圩田—村庄—农田”肌理，而现今的拾村村落平面图圩田肌理已经完全消失，取而代之的是大片规则的网格状肌理。当然在这背后，有生产方式与生产工具的重大变革所带来的耕种方式的变化，但是随着现代化生活的影响和城镇生活方式的入侵，以及新兴建筑形制的发展，地域景观特色正在逐渐消亡，如何延续村落的环境景观特色是值得深思的问题。

5. 村民现代化生活进程受阻

在保护村落传统景观特色和人文风貌的同时，村民也有追求现代化生活的诉求，其实村落的发展一直存在着传统保护与现代开发的矛盾。如何能够在保存传统特色风貌的同时，又能满足村民享受便捷现代化生活的需要，是规划设计中的难点。随着上海快速城市化的发展，给郊野地区历史文化风貌的保护带来了极大的挑战。

2013 年中央城镇化工作会议要求“要传承文化，发展有历史记忆、地域特色、民族特点的美丽城镇”，“坚持因地制宜，探索各具特色的城镇化发展模式”；《国家新型城镇化规划（2014 — 2020 年）》提出“加强历史文化名城名镇、历史文化街区、民族风情小镇文化资源挖掘和文化生态的整体保护，传承和弘扬优秀传统文化，推动地方特色文化发展，保存城市文化记忆。”在国家战略的指导下，上海如何在新一轮城镇化起始阶段制订好乡村风貌保护的行动计划，严守住我们的乡村文化底线，是当前紧迫的任务。

按照市委、市政府《关于推动新型城镇化建设，促进本市城乡发展一体化的若干意见》（沪委发 [2015]2 号）的文件精神，上海应当“培育发展农村乡土文化、生态文化、村民文化和外来务工人员文化，加强农村非物质文化遗产的挖掘、保护、传承和利用。加强历史文化名镇名村和传统村落保护开发工作”。规划和国土资源管理部门已开展了差别化的村庄风貌保护对策研究，确定保护村[1]、保留村[2]和撤并村[3]，构建镇村体系，为城镇化提供空间引导。同时，强调“一村一品”，开展村庄风貌设计导则研究，鼓励村民积极参与规划，形成良性互动。

1. 保护村：主要是指列入《中国传统村落名录》的村庄及候选村庄，位于郊区 32 片历史文化风貌保护区内的村庄，以及整体具有较高传统风貌特征和历史文化价值的自然村，以传统文化、地方特点、自然肌理、村落特征和人居环境为选择条件，如浦东新区康桥镇沔青村、松江区泗泾镇下塘村等。

2. 保留村：主要是指现状规模、区位、产业、历史文化资源、集聚度等综合评价较高的村庄。包括户籍人口 2 000 人以上、交通区位良好、具有产业活力、布局集聚的村庄，如奉贤区四团拾村村、青浦区朱家角张马村等。

3. 撤并村：主要是指受环境影响较大的村庄，居民点规模小、分布散的村庄。

扩展阅读：【秀镇美村】诗意的栖居——海派村落的典型风貌特征[1]

在城市不断发展的今天，越来越多的人把目光投向了农村，“看得见山，望得见水，留得住乡愁”，这是每个人心底最淳朴的渴望。让我们一同探访上海的传统村落，揭示昔日海派村落的风貌特征。

1. 自然舒展的空间肌理

上海地区自西向东倾斜的地形、低平的地势、湿润多雨的气候，形成了该区域水网密布、河道纵横的典型特征。海派村落在对水网和地形的适应、利用和改造上，以及相互作用、共同演进中，形成了与之交融共生的村庄格局和地缘形态，如崇明形成了以沙岛风貌为特色的“坝上村落”群、青浦形成了以圩湖风貌为特色的“全岛村落”及“河网村落”群。海派村落自然舒展的空间肌理蕴涵了丰富的智慧与秩序：随着河道水系曲折蜿蜒，村落内房屋和道路与水系辗转呼应，绿意葱茏掩映着农宅的粉墙黛瓦，周边映衬着大片农田，呈现出自然平和、简洁朴素的田园风貌，村落的空间肌理无处不展现着人与自然和谐共生的情趣（图 4-13，图 4-14）。

2. 逐水而居的村落布局

海派村落逐水而居、枕河而立、南路北河的布局特点十分突出。房屋的分布、主要街巷的走势，以及村落主要的公共空间的布局，都与河流密切相关，河道成为村落各家族间交流和交换的通道，滨水地带则成为村落

图 4-13
奉贤区柘林镇王家圩村，张悦文摄

图 4-14
青浦区练塘镇长河村，李贤摄

1. 本内容由上海市城市规划设计研究院城市规划三所（详细规划研究中心），王筱双、刘骏伟供稿，文章来源于全心全意微信公众号。

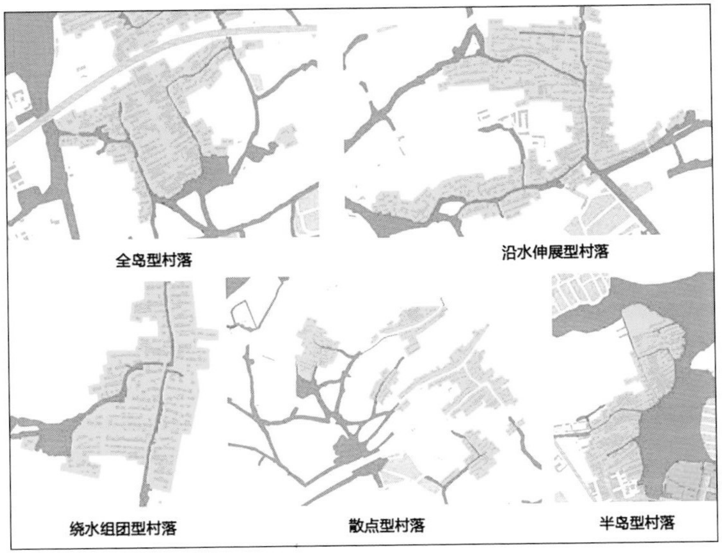

图 4-17
村落形态分类示意图

的中心和公共场所。村落内小桥流水，河岸植被繁茂，具有典型的“江南水乡”特色(图 4-15，图 4-16)。

根据村落与水系的关系，可以将村落形态分为五类：全岛型村落、半岛型村落、散点型/鱼骨状村落、绕水组团型村落和沿水伸展型村落(图 4-17)。

全岛型村落：全岛型村落的大部分区域为水包围，形成三面或四面环水的格局，岛内形成较为完整的交通体系，通常是主要交通线路在核心，形成支路向四周辐射的模式，滨水地区并无沿水岸的车行道，而是以步行为主。

半岛型村落：半岛型村落的主要特点为单侧邻水，另一侧向腹地发展。主要车行道路都在腹地，有支路向滨水地区发散渗透。

散点型/鱼骨状村落：散点型村落的水系从湖延伸出来，呈放射状，沿水系支流或者在水系的汇聚处形成小型的村落集聚。小型村庄聚落的结构往往呈鱼骨状，居民点沿水岸分布，各村落之间可通过水路联系，同时也有陆上的交通网络，可将村落联系起来。

绕水组团型村落：绕水组团型村落的特点是村落沿多条水系发展，形成若干个组团，呈现出若干个组团环绕小河发展的状态。组团之间可通过水路相联系，同时也有便捷的陆上交通系统，将各个组团联系起来。

沿水伸展型村落：沿水伸展型村落的特点在于村落沿单一水系发展，在水岸两侧形成两个组团，呈现出沿水生长的状态。两个组团之间有十分便捷的陆路和水路联系。

3. 丰富有序的公共空间

典型的海派村落内常有与村庄风俗、节庆、纪念等活动密切相关的特定公共建筑和场所，如宗祠庙宇、戏台、集市、村头、小广场、驿站、书院、塔楼、防御设施等。其中最重要的公共空间是村口空间或祠堂庙宇。

图 4-15
青浦区练塘镇叶港村，秦战摄

图 4-16
闵行区颛桥镇中心村，卢思岚摄

图 4-18
崇明县瀛东村入口（图片来源网络）

图 4-19
青浦区白鹤镇青龙村青龙寺，刘洋摄

图 4-20
嘉定区华亭镇双塘村，邹玉摄

图 4-21
金山区亭林镇金明村，石砌摄

海派村落的选址除了重视整体景观，还尤以村口为村民出入村落的要道，重视村落出入口处的景观：常以古桥、古树、戏台、牌坊和错落布置的建筑族群为界面形成半封闭的节点空间，有较强的引导性和标志性，不仅有进出村落的交通作用，还是村民集散休憩的空间。同时，由于中国的传统村落通常是以血缘为基础聚族而居的空间组织，因此宗祠寺庙成为重要的公共建筑。尚保存有宗祠寺庙的海派村落空间多表现为以宗祠或寺庙为几何中心或“心理场”中心展开布局，宗祠寺庙成为村落景观的焦点和醒目标志，并且常常占据有风水最佳的地理位置（图 4-18、图 4-19）。

4. 前庭后林的农宅院落

海派村落的选址十分注重日照条件，基本采取南北向布局，并形成“前庭院后竹林”的院落形态：住宅前面用庭院空间来满足日照、通风和室外活动的需求，而屋后的竹林则能帮助抵御冬季的北风。庭院、竹林还可以用来种植瓜果蔬菜、花草和树木以及养殖家禽，实现了村落住宅建筑与自然环境的充分融合（图 4-20）。

5. 白墙黛瓦的建筑风貌

海派村落具有比较统一的“白墙黛瓦”的色彩风格，其中蕴含着深远的传统文化观念：人们相信白为金，象征着财源广进，黑为水，象征防火防灾，“白墙黛瓦”表达了人们一种象征性的精神寄托。在黑白色调的基础上，建筑常常搭配以赤褐色、竹色护壁以及黄褐色柱子、门窗，形成清淡、雅致的色彩效果（图 4-21）。

海派村落风貌是江南水乡环境、独特文化与经济发展等多方面因素综合的结晶，蕴含着许多优秀的建构理念，折射出上海居民智慧的璀璨光芒。时至今日，传统乡村风貌仍然是我们汲取营养的宝库，从不同角度和层面给予现代乡村风貌塑造以启示。

CHAPTER FIVE

上海农村发展困局

Rural Development Dilemma of Shanghai

CHAPTER 5

SUMMARY

章节概要

5.1 上海农村面貌长期得不到改善的原因

5.2 赋予农民更多财产权利

要使农民资产显化
一种是寻求制度突破，即赋予农民资产完整的权能；
另一种是将无法显化的资产兑换成显化的资产。

农村面貌

财产权利

分析上海农村发展问题，探索困局的解决之路。

崇明县建设镇运南村，祁仕奕摄

5.1 上海农村面貌长期得不到改善的原因

近年来，随着短途自驾游的兴起，有机会去江浙一带旅游的朋友应该会注意到江浙两省许多农村地区的面貌已经发生很大改变，许多农村的配套基础设施已达到城市水平，村庄建设也经过精心设计，既保留了原有历史风貌又能满足现代人的生活需求（图 5-1，图 5-2，图 5-3），各类休闲观光农业和农家乐纷纷兴起，比较有代表性的如浙江德清的莫干山、江苏高淳桠溪的“国际慢城”等等。这些地区都尝试了农村土地制度的改革和创新，引入社会资金参与新农村建设。比较典型的如浙江的“联众模式”：由企业选择风景优美、交通便利的乡村，与当地村委签订合作协议，对整个村庄进行统一经营，利用村民的宅基地重建住宅，一部分给村民留用，一部分用来经营，并完善配套设施，采取公司化“农家乐”的经营模式，以一定费用租用 30 年，到期归还村民。

反观上海，许多农村地区污水尚未纳管，河道污染，道路狭窄，建筑缺乏特色，布局也比较散乱，更有一些乡镇工厂和宅基地混杂在一起，影响生态环境。对于为何差距那么大，初步分析有 3 点主要原因。

1. 制度改革“求稳”

从闻名全国的“苏南模式”和“温州模式”就可以看出，江浙一带一直是各类制度改革的前沿，包括在土地制度改革方面的先行先试、勇于突破。上海由于在全国的特殊地位，在土地制度改革上一直是以稳为主，因此宅基地的修缮、改建一直以政府为主导，如农业主管部门的“新农村建设”专项政策与资金。若农民个人提出要改扩建或分户新建，则需区县政府审批（上海市人民政府第 71 号令《上海市农村村民住房建设管理办法》），过程相当冗长。至于农家乐，上海在 2009 年上海市出台过《关于促进上海地区农家乐的发展优惠政策》，鼓励上海的乡村旅游发展，但对于农家乐用地并无多大的支持和优惠政策，仍须编制土地利用总体规划和村庄规划等上位规划，对于经营性的集体建设用地具体有偿使用方式也未作明确规定。这使得农村地区大量的改建、新建需求被搁置，集体经济缺乏活力。因此，上海农村面貌在近二十年内改善并不多，甚至有些空心户、灭失户较多的村庄面貌更趋恶化。

2. 中心城、新城的巨大吸引

改革开放以后，上海城市发展迅速。根据“六普”数据，2000—2011 年，上海常住人口年均新增 60 万人，大量的农村劳动力转移到了城市。城市规模也迅速扩大，建设用地规模从 1996 年底的 1 705 km^2 增长到 2012 年底的 2 997 km^2（数据来源：市规土局信息平台），增加了 1 292 km^2，增长 76%。面对着中心城、郊区新城巨大的吸引力，上海农民的首选是进入城市，变成市民，近郊的多数农村均实现城镇化。但是上海城乡二元结构依然非常明显（图 5-4），2013 年上海城乡居民家庭

图 5-1
江苏高淳桠溪，武秀梅摄

图 5-2
江苏高淳桠溪，赖剑青摄

图 5-3
浙江乌镇，武秀梅摄

图 5-4
浙江乌镇，蒋丹群摄

人均可支配收入比达到了 2.28，在城乡存在较大差异的情况下，许多农民把改善生活、增加财富的愿望更多的寄托于动迁、拆迁，而不是农村、农业的发展。而城市在高速发展的背景下，也希望以更低成本实现扩张。因此对上海农村长期的严格控制也是当时发展阶段的产物。

3. 规划缺失

上海在农村地区一直以宏观规划为导向，通过土地政策进行管控。《中华人民共和国城乡规划法》和 2010 年新版的《上海市城乡规划条例》明确了村庄规划的法定地位，但目前上海市的村庄规划仍处于试点阶段，并未实现全域覆盖和推广，这在一定程度也影响和限制了农村地区的开发建设活动。在 2010 年国土资源部批复的《上海市土地利用总体规划（2006—2020 年）》中，确定了农村地区低效建设用地减量的导向。在后续各区县、镇乡的土地利用总体规划中都确定了拆除比，要求在规划期末实现农村建设用地的减量。因此，农村地区几乎没有规划编制需求度，对于农村宅基地的整治也仅限于“涂脂抹粉”。

扩展阅读：《吾民无地——城市化、土地制度与户籍制度的内在逻辑》节选[1]

创造东南亚经济奇迹的条件：人口自由迁徙和土地私有、自由买卖

也正是在第二次世界大战后，东亚其他经济体有足够的智慧和决心，认真借鉴和汲取西欧和北美的现代化经验和教训，只用 30 多年的时间便顺利完成工业化、城市化和现代化，被世界银行称为当代经济奇迹。这一模式的精彩之处是，在 20 世纪 60 年代至 80 年代的经济高速增长时期，它们本来就比较低的基尼系数值并未显著恶化。这是因为这些东亚经济体做到了农业产值在 GDP 中的比重（经济转型快慢的标志）和农村人口占总人口的比重（社会转型快慢的标志）几乎同步快速下降。这意味着，它们做到了经济转型和社会转型同时进行，使农村人口得以同步向城市做永久性转移。从基尼系数值的计算方法可以看出，这种同步使城乡收入差得以避免扩大

1. 作者：文贯中。

这些东南亚经济体能够用30年左右的时间做到这点，极为不易，因为他们的人口密度高于中国内地，而耕地比例则低于内地。考察下来，它们的其他制度和改革开放以来的中国内地的各项制度相近，都是市场导向和出口导向，以及权威主义的政治结构。它们甚至都在20世纪50年代进行过土地改革，使地权在农民之间大体平均。这些东南亚经济体和改革开放后的中国比较，最不同的地方是它们采用允许农村人口自由迁徙的户籍制度，以及允许土地私有和自由买卖的土地制度。

这两个制度虽不起眼，但有润物无声的长效。其一，随着农业比重的下降，农村人口自动向城市转移，是农村人口的比重稳步下降；其二，流出农村的人口自愿出售自己的土地，获得进城居住的资金；其三，留在农村的人口得以购入土地，稳定扩大土地经营规模，增加收入，客观上防止了与城市人口的收入差距持续拉大；其四，城郊农民在他们的土地根据区划确定为城市用地后，可以合法向开发商和政府出售自己的土地，这样可以抑制城市地价和房价的过速上升；其五，房价相对便宜，人们手头的购买力就比较宽松，也就等于提升了内需，坚实的国内消费市场为工商业的发展和非农就业机会的增加提供机会，促进城市化的良性发展。

人口自由迁徙，土地允许私有和自由买卖两项制度，防止了城乡收入分配持续恶化，细水长流地消化农村人口，并使留在农村的农民拥有的耕地逐渐扩大。在美国、加拿大、澳大利亚，一个农民拥有的土地常多达上千亩乃至几千亩。相当于中国几个甚至十几个村的总耕地面积。其他东南亚经济体的总耕地面积不多，无法和欧美相比，但政府的目标定为农户户均耕地15公顷，也要相当于中国一个小村的总耕地面积[1]。

所以，无论欧美，还是东亚的经济体，随着农场规模的扩大，农户出于就近居住，降低来回农场的成本，不会继续聚居，原来的自然村落难免逐渐缩小，很多甚至完全消失，只留下村里比较好的个别农舍。这些农舍或为留下继续务农的农民自住，或出租、出售，成为城里人的度假屋。这些房舍外面保留农舍风格，但内部和周边的设施其实都已现代化。当然也有留存下来的村子，其主要人口有时并非农户，而是厌倦城市喧嚣的城市居民，以及为他们提供服务的非农人员。

村庄出现这种变化得益于允许私有的土地制度。决定迁入城市工作的农户，不但可以向其他农民出售自己的土地，也可以向城里来的居民出售自己的宅院。这种产权安排，自由交易，客观上不但保留了很多被田野包围的个别农舍，还无形中保留了那些离城市不远，或有美好景观，或有特殊历史，或有艺术价值的村庄。它们正是通过引进城里人的资金和人口得以永葆青春。这些农舍和村庄往往也正是最值得保存的。

5.2 赋予农民更多财产权利

一般来讲，农民的资产主要有三部分：承包地的承包经营权、宅基地的使用权和农民自建自有自用的住房。承包地必须用于农业生产，且受基本农田的约束，无法种植一些高附加值的农产品，主要种植水稻、小麦等粮食作物。而粮食受政府限价影响，附加值较低。所以，在上海郊县务农的农民越来越少，因为一年的农业收入很可能抵不上在城里打一个月工的收入。如果把承包经营权进行流转，年租金一般在600 ~ 1 000元/亩不等，甚至达不到城市每月最低收入标准。但是大部分农民情愿将农地流转给合作社或大户，每年直接收流转费，这样还能旱涝保收，腾出时间谋求其他收入。总之，仅靠承包地的承包经营权很难给农民带来有保障的财产性收入。

在这样的背景下，很多农民只能将增收的希望寄托在宅基地和住房上。那些靠近城镇和产业园区的村庄，利用区位条件优势，通过出租闲置房屋获得了较为可观的资产收入。这种行为虽然不合法，却广泛存在，并成为某些近郊村民的重要收入来源之一。在利益驱使下，违搭违建现象屡有发生，村庄环境恶化，安全隐患频发，农村社会内部矛盾也逐渐加剧。对此，政府管理部门自20世纪90年代就开始严格管理农村建房，规定农民只

1. 15公顷相当于225亩，以2013年第二次人口普查得出的人均耕地面积数据截至2009年12月31日，中国人均耕地面积1.52亩（明显低于世界平均值3.38亩）计，相当于148人的总耕地面积。这个人数足以抵过中国的一个小的自然村的总人口了。

能一户一宅，超出部分不予登记颁证。因此，违搭违建的农民房屋并未在法定途径得到增值，一旦动迁征地仍然是按照权证核定补偿费用。

如何赋予农民更多的财产权利是激发未来中国新一轮经济增长的关键点。农民有多少资产其实大家都一清二楚，但目前这些资产的产权是残缺的：一是没有精准的确权，二是不能自由转让，三是不能通过它来获得收入。所以，农民虽然端着金饭碗，但金饭碗只能用来维持基本口粮，不能用来买卖而产生更大价值。

不能自由买卖的资产对于农民来说如同鸡肋。要使农民资产显化，可以有两种方式：一种是寻求制度突破，即赋予农民资产完整的权能，比如说现在一直争论的集体建设用地流转、土地承包经营权的三权分置及宅基地制度的退出机制。看得出，包含以上内容的农村土地制度改革是未来发展的方向，但如此巨大的制度改革如果推行迅速的话，会带来巨大的社会动荡。目前学界对此也争论激烈，有的认为应当赋予完整的产权，由市场来配置资源；有的认为二元制度是对农民利益的保护；还有的认为模糊的产权是我们的制度优势，是提供公共服务和城市的发展。无疑这种方式很难在一夕间推行，可能渐进式的改革会比较稳妥。另一种是将无法显化的资产兑换成显化的资产。如嘉兴试点过的“两分两换”，即以宅基地换城镇住房，以承包经营权换社保（虽然这种做法值得商榷，但毕竟提出了一种新思路）。但这种方法推行的必要条件是强大的政府财力支持和农民的意愿，因此只有在经济发达地区和高度城镇化的地区才能推行这种做法。目前上海推行的一种做法是：农民以宅基地和住房换取区位更好的同等建筑面积的国有产权住房；承包经营权如不放弃可继续流转，收益归农民，并且保留农民身份不变；如放弃承包经营权则解决农民社保，农民身份发生改变。在这种置换方式中，农民无法获益的宅基地和住房兑换成了国有产权的城镇住房，后续可以自由转让，因此其价值得到了显化（但由于目前还没有对农村宅基地和农民住房建立定价系统，因此无法完全对等地测算二者价值是否一致，但该做法完全基于农民自愿，因此显化的价值可以说达到农民的心理价位）。这种做法的成本极高，政府不仅需要承担拆旧和建新的工程费用，还有国有土地的出让费用（上级政府）及相关税费。另外前期的协议、评估等过程也需要投入巨大的人力物力。因此，如果政府没有足够的财力，一般难以推行这种方式。由于整个过程可能需要 3 ~ 4 年甚至更久，一旦资金链断裂可能会引发社会矛盾，风险也较高。不管是嘉兴还是上海都是在规模受限、指标紧缺的情况下，以高成本来推动城镇化，在这个过程中显化了农民的资产。

要赋予农民更多财产权利的道路任重而道远。

农民的态度：有调查数据显示，47% 的农民赞成“土地归自己所有、可以自由买卖”；24.8% 的农民不赞成土地私有化；28.2% 的受访者表示“中立”。

规划策略与发展方向

Planning Strategies and Development Direction

CHAPTER SIX

CHAPTER 6

SUMMARY

章节概要

保障生态底线　集约节约用地　城乡统筹发展

促进城乡统筹发展，实现集约化、可持续发展，落实生态文明战略。

闵行区马桥镇区，张芬芬摄

上海应坚持问题导向和目标导向来推进新型城镇化发展和城乡统筹发展。2013 年，上海市城镇化水平达到 90% 以上，已步入城镇化发展“S”形曲线的后期平稳发展阶段（图 6-1）。虽然上海的城镇化率很高，但城镇化质量仍有待提高。郊区是上海城镇化和城乡统筹的重难点地区，也是未来上海发展的潜力地区，因此，我们需将城镇化的视野拓展到全市域，在实现中心城区功能转型升级的同时，将发展重点向郊区转移，促进城乡统筹发展，实现集约化、可持续发展，落实生态文明战略，提升上海的整体城市品质和形象。

6.1 保障生态底线

《上海市城市总体规划（1999—2020 年）》中提出了以“环、楔、廊、园、林”为基础的全市域生态空间体系，以此来锚固上海的城市空间结构（图 6-2）。在后续的绿地系统专项规划指导下，上海城区的生态环境得到显著改善。但同时，伴随着中心城区的不断拓展和新城的大规模开发，外围的生态空间受到不同程度的挤压和侵占，基本生态网络规划难以实施，生态布局呈现碎片化，生态保障功能有弱化趋势。在生态文明已上升为国家发展战略的背景下，上海新型城镇化的目标之一就是如何落实生态文明战略，确保守住上海城市生态安全的基本底线。上海在新型城镇化发展过程中，应当将城镇化与生态建设结合起来，减少生态空间内的建设用地，尤其是有污染的工业用地，通过制定鼓励政策和补偿政策，引导居民、企业迁入生态空间外的城镇地区。实现城市格局的优化和“环境友好”的城镇化发展。

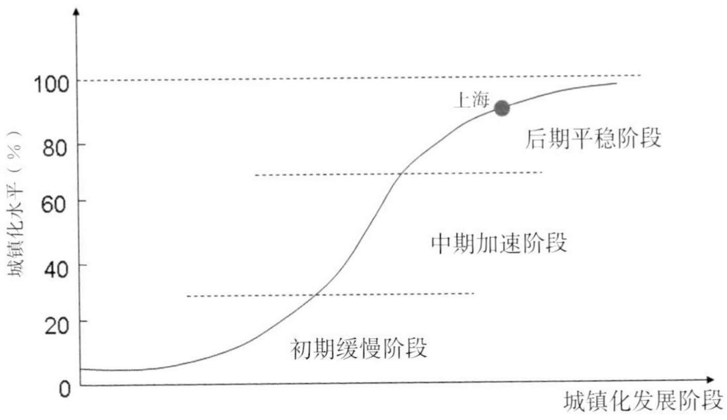

图 6-1
城镇化发展的“S”形曲线
资料来源：2014 上海统计年鉴

图 6-3
上海的湿地景观，秦战摄

扩展阅读：【生态安全】看碧空绿林，闻鸟语花香——坚持不可逾越的底线，保护不可复制的生态资源[1]

在城市建设高速发展进程中，不论是发展的经济取向还是人们的意识使然，赖以生存的生态资源总是被轻易地破坏或取代。在经济技术全面日新月异的今天，空气、水、食物……人类生命的基本要素不停地爆发危险的警告。还有多少生态资源可以让我们如此任性地肆意妄为？

1. 本底要素总量不低，但损失速度迅猛

在长江上游来水来沙和东海潮流作用下，泥沙在上海长江河口不断沉积，河口海岸滩涂湿地不断侵蚀淤涨，形成了上海市类型丰富的湿

1. 本内容由上海市城市规划设计研究院规划一所（总体规划研究中心）陈圆圆供稿。

图 例

- 中心城绿地
- 中心城外环绿带、近郊绿环
- 生态间隔带
- 生态走廊
- 生态保育区
- 生态建设控制区
- 集中城镇建设区
- 滨海湿地

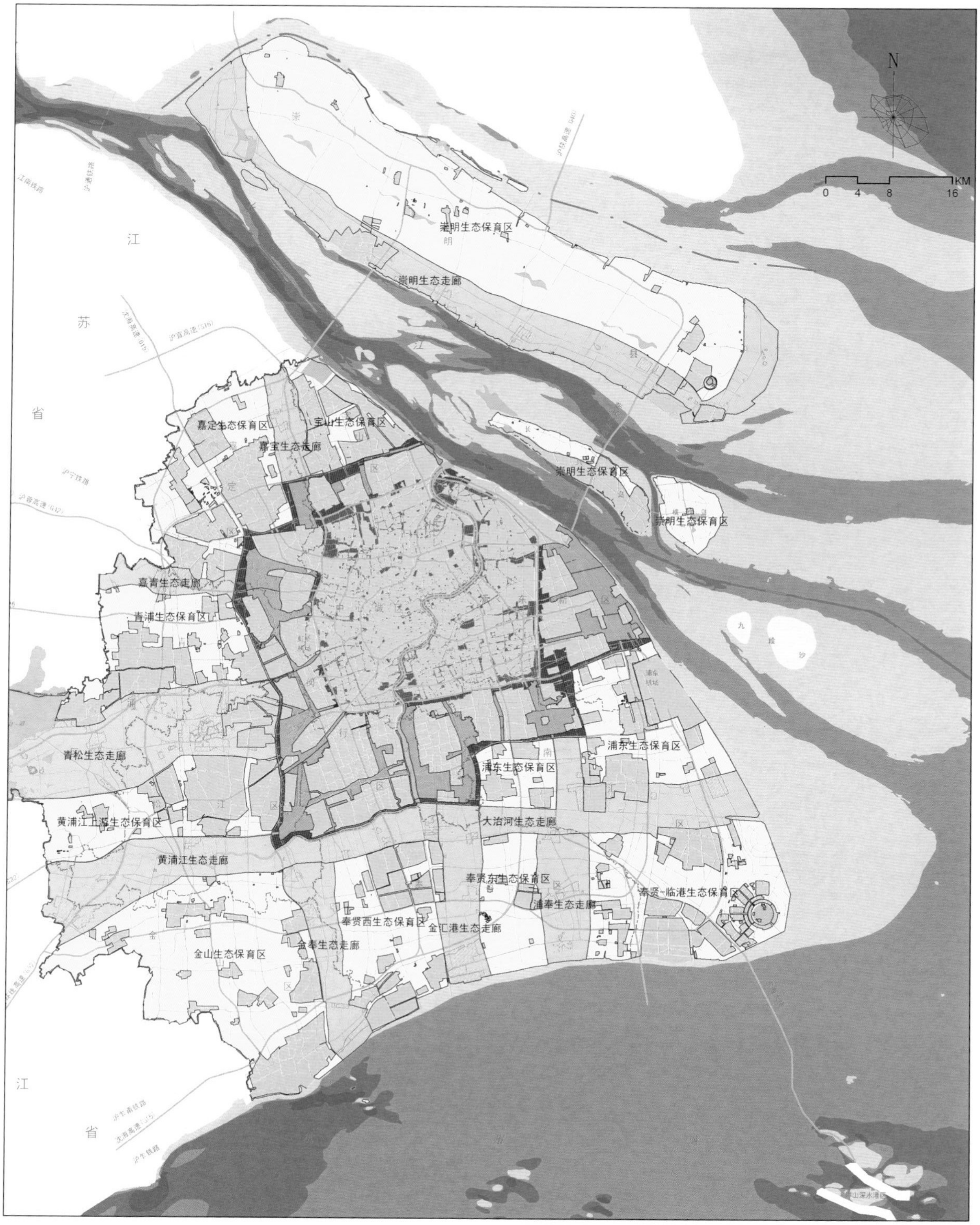

图 6-2

上海市基本生态网络规划图

数据来源：上海市基本生态网络规划
上海市城市规划设计研究院

地资源（图 6–3）。截至 2013 年底，湿地面积总量 3 769.7km²，占到国土空间面积的 38.2%。但是受到滩涂围垦、长江上游来水来沙减少以及海岸带侵蚀的影响，近十年来湿地资源下降趋势显著，减少面积达到 505km²，减少率为 15.8%。

上海是东北亚鹤类迁徙路线、东亚雁鸭类迁徙路线、东亚—澳大利亚鸻鹬类迁徙路线的重要中转站和越冬场所。对上海野生动物资源调查表明，上海的野生动物类型也较为丰富，陆生脊椎动物近 460 种，其中以鸟类物种最为丰富，约 379 种。城市是人类的重要的生存场所，也同样是野生动物的栖息环境。2008 年全市对野生动物栖息地展开了调查，将市域范围内主要栖息地划分为滩涂湿地型、湖泊水库型、林地型和丘陵型。调查结果显示，上海湿地为上海市的野生动物提供了约 68% 的栖息环境，其次是湖泊水库和林地。但是上海的野生动物栖息地从 2008 年的 45 处到 2012 年仅剩下 17 处，急速减少的趋势不容忽视，市域野生动物的栖息环境受到极大的威胁。

2. 生态建设成效甚微，空间格局安全受阻

在本底生态要素资源不断减少的同时，上海市对全市生态建设也做出了努力。上海市的生态要素主要表现为湿地资源，陆域以林地和绿地资源为主。

2013 年底，全市林地资源总量 1 009.32km²，绿地面积 479km²，林地覆盖率 13.13%，绿地林木绿化率为 21.28%。林地与 2009 年相比新增了 18.95km²，年均增长约 4.7km²。市域林地资源主要分布在郊区，崇明县和浦东新区林地资源占全市林地资源比重分别是 25% 和 19%，而中心城浦西八区林地资源相当稀缺，占全市林地资源比重不足 4%。

此外，约有 60% 的绿地分布在中心城及周边地区，但是从人均指标上看，随着市民游憩需求提高，对多样性大型绿地的需求增加，市域内尤其是中心城及周边地区的郊野空间需要极大的改善。

从全市生态要素空间分布的情况来看，上海市域内生态要素空间分布差异明显，尤其是上海中心城及周边地区生态空间明显不足，尽管建设量有所增加，但缺乏全市系统性的生态空间。从城市生态安全的角度考虑，不利于整体生态安全格局的形成。

3. 保障城市生态安全，营造宜居生活环境

当前特大城市的一个巨大挑战是：如何在有限的土地上建立一个战略性的自然系统的结构，以便最大程度地、高效地保障自然和生物过程的完整性和连续性，同时给城市发展留下足够的空间。上海的生态空间是建设全球城市竞争力的重要要素，也是生态环境和宜居品质的重要一环。不论是从资源瓶颈还是趋势要求，上海当前面临的这一挑战更为严峻。

上海面向 2040 的城市建设，突出全球城市定位，要形成更具国际竞争力、更具可持续发展能力和更富魅力的城市。这不仅要求在理念上寻求创新，在发展路径上智慧突破，更要求真正实现绿色、安全、宜居的人与自然和谐共生环境的全面提升。牢守生态底线，这是对人与自然生命的同等尊重。

扩展阅读：中共中央、国务院印发《关于加快推进生态文明建设的意见》[1]

党中央、国务院高度重视生态文明建设，先后出台了一系列重大决策部署。近日，中共中央、国务院印发《关于加快推进生态文明建设的意见》，提出至 2020 年的主要目标，强调资源节约和环境友好型社会建设、主体功能区布局、生态文明主流价值观推行等内容。

中共中央、国务院近日印发《关于加快推进生态文明建设的意见》（以下简称《意见》），提出到 2020 年，资源节约型和环境友好型社会建设取得重大进展，主体功能区布局基本形成，经济发展质量和效益显著提高，生态文明主流价值观在全社会得到推行，生态文明建设水平与全面建成小康社会目标相适应。

《意见》强调，要强化主体功能定位，优化国土空间开发格局。坚定不移地实施主体功能区战略，健全空间规划体系，科学合理布局和整治生产空间、生活空间、生态空间。积极实施主体功能区战略，推动经济社会发展、城乡、土地利用、生态环境保护等规划“多规合一”。对不同主体功能区的产业项目实行差别化市场准入政策，明确禁止开发区域、限制开发区域准入事项，明确优化开发区域、重点开发区域禁止和限制发展的产业。编制实施全国国土规划纲要，加快推进国土综合整治。构建平衡适宜

1. 文章来源于国土资源报微信公众号。

的城乡建设空间体系，适当增加生活空间、生态用地，保护和扩大绿地、水域、湿地等生态空间。大力推进绿色城镇化。科学确定城镇开发强度，提高城镇土地利用效率、建成区人口密度，划定城镇开发边界，从严供给城市建设用地，推动城镇化发展由外延扩张式向内涵提升式转变。加快美丽乡村建设。加强海洋资源科学开发和生态环境保护，实施严格的围填海总量控制制度、自然岸线控制制度，建立陆海统筹、区域联动的海洋生态环境保护修复机制。

《意见》明确，要全面促进资源节约循环高效使用，推动利用方式根本转变。按照严控增量、盘活存量、优化结构、提高效率的原则，加强土地利用的规划管控、市场调节、标准控制和考核监管，严格土地用途管制，推广应用节地技术和模式。发展绿色矿业，加快推进绿色矿山建设，促进矿产资源高效利用，提高矿产资源开采回采率、选矿回收率和综合利用率。

《意见》要求，加大自然生态系统和环境保护力度，切实改善生态环境质量。实施地下水保护和超采漏斗区综合治理，逐步实现地下水采补平衡。强化农田生态保护，实施耕地质量保护与提升行动，加大退化、污染、损毁农田改良和修复力度，加强耕地质量调查监测与评价。推进地下水污染防治。制定实施土壤污染防治行动计划，优先保护耕地土壤环境，强化工业污染场地治理，开展土壤污染治理与修复试点。开展矿山地质环境恢复和综合治理。

《意见》提出，要健全生态文明制度体系。研究制定生态补偿、湿地保护、土壤环境保护等方面的法律法规，修订土地管理法、矿产资源法、森林法等。健全自然资源资产产权制度和用途管制制度，对水流、森林、山岭、草原、荒地、滩涂等自然生态空间进行统一确权登记，明确国土空间的自然资源资产所有者、监管者及其责任。完善自然资源资产用途管制制度，明确各类国土空间开发、利用、保护边界，实现能源、水资源、矿产资源按质量分级、梯级利用。坚持并完善最严格的耕地保护和节约用地制度，强化土地利用总体规划和年度计划管控，加强土地用途转用许可管理。完善矿产资源规划制度，强化矿产开发准入管理。有序推进国家自然资源资产管理体制改革。严守资源环境生态红线。划定永久基本农田，严格实施永久保护，对新增建设用地占用耕地规模实行总量控制，落实耕地占补平衡，确保耕地数量不下降、质量不降低。深化矿产资源有偿使用制度改革，调整矿业权使用费征收标准。加快资源税从价计征改革，清理取消相关收费基金，逐步将资源税征收范围扩展到占用各种自然生态空间。探索编制自然资源资产负债表，对领导干部实行自然资源资产和环境责任离任审计。

6.2 集约节约用地

上海以往的城镇化是以中心城区的蔓延和新城、新区的大规模开发为主导的。依赖土地要素外延扩张的“增量型”发展模式造成的后果之一就是土地低效利用和浪费的现象比较严重。在国家最严格耕地保护制度和节约集约用地制度的强约束下，在不突破《上海市土地利用总体规划（2006—2020）》确定的 2020 年建设用地总规模的前提下，如果继续按照过去粗放的土地利用方式发展，将难以维持，乃至“负增长”。在 2014 年 5 月上海市第六次规土工作会议上，市领导已明确将实现全市规划建设用地“负增长”作为新一轮城市总体规划编制的前提。因此，集约节约用地，严格控制用地规模，实行“总量锁定、增量递减、存量优化、流量增效、质量提高”的规土管理是上海转型发展的必然趋势，也是上海走新型城镇化，实现可持续发展的必由之路。

6.3 城乡统筹发展

针对当前上海城乡二元结构分化态势明显、城乡发展失衡的问题，城乡统筹是上海未来新型城镇化的重点发展方向之一，通过规划引领，软硬兼施，使城乡能共享发展红利。

规划引领。上海的城乡统筹发展要在规划源头上就改变以往“重城轻乡”的思路，在现有城乡规划体系中增加更多能切实指导农村地区发展的规划内容，强化规划对农村地区的统筹、引领作用。上海集建区外的规划和管理仍不够系统化、精细化，迫切需要搭建一个开放且富有弹性的综合管理平台来整合农村地区各专项规划和资源，更好地发挥规划在农村地区的统筹、引领和指导作用，更好地服务农村地区发展。

软硬兼施。加强农村地区的基础设施和公共服务设施建设，增加服务于产业发展的生产设施，提高农村地区的公共服务水平，全面提高农村居民的生产和生活条件，改善农村地区的整体面貌。除了完善城乡一体化的设施布局外，更重要的是提高农村地区的“软实力”，加大政策扶持力度，向郊区新城、新市镇导入更多优质的教育、医疗卫生及文化等资源。

共享发展。在城市地区向农村地区“输血”的同时，更为重要的是为镇、村建立长效的“造血机制”，赋予郊野地区更多的发展权，包括增加发展空间、盘活土地资源、加大财政扶持力度等，以此来激发广大农村地区的发展活力，让农村地区分享到上海建设现代化国际大都市的红利，就近就地实现“人”的城镇化。

Part 3

第三篇

规划探索与创新

Planning Exploration and Innovation

金山区廊下镇中华村，王筱双摄

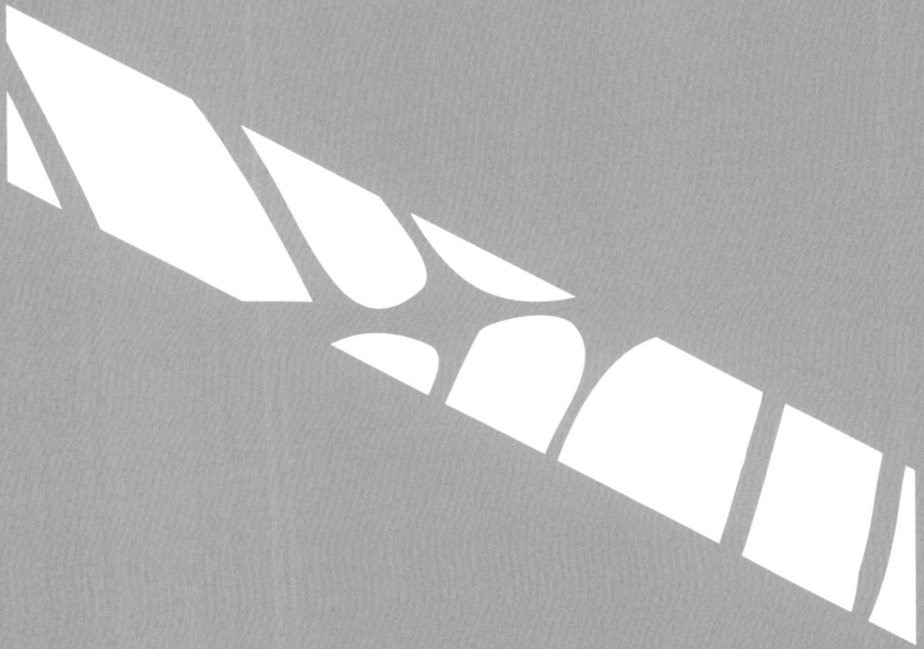

CHAPTER SEVEN

郊野地区规划的重点

The Rural Planning Emphases

CHAPTER 7
SUMMARY
章节概要

7.1 找到关键词——减量化

7.2 以“土地整治”为平台

7.3 “造血机制”关注集体经济发展

构建“造血机制”首先要解决两个问题：
一是管理和运行主体的问题；
二是农民受益方式的问题。

减量化　土地整治　造血机制

郊野单元规划主要任务：一是通过增减挂钩、土地整治落实总体规划提出的空间布局导向，二是进一步细化建设用地和农用地的用途管制，为后续的规划实施提供依据。

青浦区练塘镇东泖村，周晓娟摄

上海的规划以往对于郊野地区的研究多停留在宏观层面，很多问题诸如生态廊道的侵蚀、农村环境恶化等，规划仅提出一些原则性的意见，实际的措施不多。2010 年《上海市城乡规划条例》出台才构建起比较完整的上海农村地区的规划编制体系。然而规划编制刚刚启动，尚未全覆盖，而且依靠现有的城乡规划编制方法及规划实施的核心手段——“一书三证”，既无法解决“建”的问题，更无法解决“拆”的问题。

2008 年后“规土”机构合并，为规划在郊野地区发挥积极作用提供了契机。土地规划中增减挂钩与土地整治是农村改造的“利器”，一个偏重建设用地整治，一个偏重农用地整治。如果能在城乡规划的空间布局指导下，围绕规划目标，上海郊野地区目前存在的问题至少能在空间层面得以缓解或解决。如果土地资源、农村发展和生态建设的问题能够有所突破，上海的城乡统筹进程将翻开新的篇章。

城乡规划和土地利用规划体系在郊野地区已确立了市—区—镇三级总体规划，宏观层面的功能定位、总体布局已很明确，而且实现了“规土合一”。2010 年底，上海开始研究郊野地区“规土合一”的规划编制方法，通过对“两规”体系的梳理，推出郊野单元规划，并初步确立郊野单元规划的编制深度为中观层面。郊野单元规划主要任务：一是通过增减挂钩、土地整治落实总体规划提出的空间布局导向，二是进一步细化建设用地和农用地的用途管制，为后续的规划实施提供依据。

对于规划编制的范围，我们有过一些争论。由于增减挂钩专项规划是在镇域范围内拆旧建新，而土地整治规划中农用地应当成片成区域地整理，因此范围过小不利于统筹规划；但用途管制由于是精细化管理的内容，编制范围如果过大又不利于深入研究和表达。后续“镇域”和“村域”成为了编制范围的两个方向。

7.1 找到关键词——减量化

就在研究逐步深入的时候，郊野单元规划面临新的要求：198 工业用地减量。

扩展阅读：集建区外现状工业用地的减量化[2]

从布局情况来看，集中建设区外 198 km^2 为现状工业用地，简称 198，其中，累计约 166 km^2 为大量分散在镇村的零星工业点（图 7–1）。

一是现状工业用地以集体用地为主，大部分已调整经营，或转产为租，或转为民营，不再为集体经济组织所有，实际使用情况混乱。

二是零星布局，基础设施较为薄弱，违法用地情况普遍，环保、安全生产等方面存在隐患。

三是低效闲置情况严重。根据全市规模以上企业数据，104、195、198 范围投资强度分别为 35.6 亿元 / km^2、12.0 亿元 / km^2、0.6 亿元 / km^2，产出强度分别为 61.1 亿元 / km^2、38.5 亿元 / km^2、2.6 亿元 / km^2，198 用地绩效远低于 104 与 195 区域。

198 工业用地的减量是上海产业结构调整的重要内容，通过减量可以节余大量的土地指标，并能有效改善农村面貌、促进生态建设。只是郊野地区 198 工业用地的“转型”和“减量化”需要区—镇—村利益统筹、产业转型激励、转移支付、财税补贴等多种机制的建立和完善。所幸上海的决策者在这一问题上达成了共识，并形成了综合配套措施来积极推动 198 的减量化。难题随之摆在了规划部门面前，减量的工业用地如何在空间上锁定？节余的指标流向何处？拆除的工业用地又如何恢复成农用地呢？

扩展阅读：关于支持区县推进 198 区域工业用地减量化的实施办法（征求意见稿）：深入推进 198 区域工业用地减量化（节选）

全面实施土地资源管理“总量锁定、增量递减、存量优化、流量增效、质量提高”基本策略，严格落实空间规划管制，着力推进集中建设区外的现状建设用地尤其是工业用地减量化，重点实施生态修复和整理复垦，促进经济转型升级和城乡一体化发展。以土地综合整治为平台，以城乡建设用地增减挂钩政策为主要工具，促进 198 区域工业用地减量化，全面落实耕地保护和生态建设任务。

1. 上海市规划和国土资源管理局 2014 年。

2.《全市工业用地现状使用情况普查》 上海市城市规划设计研究院。

图 例

- 集中建设区
- 104产业区块
- 现状工业仓储用地
- 104产业区块外集建设区内现状工业用地—195
- 104产业区块外集建设区外现状工业用地—198

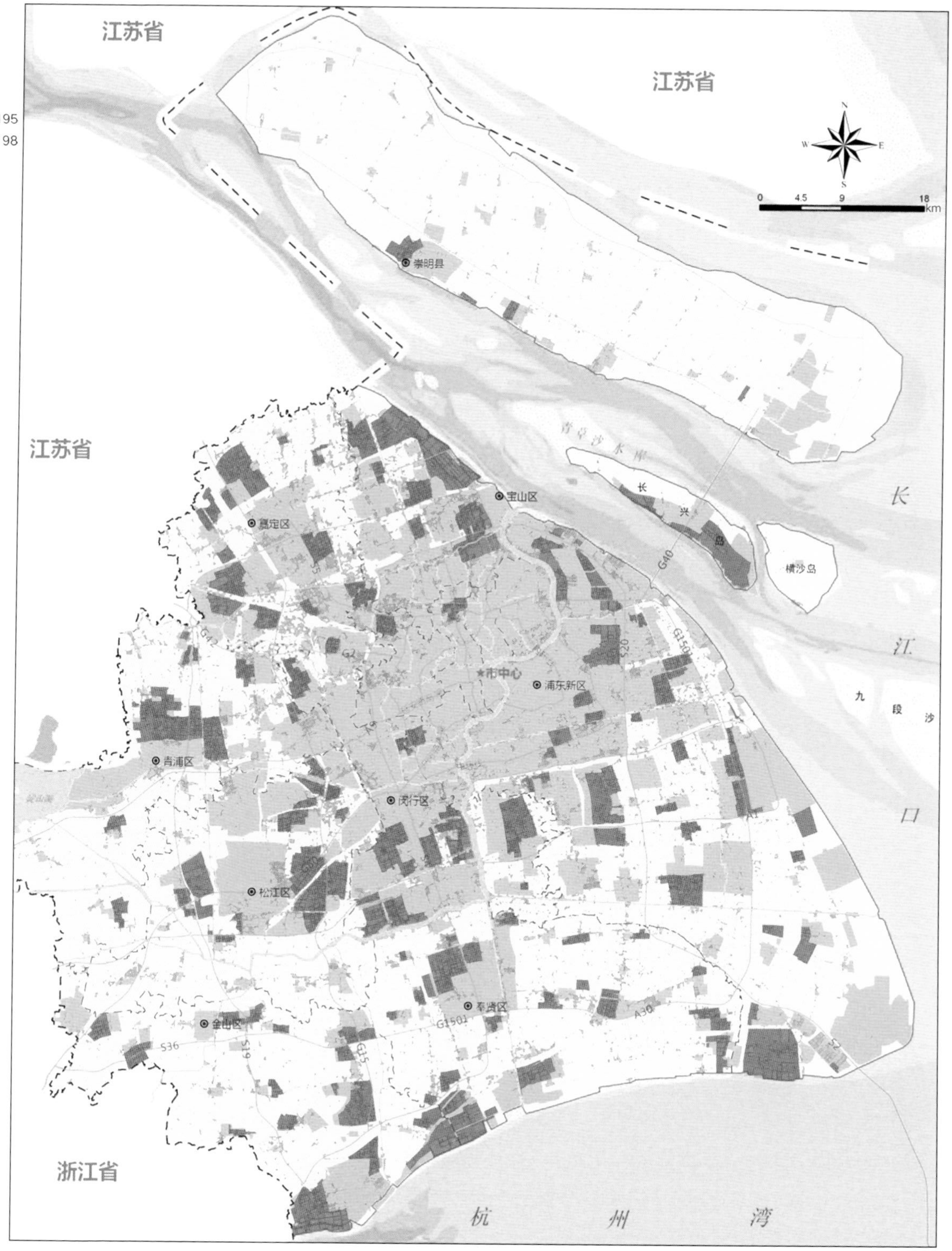

图 7-1
上海市现状工业用地分析图
资料来源：上海市城市规划设计研究院

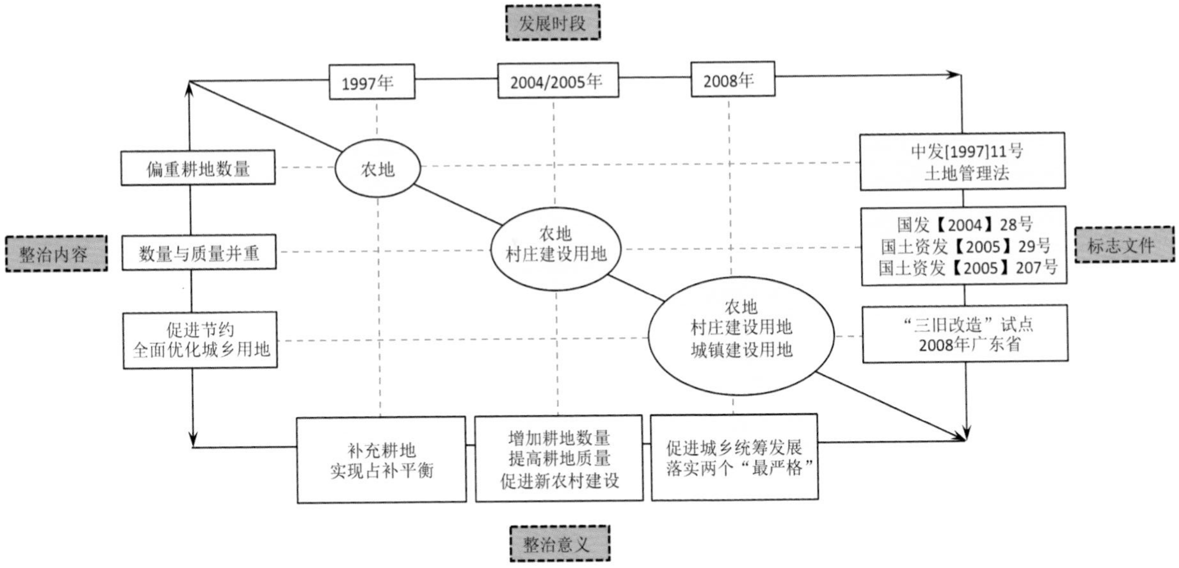

图 7-2

土地整治演变示意

资料来源：上海市土地整治规划编制体系研究（上海市城市规划设计研究院）

强化规划统筹。通过编制郊野单元规划，落实规划空间引导和实施政策保障，统筹农村地区土地利用和空间布局，整合各类涉农规划，明确建设用地减量化区域，重点落实 198 工业用地减量任务，合理安排土地综合整治项目的布局、规模和时序，统筹开展 198 工业用地减量化与 104 工业区块发展、195 工业用地转型之间的联动管理。

做好利益平衡。在符合规划和用途管制的前提下，通过加大一般转移支付力度和土地出让收益反哺等途径，实现低效工业用地减少与集体经济组织收益增加相挂钩，为实施 198 区域工业用地减量化的镇（乡）和集体经济组织建立长效稳定的收益机制。

确保协同推进。通过土地综合整治平台，汇聚农业发展、产业结构调整、镇村建设、水利建设、农村扶贫等相关领域的政策和资金，提高公共服务水平，促进农村地区发展提质增效。

面对 198 工业用地减量的紧迫任务，郊野单元规划的启动箭在弦上。一旦市级政府下达 198 工业用地的减量任务，并且出台配套政策，全覆盖的规划平台是最基础的技术支撑，各郊区县都会要求规划覆盖所有的 198 用地，在规划的基础上制订计划与预算。

郊野单元规划为了适应"减量化"的任务要求，最终确立以镇域为范围开展编制工作，内容也进行精简。将用途管制的内容简化至总体规划的深度，以弥补许多镇域总体规划的缺位，同时编制增减挂钩专项规划来锁定减量地块，编制土地整治规划对农用地进行整理。

有些学者对"减量化"存在质疑，认为又掀起了一轮运动。确实，有些城市工业化、城市化还未达到一定程度，就急于通过"增减挂钩"扩张城市，高度依赖土地财政，结果一旦平衡不了成本，牺牲的还是农民的利益。因此，学界对"增减挂钩"始终存在疑虑，担心它会成为城市剥削乡村的一种工具。

然而，上海推动"减量化"并非是政府的"一意孤行"，而是"为势所迫"。

从农村角度出发，大量的农民早就不务农了，2012 年的数据显示，上海农村劳动力非农就业率达到 90.8%。上海农村普遍存在"空心化"

的现象——大多为老人，子女都已进城就业居住，由于没有退出机制，宅基地大量闲置。近郊的农村已成为外地务工人员的廉价集聚地，存在诸多社会、卫生、安全隐患。农村里散布着的工业厂房，由于很多都已转制，不仅不能为集体组织带来多少收益，反而成为农村环境污染的源头。同时，远郊的农民由于远离中心城，享受不到因城市发展而带来的城市生活，“同地不同价不同权”也使得上海农村地区两极分化明显。这些因素都促使上海需要尽快推动郊野地区的城镇化，彻底解决问题，而“减量化”对于那些想改善生活、想进城的农民无疑是一个机会。

从上海的经济社会发展角度出发，上海2013年财政收入超4 000亿，位居全国各大城市之首（除香港外）；如果按常住人口计算，上海的城镇化率已高达90%，位居全国第一。显然，上海的经济、社会环境足以支撑减量化的推进，上海是全国最具备推动新型城镇化实力的城市之一。

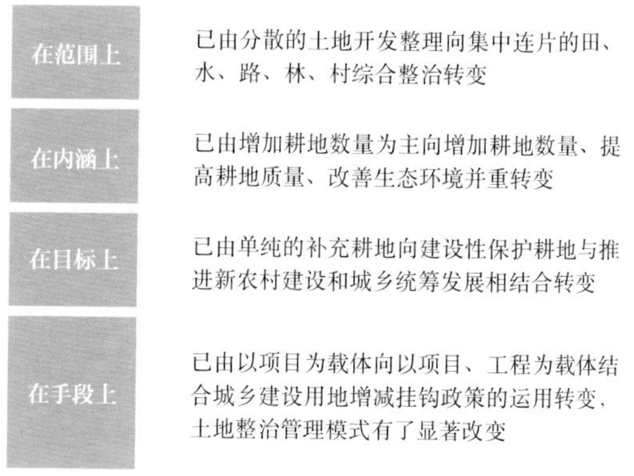
在范围上
已由分散的土地开发整理向集中连片的田、水、路、林、村综合整治转变
在内涵上
已由增加耕地数量为主向增加耕地数量、提高耕地质量、改善生态环境并重转变
在目标上
已由单纯的补充耕地向建设性保护耕地与推进新农村建设和城乡统筹发展相结合转变
在手段上
已由以项目为载体向以项目、工程为载体结合城乡建设用地增减挂钩政策的运用转变，土地整治管理模式有了显著改变

图 7-3
土地整治内容扩展
资料来源：上海市土地整治规划编制体系研究（上海市城市规划设计研究院）

上海的决策者显然也意识到当前资源紧缺和农村问题的严重性，因此，上海在第六次规土工作会议上提出了“负增长”的要求，随后成立了由市分管领导挂帅的“减量化”指挥部，上海的减量化工作正式启动。

7.2 以“土地整治”为平台

近几年的中央一号文件均提出要大力推进农村土地整治工作。土地整治是对农村“田、水、路、林、村”的统筹安排，之前的土地整治（2008年前）偏重于增加耕地数量和质量（图 7-2），而现在的土地整治在范围、内涵、目标和手段上有了更多的拓展（图 7-3），尤其是将建设用地综合整治的内容也纳入到土地整治中去，土地整治已经覆盖了农用地、建设用地、未利用地的所有内容，成为了建设用地和非建设用地联动规划的有力工具。

2010 年开始，上海市作为全国首批土地整治规划试点城市，在全国率先开展市级土地整治规划，坚持“以综合型土地整治推进上海转型发展”为战略导向，并结合上海实际，提出了聚焦“增加耕地数量”、“提高集约水平”、“完善生态网络”、“优化空间形态”的四大目标，把农村居民点整治和集建区外工业用地整治作为土地整治的重要内容之一，并创新性地探索市地整治（图 7-4）。

在随后开展的上海市各区县土地整治规划中，上海提出生产发展、生活改善、用地集约、生态优化 4 个规划目标。重点聚焦建设用地的减量化，积极探索“引逼结合、以引为主”的实施机制，提出“存增转化”[1]的机制和“类集建区”[2]的布局规划。从而为郊野地区的发展提出了新思路（图 7-5）。

在土地整治项目实施层面，上海同步开展了多个土地综合整治项目试点。通过田、水、路、林、村的综合整治，极大地改善了农村地区的生产、生活条件和生态环境（图 7-6，表 7-1）。

可以说，土地综合整治是郊野地区发展的重要方向，也是解决农村诸多问题、重塑美好乡村的重要抓手。土地整治作为国家的一项重点战略，在实施方面有专项的资金保证，土地整治专项资金来源于土地出让收入用

1. 存增转化：是指对在集建区外开展存量现状建设用地拆除复垦的区（县），按已复垦建设用地面积的一定比例，予以新增建设用地规划规模奖励的机制。

2. 类集建区：是指利用存增转化规模落图的建设用地规划空间，类集建区一般紧邻集建区集中连片成规模建设。在管理规则上，类集建区等同于集建区内的城镇建设用地，各项管理要求与集建区内和周边的城市建设相衔接。除产业项目外，类集建区无准入地类限制。

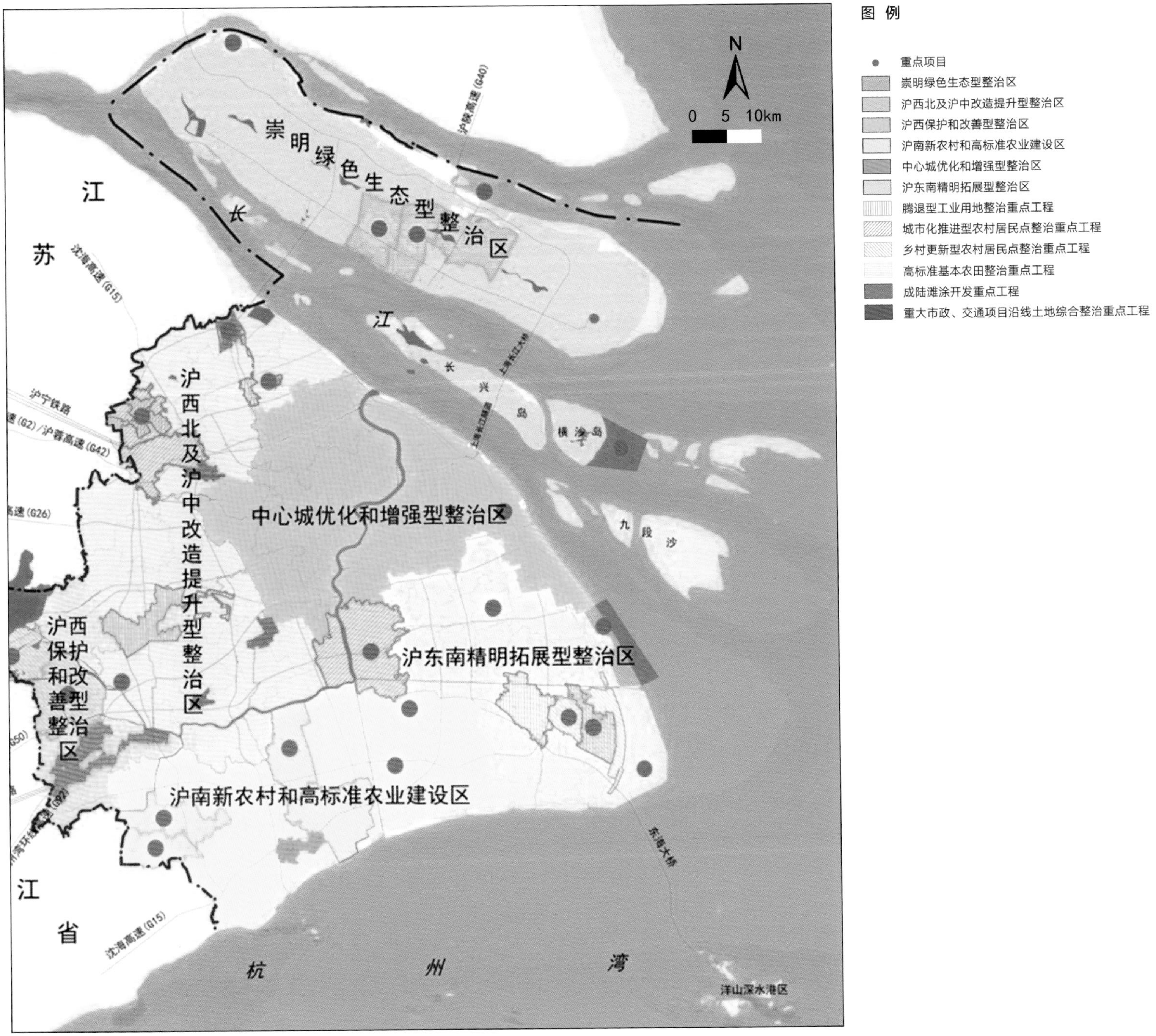

图 7-4

上海市土地整治规划图（2011 — 2015 年）

资料来源：上海市规划和国土资源管理局、上海市城市规划设计研究院

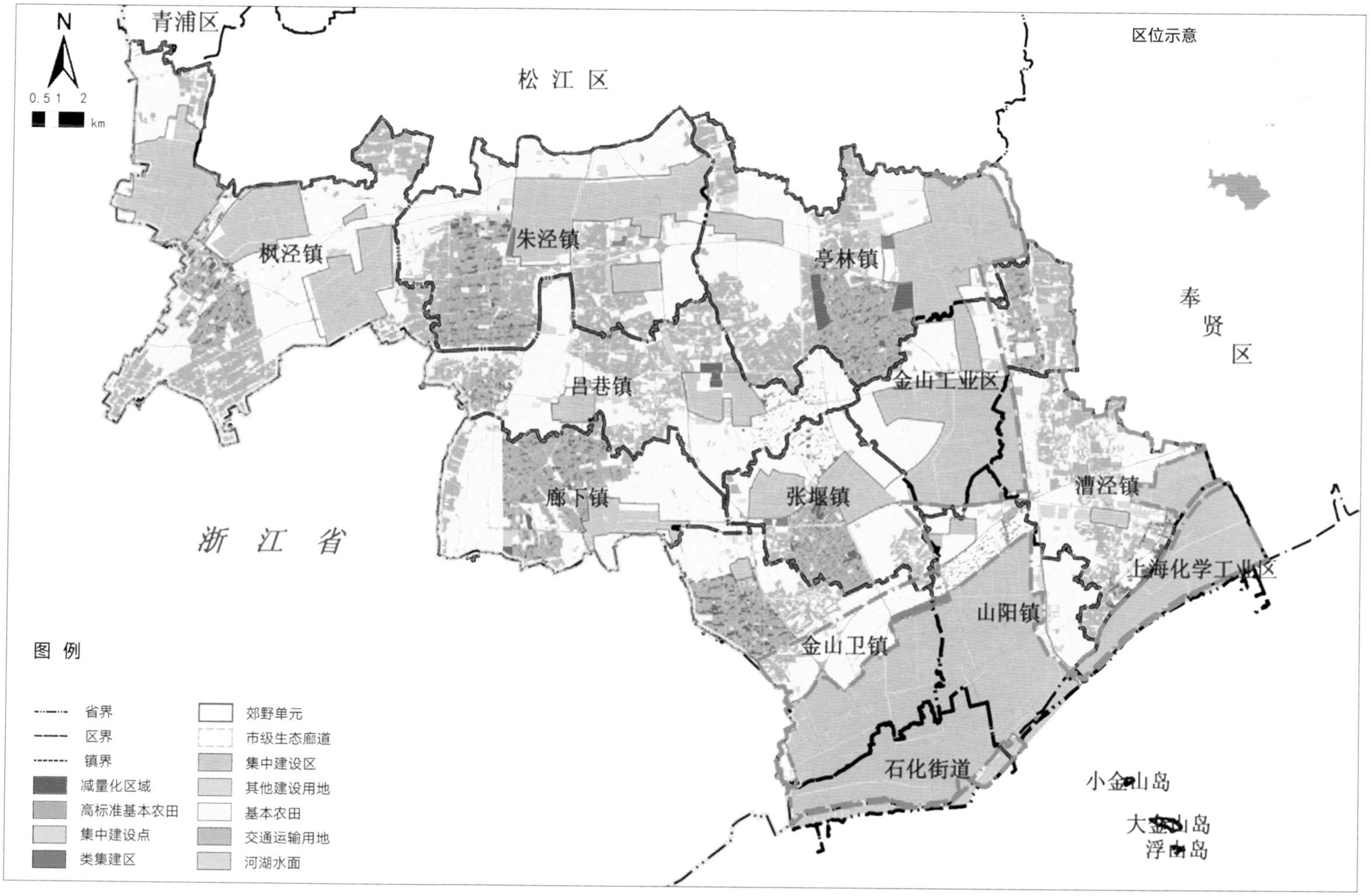

图 7-5

金山区土地整治总体布局规划图

资料来源：上海市金山区土地整治规划（2011 — 2015 年）

一级地类	二级地类	三级地类		建设规模			比例（%）		
		名称	编号	整理前	整理后	增减	整理前	整理后	增减
农用地	耕地	灌溉水田	111	212.5	677.55	465.05	19.76%	63.01%	43.25%
		水浇地	113	62.03	0	-62.03	5.77%	0.00%	-5.77%
		旱地	114	5.12	0	-5.12	0.48%	0.00%	-0.48%
		菜地	115	54.29	184.47	130.18	5.05%	17.16%	12.11%
		小计		333.93	862.01	528.09	31.06%	80.17%	49.11%
	园地	果园	121	11.82	0	-11.82	1.10%	0.00%	-1.10%
		小计		11.82	0	-11.82	1.10%	0.00%	-1.10%
	林地	有林地	131	40.77	53.32	12.55	3.79%	4.96%	1.17%
		小计		40.77	53.32	12.55	3.79%	4.96%	1.17%
	其他农用地	畜禽饲养地	151	3.96	3.31	-0.65	0.37%	0.31%	-0.06%
		设施农业用地	152	0.9	5.16	4.26	0.08%	0.48%	0.40%
		农村道路	153	12.07	29.73	17.66	1.12%	2.76%	1.64%
		坑塘水面	154	0.58	0	-0.58	0.05%	0.00%	-0.05%
		养殖水面	155	592.29	0	-592.29	55.08%	0.00%	-55.08%
		农田水利用地	156	18.11	33.96	15.85	1.68%	3.16%	1.47%
		晒谷场等用地	158	0.99	0	-0.99	0.09%	0.00%	-0.09%
		小计		628.89	72.16	-556.73	58.49%	6.71%	-51.78%
	总计			1015.42	987.5	-27.92	94.44%	91.84%	-2.60%
建设用地	工矿仓储用地	工业用地	221	1	1	0	0.09%	0.09%	0.00%
		仓储用地	223	0.17	0.17	0	0.02%	0.02%	0.00%
		小计		1.17	1.17	0	0.11%	0.11%	0.00%
	公用设施用地	公共基础设施用地	231	0.06	0	-0.06	0.01%	0.00%	-0.01%
		瞻仰景观休闲用地	232	0	0	0	0.00%	0.00%	0.00%
		小计		0.06	0	-0.06	0.01%	0.00%	-0.01%
	住宅用地	农村宅基地	253	13.41	13.41	0	1.25%	1.25%	0.00%
		小计		13.41	13.41	0	1.25%	1.25%	0.00%
	水利设施用地	水工建筑用地	272	0.02	0	-0.02	0.00%	0.00%	0.00%
		小计		0.02	0	-0.02	0.00%	0.00%	0.00%
	总计			14.66	14.59	-0.08	1.37%	1.36%	-0.01%
未利用地	未利用土地	荒草地	311	0.96	0	-0.96	0.09%	0.00%	-0.09%
		苇地	323	0.78	0	-0.78	0.07%	0.00%	-0.07%
		小计		1.75	0	-1.75	0.16%	0.00%	-0.16%
	其他土地	河流水面	321	43.42	73.17	29.74	4.04%	6.80%	2.77%
		小计		43.42	73.17	29.74	4.04%	6.80%	2.77%
	总计			45.17	73.17	28	4.20%	6.80%	2.61%
合计				1075.25	1075.25	0	100.00%	100.00%	0.00%

表 7-1

崇明县新村乡土地整治项目土地整治汇总表

资料来源：上海市规划和国土资源管理局、上海市城市规划设计研究院

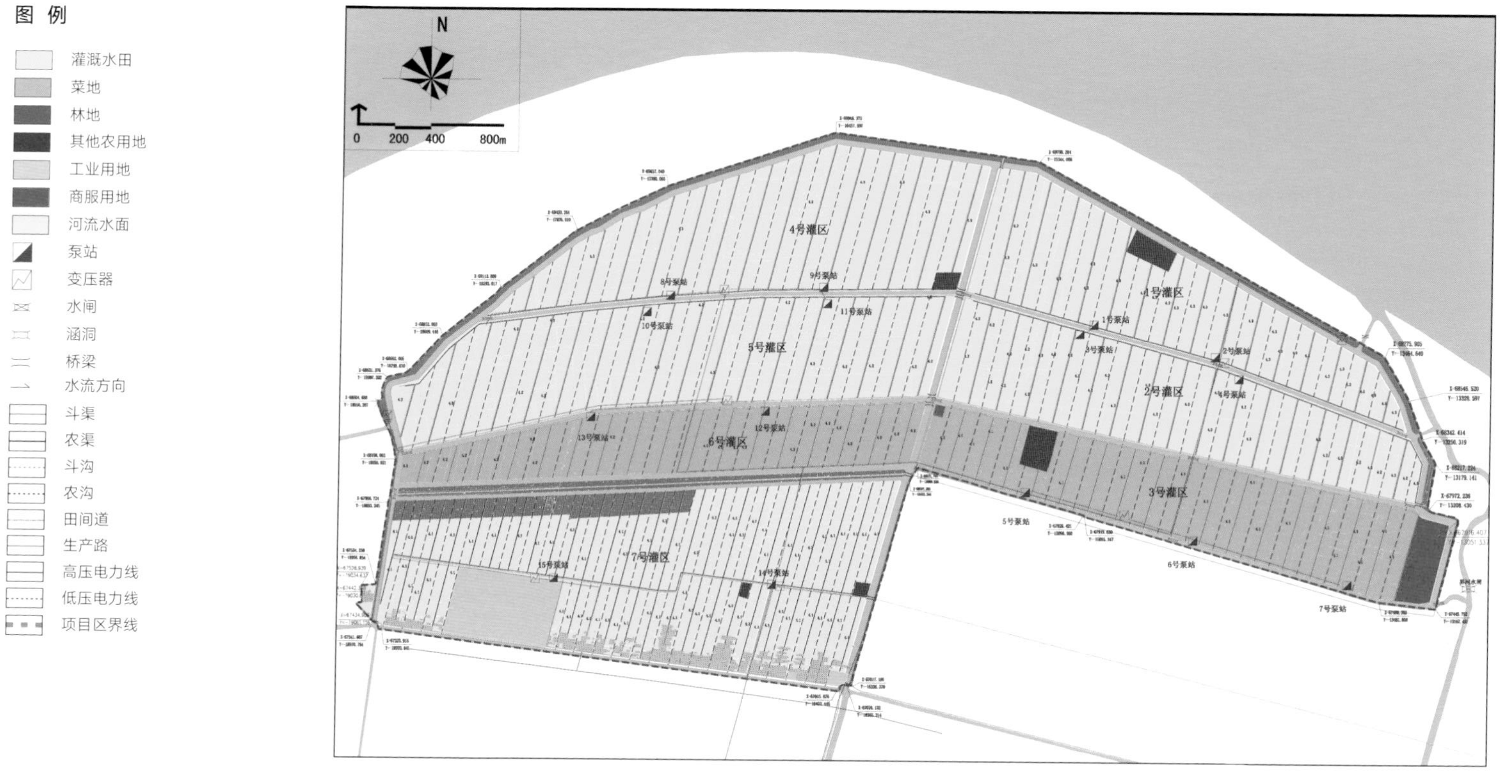

图 7-6

崇明县新村乡土地整治项目总平面图

资料来源：上海市规划和国土资源管理局、上海市城市规划设计研究院

于农业部分、耕地开垦费、土地复垦费、新增建设用地土地有偿使用费，专项资金在土地整治项目可行性研究批复后予以拨付，并且设立专项帐户进行监管。有了充足的资金，土地整治的实施基本得到保证，各地方政府也产生了较大的积极性。因此，以土地整治作为平台推进郊野地区的统筹发展是可行和必要的。

7.3 “造血机制”关注集体经济发展

要实现农村集体经济的持续增长，除了利用土地整治等外部手段主推以外，最关键的是要培育植根于农村地区的经济增长点，即“造血机制”。构建“造血机制”首先要解决两个问题：一是管理和运行主体的问题；二是农民受益方式的问题。这就涉及集体经济组织如何认定组织，集体资产怎样显化，利益如何分配等问题。

农村集体经济组织产生于 20 世纪 50 年代初的农业合作化运动，最初以生产队为基本单位，是为了组织农民共同进行农业生产经营而建立的，其拥有的生产资料主要是土地，但不包括农村宅基地等农村集体建设用地。农村家庭联产承包责任制建立后，原属于集体经济组织的生产资料开始逐步分配到以家庭为单位的农户，农业经营形式开始转为一家一户模式，从而使部分地区生产队这一集体经济组织名存实亡。现存的农村集体经济组织类型多样，包括农民专业合作社、专业农场、村股份经济合作社等。减量化主要对象是低效利用的工业用地和闲置宅基地，宅基地的减量会产生失地农民。要真正科学、有序管理失地农民，就一定要让失地农民有组织可以依靠，即组建农村集体经济组织[1]。从农村集体经济组织的发展历程及现状情况可以看出，该组织可以是生产队或组、生产大队，也可以是村委会、合作社、公司等，并且实际拥有含集体建设用地在内的全部集体土地的经营权、管理权。但目前尚未出台与集体经济组织配套的相关法规，这在一定程度上会影响集体经济组织管理、经营集体生产资料和集体资产的进程。

集体经济组织拥有的生产资料主要是土地，建设用地恰恰是能够产生巨大经济效益的生产资料，部分地区已将其视为集体资产。在市场经济条件下，土地价格是衡量所有土地经济活动的唯一可凭借的量化手段，而价格是由供给和需求决定的。城市发展对农村土地的需求、农村发展对农村土地的需求、土地供给的有限性会导致农村土地价格不断攀升，并逐步逼近城市土地价格。现阶段，农村集体建设用地只能通过“征收—出让”进行合法流转，而该土地的所有权也从集体变成了国有，这就使得农村集体资产被剥夺，失地农民失去了长期经济收益、缺乏长远保障。

“造血机制”建立在生产资料和资产集体所有的基础上，通过盘活集体生产资料和集体资产，培育经济可持续增长点，壮大集体经济组织经济实力，来保障农民利益。要实现集体资产和生产资料的持续增值，就要对农村集体资产和生产资料进行改制，常用做法是把现有资产变成经营性资产或者进行股份制改革，把土地等生产资料的使用权股权化，集体经济组织可进行土地规模化经营，或者与其他经济实体进行土地流转[2]，这时的农村集体经济组织开始变为股份合作公司性质，集体经济组织成员则变成了股民，以年度分红获得长期利益。目前，上海在探索如何结合减量化使农民资产不但不减少反而更增值的方法，如给予实施减量化的村集体部分出让地块作为“造血”地块，供集体经济组织统一经营管理，作为服务产业用地统一经营管理，发展休闲、旅游、度假等现代服务业，经营收益通过年终分红发放给村集体的成员。相比减量化前村集体持有的那些资产（主要为一些集体工业用房，税收较低），这种模式可以带来更高的收益。

郊野地区的规划必须关注集体经济组织的发展，为集体经济组织今后可运营的土地资产提供空间指引。在规划的过程中，必须关注镇村政府——集体经济组织——村民之间的利益平衡，不能以规划变相剥夺集体资产，而是应注重集体经济的长期发展，将土地留给子孙后代。

扩展阅读：留地安置的实践探索[3]

今年中央一号文件《关于全面深化农村改革加快推进农业现代化的若干意见》提出，“因地制宜采取留地安置、补偿等多种方式，确保被征地农民长期受益”，确定了留地安置的补偿手段和目标指向，为实践和研究提供了方向和依据。其实早在上世纪90年代初，福建就与全国很多地方一样，开始了留地安置的探索。但留多少、留在哪里、如何取得、留下后怎么用，这些问题困扰实践20多年。本文以福建为例，提出确保被征地农民长期受益并拥有知情权和选择权的留地安置政策设计。

1. 留地安置的三种模式

1）实物留地模式

早期，留地安置通常采用这种模式。上世纪90年代初，福州市、厦门市、泉州市等地先后出台实物留地的补偿安置政策：一般按征收土地面积的7% ~ 15%的比例，留地给被征地农村集体经济组织经营开发。主要有两种做法：一是“保权转用”，即所留土地保留集体土地性质，可以用于非农建设；二是“转权转用”，即土地转征用后，返还一定数量国有建设用地给被征地集体经济组织。

2）留地货币化模式

2006年前后，福州市、晋江市等地尝试采用货币化的留地安置，将实物留地指标化，参照土地市场价格，折算留地的市场价值，发放等值货币作为对被征地农民的额外补偿。实践中，一些村集体经济组织利用这笔资金购买社保和经营性资产，也有一些地方一分了事，个别地方还出现腐败问题。

1. 陈建明、陈忠浩. 让失地农民有个“家”：关于构筑失地农民集体经济组织的思考. 国土资源, 2005(8): 39-41

2. 四川省社会科学院课题组. 成都温江区“两股一改”：集体资产股份化 集体土地股权化. 中国社会科学院报, 2009-06-18(3).

3. 作者：林依标，福建省国土资源厅党组书记。本文转自《土地国策30人》。

3）货币换物业模式

厦门市规定，在充分征求集体经济组织及其成员同意的基础上，可以将不超过60%的发展用地委托政府“招拍挂”后，用于购买中标单位以协议价提供的房产、店面和商业保险等，保障被征地农民长远稳定收益。

2. 实践中遇到的问题

1）供地政策与留地安置目标的匹配问题

实践中留地用途一般为经营性用地，如果采取划拨方式供地，直接与划拨用地的公益性相矛盾；如果采取协议出让方式供地，与经营性用地必须公开竞价出让的规定相违背；如果采取“招拍挂”方式供地，又导致供应对象唯一性的问题难以解决，不可能保证由被征地集体取得。

2）单一留地安置方式与差异性意愿的矛盾问题

地方政府、集体经济组织和被征地农民对实物留地、留地货币化和货币换物业等三种单一留地安置模式的选择意愿有明显差异。地方政府对留地安置首选留地货币化，其次是货币换物业和实物留地。农村集体经济组织则倾向于选择实物留地，以维系本经济组织的生产经营能力，而不愿意选择货币化留地。被征地农民首选留地货币化，认为只有拿到实实在在的钱才是最踏实的。

3）权能界定与经营范围的配套问题

各地普遍存在留用地权属不清的问题，留用地的权能界定在什么范围内，往往比较模糊，容易造成违法违规问题。比如厦门市同安区新民镇乌涂社区利用被征地农民人均15m^{2}的留用地，与开发商合作建设外来人口公寓，双方以房产分成，开发商将获得的54%房产对外销售，违反了留用地上的建筑物只能用于租赁的规定。调查中，当事人普遍反映，现行土地管理法律法规对留用地的使用没有明确规定，属于“模糊地带”，实践中不容易把握处理的尺度。

4）增值收益分配与留地取得成本的契合问题

很多地方在留地过程中，要求被征地集体缴纳高额的土地增值费，留地取得成本过高。比如，福州市晋安区岳峰镇某村，经政府核定的留用地指标83.2亩，拟协议出让给村集体作为生产生活留用地。按规定，协议出让价格不得低于基准地价，经过测算，地块总价不得低于3.3亿元，平均每亩不得低于396万元。村集体认为地价款过高，无力支付。如果通过贷款勉强支付留用地的地价款，一是财务成本过高，二是未来留用地经营的利润空间将受到极大挤压。

3. 政策建议

1）创设“留拨”供地的利用方式

有必要在出让、划拨和作价入股利用方式之外，创设一种“留拨”的供地方式，专门“留拨”给被征地农民，保障被征地农民长期受益。对“留拨”地，农村集体经济组织必须长期持有，不得转让、作价入股和抵押，可以自己经营、出租，建设初期可以合作分成、分割产权，以解决先期项目建设的资金问题。

2）“留拨”地取得体现增值收益共享

“留拨”地是自己的地留给自己用，本来就是就要有利于被征地农民解决长久生计，所以不能再收取土地的增值收益。建议：一是与建设项目一起征收，无偿“留拨”给被征地农民；二是按划拨土地使用权，收取基本税费，并由村集体经济组织自行解决被征地农民的征地补偿；三是假如村集体采取合资建设与合作方分割，合作方取得的部分要评估补交地价，形成完整权能并允许按设定的用途进入市场流通。

3）赋予被征地农民选择权

当下经济社会发展阶段的复杂性、主体的多元化、诉求的差异性，需要政府通过提供多样性的政策供给来满足差异性的受偿意愿，以体现对行政相对人知情权和选择权的尊重。行政的精细化才能获得精明科学的增长。政府的“留拨”地应该是实物留地、留地货币化和货币换物业，或者三者组合成多元的综合留地方式，这几种方式的实际价值应该基本均衡，给被征地村集体和农民提供选择权。

4）规范收入分配

“留拨”地的收入作为村集体收入的一个渠道，不仅正当时也合法合理。具体的分成比例要由村民大会确定，笔者认为2:8分成较为合适，村集体留20%用于村公共事业以及投入再生产，留在村集体的部分也是村民共有，可以用于“4050”以上人员的社会保障，也可以用于“4050”以下人员的教育培训，提高被征地农民再就业能力。

“留拨”地是探索被征地农民长远生计保障的政策创新，但它仅仅是解决被征地农民长远生计的手段之一，因此还要继续探索并提供多样性的政策服务，以满足被征地农民和农村集体经济组织的差异性需求，实现被征地农民长期受益的目标，体现社会精细化管理和现代行政科学民主。

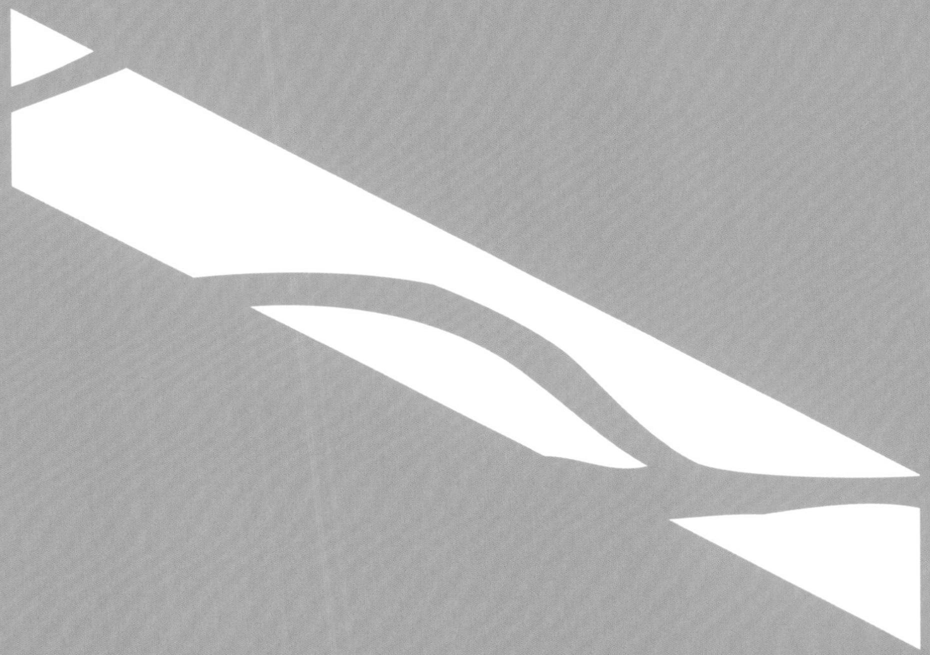

CHAPTER EIGHT

“减量化”政策设计

Policy Design on “Reduction”

CHAPTER 8 SUMMARY

章节概要

空间奖励政策

增减挂钩政策

土地创新政策

以政策设计形成内生动力，促进城镇化良性发展。

浦东新区惠南镇，杨心丽摄

集建区外现状建设用地的减量是上海市郊野单元规划的核心目标之一。“减量化”的实质是利益的再调整。所谓的“减量”，并非仅减少建设用地总量，而是存量建设用地的布局调整，即减少集建区外现状低效散布的建设用地，而在集建区内（或类集建区内）可新增同等面积的建设用地。在这个存量转化的过程中，如何保障农民利益、企业利益和公共利益，并平衡各类成本，是政策设计的难点。

8.1 减量化对象的选择

减量化是指对集建区外散乱、废弃、损毁、闲置、低效的现状建设用地进行拆除复垦，以达到现状低效建设用地减量的土地整治活动。具体来说，减量化对象主要指工矿仓储用地和农村居民点，也包括一部分其他的建设用地。考虑到减量操作的可行性和目标导向，减量空间主要集中在工矿仓储用地和农村居民点的整治上。特别是198[1]工业用地占全市工业用地比重接近1/4，但工业总产值占比不到10%（数据来源：《上海郊野单元规划实施三年行动计划及配套规划土地政策研究》），产出效率偏低，布局分散，能耗偏高，环保问题和外来低端就业问题突出，是减量化的主要对象，也是郊野单元规划考核的主要指标。建立198工业用地减量化机制，可以倒逼农村地区“排毒”，有利于本市产业结构调整，布局优化和生态环境改善，可以有效促进本市耕地保护和生态建设工作，提高本市郊野地区城乡生产、生活和生态环境品质水平。郊野单元规划应重点对本市基本农田保护区、高标准基本农田保护区、永久性基本农田保护区范围内的198工业用地集中开展整治减量。此外，还结合新市镇总体规划、村庄规划等，重点对“三线”（高压走廊、高速公路、铁路）地区、水源地保护区、郊野公园、垃圾处理场等大型市政项目规划控制范围内的农村居民点进行合理的归并腾挪和减量。减量化对象的最终确定要充分尊重镇村和权属主体意愿，确保规划的可实施性和可操作性。

8.2“类集建区”空间奖励政策

8.2.1 空间奖励

为了鼓励集建区外低效工业用地、闲散农村宅基地等建设用地的减量，确保“减量化”工作的有效推进，政策设计建立了空间补偿的奖励机制。按照政策，在集建区外实现现状建设用地减量的，可以在集建区外获得一定比例的建设用地规划空间奖励，即类集建区，或称之为有条件建设区。类集建区的空间规模原则上控制在集建区外建设用地减量化面积的1/3以内，即“拆三还一”。而对于郊野公园等重大规划项目，空间奖励比例可适度提高[2]。

8.2.2 选址要求

类集建区的选址原则上应结合新市镇总体规划研究确定。对于已启动新一轮总体规划编制的乡镇（街道），需结合新规划远景方案研究；对于尚未启动新一轮总体规划编制的乡镇（街道），应参照原总体规划研究确定。为了维持城镇发展的整体性，一般而言，类集建区选址应邻近集中建设区，统筹兼顾实际发展现状和未来潜在的发展需求，优先选择现状建设用地比较集中的区域，不占或尽量少占基本农田。同时，类集建区选址时还应遵循全市生态网络建设的要求，不得占用水源保护地和大型市政交通走廊，严格限制占用近郊绿环和生态间隔带，尽量避让生态网络空间。考虑到郊野地区的现状特点，除划定邻近集建区的类集建区外，还可以在远郊和生态地区相对灵活设置集中建设点，满足城乡发展的实际需求。

8.2.3 地类限制

对于类集建区内的用地功能应严格限定，从而达到加快产业升级转型、提高土地利用效率的目的。类集建区内原则上不考虑工业用地和商品住宅用地；集中建设点内原则上不得新增工业用地、仓储用地、城镇居住用地和为城镇生活区、产业区配套的公共设施用地等（为集建区外地区配套的除外），如行政办公用地、商业金融业用地、教育科研设计用地、医疗卫生用地（有特殊防疫需求的除外）等。集中建设点的设计建造还应考虑在外观形态上符合区域总体风貌控制要求（图8-1）。

1. 198区域指上海规划的104个工业区块以外、规划集中建设区以外的现状工业用地，面积大约为198km²。

2. 详见附录B.3政策文件《郊野单元（郊野公园）实施推进政策要点（一）》（沪规土资综[2013]416号）。

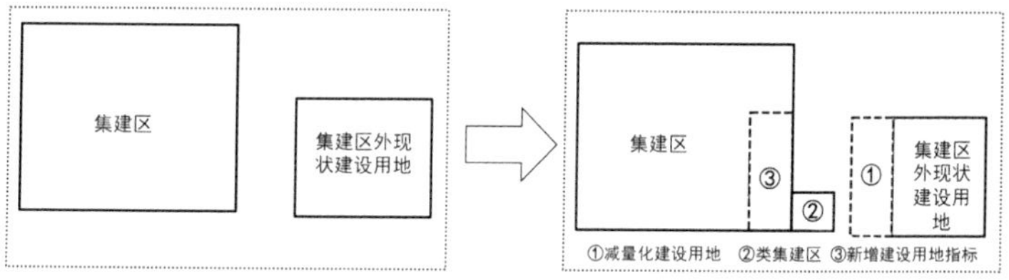

图 8-1
类集建区政策图解

8.3 增减挂钩叠加政策

除了“类集建区”空间奖励之外，郊野单元规划的“减量化”主要运用了城乡建设用地增减挂钩[1]政策。郊野单元规划中的“增减挂钩”一般通过镇域专项规划予以明确，规划期限为近期 3 年，主要内容为划定“建新地块”和“拆旧地块”两种地块，测算周转指标，进行资金平衡。后续按照拆旧建新范围直接编制增减挂钩实施规划。

所谓“叠加”政策就是在奖励 1/3 规划空间的基础上，给予“拆一还一”的指标平移，即通过“增减挂钩”实现拆除复垦 1 亩建设用地，在集建区或类集建区内可新增一亩建设用地。

建新地块即拟进行农转用、进行建设的地块，拆旧地块即郊野单元规划确定的集建区外需要拆除复垦的地块。建新地块可分为安置地块和出让地块两类。安置地块是指建新地块中用于安置被搬迁人的地块，出让地块是指建新地块中除安置地块外的所有地块。出让地块又可分为确定出让地块和待定地块。其中，确定出让地块又可分为定向出让地块和非定向出让地块，定向出让一般是指采取限定地价的方式，定向用于建设用地减量化的集体经济组织提供长远收益保障，建立长效“造血机制”。非定向出让则是按照招标、拍卖、挂牌程序进行出让的建设用地。待定地块则指出让地块中尚未落实具体位置的地块。

具体政策包括双用地指标腾挪，建新地块免缴规费，简化增减挂钩规划审批流程。

8.3.1 双用地指标腾挪

根据建设用地复垦减量化（拆旧地块）情况，等量新增建设用地计划和耕地占补平衡指标用于落实建新地块（含农民安置地块和节余出让地块）办理农转用手续。总体上要求，建新地块建设占用的耕地面积不得大于拆旧地块整理复垦的新增耕地面积，建新地块新增建设用地总面积不得大于拆旧地块的建设用地总面积。同时，鼓励建新地块选址在集建区内，如放弃类集建区空间的，可获得不低于放弃类集建区空间量 1/3 的双用地指标奖励。要运用倒逼机制，实行先拆后建，保证建设用地总量不增加、耕地总量增加、耕地质量提高。节余的新增建设用地计划指标和耕地占补平衡指标可在区县范围内统筹使用，区（县）政府可以建立土地增减挂钩节余用地指标有偿交易流转机制，加大对建设用地减量化区域的支持力度。未来甚至可以建立土地增减挂钩节约指标市级调剂平台，更好地发挥级差收益作用，实现区（县）之间的指标对接。使用土地增减挂钩指标的区（县）（如松江区），支付指标有偿调剂费给提供指标的区（县）（如崇明县），用于支持建设用地减量化地区的土地整治和镇村发展。

8.3.2 建新地块免缴规费

增减挂钩实施规划中挂钩建新地块凡涉及农用地、未利用地转为建设用地的，未超过国土资源部门下达的等量新增建设用地计划或增减挂钩周转指

1. 城乡建设用地增减挂钩是国家推出的支持社会主义新农村建设、促进城乡统筹发展、破解保护与保障“两难”困境的一项重要管理措施，是指依据土地利用总体规划，将若干拟整理复垦为耕地的农村建设用地地块（即拆旧地块）和拟用于城镇建设的地块（即建新地块）等面积共同组成建新拆旧项目区。通过建新拆旧和土地整理复垦等措施，在保证项目区内各类土地面积平衡的基础上，最终实现建设用地总量不增加，耕地面积不减少，质量不降低，城乡用地布局更合理的目标。详见沪规土资综（2009）1084 号文《关于印发上海市城镇建设用地增加与农村建设用地减少相挂钩试点有关规定的通知》。

标的，可以不缴纳新增建设用地土地有偿使用费和耕地开垦费，农村宅基地置换建新出让地块市级出让金返还。

8.3.3 简化增减挂钩规划审批流程

郊野单元规划中增减挂钩规划的内容按照增减挂钩专项规划的深度编制。郊野单元规划批复后，可按照拆旧建新范围直接编制增减挂钩实施规划，并可同步编制类集建区范围内控制性详细规划或村庄规划，用于指导拆旧建新项目的实施。

8.4 简化控规调整程序

对因建设用地减量化引起的安置和开发用地，如位于集建区范围内并有控规覆盖的，原则上应符合控规确定的相关控制要求。对因建设用地减量化引起的安置和开发用地，可在郊野单元规划编制过程中同步启动关于公建配套、市政设施、规划地段内利害关系人影响等各方面的规划预评估，研究规划调整的可行性。经郊野单元规划整体研究后确实需要进行调整的，可予支持开展控规适度调整，并简化控规调整程序，按照控制性详细规划实施深化程序（B 类程序）[1] 调整。

首先，可以适当调整控规指标。对因建设用地减量化引起的安置和开发用地，在符合地区开发强度的前提下，经评估可适当调整控制指标，如适度提高容积率、增加建筑面积等。其次，可以适当调整用地性质。对因建设用地减量化引起的开发用地，在符合土地使用相容性要求的前提下，可以适度增加商住办等混合用地的比例。

上述调整将有利于形成更多的出让土地收益用于补偿减量化成本，或者可以提供集体经济组织形成“造血机制”。区县政府可将增加的部分建筑面积，以配建配套项目的形式作为出让条件之一，建成后形成可供减量化所在镇村集体经济组织持有并经营的物业，以实现壮大当地集体经济组织实力、保障农民长久生计和提高收入水平的目标。

8.5 创新土地出让方式政策

在土地利用和出让方面，上海配套出台了多项政策，保障集体组织利益，建立长效“造血机制”。

第一，可以采取适应性的国有建设用地土地出让方式。在产权清晰、受益人明确的前提下，由区县人民政府集体决策，通过在减量化挂钩建新区内的国有建设用地使用权出让中，采取限定地价、无偿或限价提供经营性物业（如公共租赁房、配套商业等）的方式，定向为用于建设用地减量化的集体经济组织提供长远收益保障，建立长效“造血机制”；在产权清晰、受益人明确的前提下，对于建设用地减量化的集体经济组织投资建设经营性物业的，在减量化挂钩建新区内的国有建设用地使用权出让中，相关区县政府可通过集体决策的方式，确定出让底价和意向受让主体，通过定向挂牌的方式出让给实施建设用地减量化的集体经济组织或集体经济组织授权开发的区属全国有公司，形成“造血机制”。

第二，综合利用农村集体建设用地使用政策。综合利用征地留用地、集体建设用地流转、集体建设用地建设租赁房等农村集体建设用地政策，积极探索并完善有利于集建区外建设用地减量化和布局优化、有利于低效建设用地盘活和绩效提升、有利于集体经济发展和农民生活水平提高的农村集体建设用地使用方式等政策。

8.6 “减量化”倒逼机制

“减量化”政策设计既要有类集建区空间奖励、增减挂钩政策叠加、规划调整程序简化、出让方式创新等激励政策，也要“引”、“逼”结合，建立倒逼机制，变被动为主动，倒逼区（县）减量。为深化土地利用制度改革，全面实施“总量锁定、增量递减、存量优化、流量增效、质量提高”的基本策略。2013 年起，上海市在安排区县年度土地利用计划时已将集中建设区外现状低效建设用地减量化计划同新增建设用地计划、补充耕地计

1. 控制性详细规划实施深化程序（B 类程序）：上海针对控详规划调整的不同情况，根据规划区位、调整性质、幅度和影响等不同，规划管理分为 A、B、C 三类，A 类为局部调整（完全程序）、B 类为实施深化（简易程序）、C 类为规划执行（项目程序）。B 类程序主要针对公益性、基础性、民生类等工程和区县政府关注的重大项目，精简程序环节，提高行政效率。

划同步下达，对区县减量化工作情况定期进行考核，将考核结果与年度部分新增建设用地计划分解下达直接挂钩，并建立减量化任务完成情况和经营性用地出让、年度综合考核相挂钩的工作机制，从而让区（县）能够积极主动应对减量化任务，启动郊野单元规划编制，按部就班地进行集建区外低效建设用地减量。

扩展阅读：

郊区是上海未来发展的主战场，必须做好建设用地减量化

1月28日上午，中共中央政治局委员、上海市委书记韩正参加上海市第十四届人民代表大会第三次会议青浦区代表团的审议，韩正仔细倾听代表们的建言，在回应代表的发言中谈到了上海郊区发展规划、环境保护等热点话题。

韩正指出，上海郊区的发展是上海未来发展的主战场，主战场是随着我们发展阶段的不同和面向未来提出的要求不同提出的。整个上海能不能建设成为现代化的国际大都市，实际上我们很多的着力点要放在郊区。上海的基础设施向郊区转移是很重要的，公共服务的资源要向郊区倾斜，还包括如何提高郊区家庭可支配收入，这些是上海现阶段发展必须要着力解决的问题。

上海的工业用地必须减量

“如果建设用地减量化这篇文章不做好，整个上海的发展是灾难性的。”在回应有代表提出的建设用地增量减量问题时，韩正说。他指出，上海中心城区需要对存量土地的结构优化和调整，而减量这篇文章需要上海的郊区来做好，如果上海对这篇文章不考虑不做好，整个上海的发展是不可持续的。

“可能在某一个地方多了点建设用地带来了一时的发展和收入，但是若干个局部的合理将造成全局的不合理。”韩正语重心长地说，上海郊区发展的土地集约高效利用是迫在眉睫的任务，也关系到上海的长远发展。

韩正指出，对于那些没有高效、集约等和上海未来发展相悖的，甚至于带来严重污染的土地利用，如果不着力去解决，就讲增量，那么我们对上海这座城市、对群众、对历史也是不负责任的。

“上海的工业用地必须减量。”韩正强调，而工业用地的减量主要任务在上海郊区，现在的工业用地中有相当部分是要压缩调整的。对农业用地，上海通过土地规范地流转，做好规模经营这篇文章。对集体建设用地，需要努力如何使其能进一步发挥作用。

不能因眼前利益而牺牲长远利益

韩正在发言中还特别谈及环境治理话题，他表示，整个上海要成为宜居的城市，郊区在推进发展的中间，我们一定不能走过去曾经走过的路，也就是说先发展污染以后再治理的路。“不能以取得眼前的利益来牺牲长远的利益。”韩正说，上海郊区的环境治理在现阶段给我们提出了更高要求，而这个要求跟现实比是有差距的。

“我觉得看郊区的环境治理好不好，环境水平高不高，实际上就看一条，它是一个综合集成反映，是什么呢？小河小湖小浜。”韩正说，相对于高速公路两边绿化、郊野公园等，小河小湖小浜的水质更能看出上海郊区环境本质，它能反映生活污水、农业、工业等污染控制水平。

韩正表示，下一步上海郊区的环境治理，有很多需要治理，譬如秸秆焚烧、水质保障，也有一系列工作需要做。这些环境治理，就是最重要的基础设施工程。

“青浦区近一半的面积是属于保护区，保护的是上海的水源地，使上海全市人民受益，这是全局性的。”韩正在发言中特别提到了未来要两个“提高”，一个提高是对于环保、轨道交通等枢纽型功能型网络化的基础设施，在青浦等区，市里的投入比例要大幅度提高，第二个提高就是市里的比例提高的同时，资本金要大幅提高。特别是环境工程，根本就没有收入。这个比例怎么投，要有科学的机制，下一步要特别关注。

郊区城镇规划不贪大要宜居

“一上来就（规划）居住100万（人）、80万（人），造了很多楼也可能没人来，不是凭想象造楼就一定有人来的。”韩正在谈及上海郊区城镇建设时说，不求大不求全，要从实际出发，要宜居，要有自己的特点，要有文化。另外，城镇的建设很重要的是和产业发展吻合，实现“产城融合”。同时，要有一个良好的规划，突出重点，不要全面铺开，不要简单地求大求全，“不是马路越宽越好”。

韩正指出，实际上过多的上海的郊区资源往中心城区方向靠拢，去集中地发展，眼前是有利的，长远是不利的。因为这等于是把中心城区摊大饼，越摊越大，就不能走出一个中心城区和若干组团发展的格局。

韩正表示，利益驱动需要一定的法律，政策的引导，上海需要把这篇文章做好，就是在上海郊区小城镇建设过程中，从实际出发，用良好政策予以引导，不要贪大。

CHAPTER NINE

管理机制的建立

The Establishment of Administration Mechanism

CHAPTER 9
SUMMARY
章节概要

规划编制审批

考核管理

项目实施管理

公众参与

建立管理机制，保障规划实施。

金山区廊下镇山塘村，毛岩摄

9.1 规划编制与审批管理

郊野单元规划属于规划领域的“新生事物”。为了规范郊野单元规划的编制与审批机制，上海市规划和国土资源管理局出台了《郊野单元规划编制审批和管理若干意见》（沪规土资综［2013］406 号），明确了郊野单元规划及实施方案的组织编制和审查审批主体、规划编制单位的技术要求、规划编制与审批的基本流程、规划变更与修改的条件和流程等主要内容。

9.1.1 规划编制和审批的主体

1. 郊野单元规划

郊野单元规划由区县人民政府组织编制，由区县政府委托区县规划和土地行政管理部门牵头负责规划编制的具体事务。区县规划和土地行政管理部门组织进行现状调研和基础资料收集等准备工作，在规划编制过程中广泛征询镇乡和区县相关部门意见，按相关要求编制完成规划成果，通过区县内专家论证后，提请区县人民政府审议，经区县人民政府同意后，上报市规划和土地行政管理部门。市规划和土地行政管理部门在收到规划成果和报审来文后，由土地综合计划部门负责对规划成果进行技术审查，组织专家和相关部门联合会审，审查通过后予以批复。其中，涉及新市镇总体规划和镇乡土地利用总体规划明确的刚性控制要素及类集建区的选址布局等由总体规划管理部门进行会核。

2. 郊野单元规划实施方案

郊野单元规划实施方案由镇乡政府会同区县规划和土地行政管理部门组织编制，具体编制要求和审批程序另行制定。根据国家和本市的有关规定，类集建区范围内控制性详细规划或村庄规划的编审程序应进一步优化环节、简化流程。具体由市规划和国土资源管理局土地综合计划部门负责审核。其中，类集建区建设控制要素与集中建设区、村庄等相关规划之间的协调要求由详细规划管理部门进行会核。

9.1.2 规划编制的技术承担单位

郊野单元规划编制由具备土地规划编制资质的设计单位承担。郊野单元规划实施方案编制由具备城乡规划编制资质的设计单位承担。

9.1.3 规划编制与审批流程

郊野单元规划的编制审批流程分为如下三步：

1. 申请启动

区县政府按照相关要求向市规划和土地行政管理部门提出规划编制和修改申请，市规划和土地行政管理部门审定同意后方可启动。

2. 编制审批

区县规划和土地行政管理部门经过现状调研和基础资料收集等准备工作，按相关要求编制完成单元规划成果后上报市规划和土地行政管理部门。市规划和土地行政管理部门组织专家和相关部门联合会审，对规划成果进行技术审查后予以批复（或回复审查意见）。

3. 成果归档

市规划和土地行政管理部门负责批准文件的入库、信息平台更新等工作。

9.1.4 规划的修改

经批准的郊野单元规划和郊野单元规划实施方案应当严格执行，任何单位和个人不得随意修改。如类集建区规模、布局和用地性质等相关强制性规划要素发生变化的，应由区县政府申请，经市规划和土地行政管理部门同意后方可启动规划修改。

9.2 指标认定与考核管理

郊野单元规划批准后，为了保证规划能够得到有效实施，必须建立完整的跟踪考核管理机制。

9.2.1 指标激活与管理

郊野单元规划经批准后，即初步确定了待激活的类集建区边界。相关建设用地减量化工作经市规土局确认完成后，对应面积的类集建区方可激活办理各类规划土地手续。经激活的类集建区边界和建设用地减量复垦后产生的新增耕地等，将一同纳入土地利用总体规划实施和现状数据库的年度更新。

9.2.2 减量化与用地计划管理的考核联动

将减量化工作考核纳入年度计划管理。按照年度减量化分解目标，将年度建设用地减量化计划和新增建设用地计划、新增补充耕地计划一起分解下达到区县，作为年度考核目标的重要组成部分。

建立减量建设用地差别化奖励标准。市规土局根据区县实际的减量化任务完成情况，按年度进行新增建设用地计划的奖励。对通过集建区外现状低效工业用地复垦实现建设用地减量的，按复垦工业面积奖励不低于15%的新增建设用地计划；对通过集建区外现状宅基地复垦实现建设用地减量的，按复垦宅基地建设用地面积奖励不低于10%的新增建设用地计划。区县所获得的奖励新增建设用地计划不得用于工业项目。

9.2.3 减量化工作的联动核查

建新地块的开发，原则上必须在相应的减量化任务完成后方可启动。为尽量给区县的减量化工作提供有利条件。试点期间，参照现行增减挂钩政策，减量和建新工作封闭实施，即在封闭周转期内减量工作和建新工作可同步进行。首期启动的建新项目用地面积与首期启动的减量任务等量，但封闭周转期末必须完成原定的减量化任务。市规土局将建立减量化工作联动核查制度，对区县的减量化工作进行监督。

1. 指标扣还

在封闭周转期末，未按原定规划和计划完成减量任务的，新增建设用地计划和耕地占补平衡的差额部分将被市规土局强制归还。其中新增计划从下年度计划中直接扣还，占补指标从区县指标库中直接扣还。

2. 地块锁定

在封闭周转期末，未按原定规划和计划完成减量任务的，类集建区重新进入锁定状态，禁止再开发。已开发地块涉及的空间规划指标，在区县建设用地和基本农田的规划机动指标中相应扣减。

9.3 项目实施与管理流程

郊野单元规划批复后，应有一套完整的项目实施与管理流程，确保项目按照既定的目标和计划实施。郊野单元规划确定了待激活的类集建区边界，同时也明确了单元内土地整治项目区耕地保有量、补充耕地量、高标准基本农田建设量、建设用地减量目标等核心要素指标，可直接指导土地整治项目的编制和实施，通过可研立项、规划设计和预算等环节纳入项目管理程序；郊野单元规划达到一定深度和条件的，可同步进入类集建区详细规划编制阶段（图9-1）。上海初步建立了郊野单元规划具体实施与管理流程。

9.3.1 与土地整治项目的衔接

一个郊野单元规划中可能划示多个土地整治项目，明确项目区内耕地保有量、补充耕地量、高标准基本农田建设量、建设用地减量目标等核心要素指标，对农田、水网、道路、林地、设施农用地等分别提出了功能与形态上的整治要求。后续土地整治项目原则上必须以上位郊野单元规划为依据，开展相应的土地整治项目可行性研究报告的编制。

9.3.2 类集建区项目落地流程

1. 类集建区控制边界认可

郊野单元规划初步确定了待激活的类集建区边界。郊野单元规划批复后，相关类集建区控制边界即获得认可。相关镇乡政府可会同区县规划和土地行政管理部门启动编制类集建区控制性详细规划。郊野单元规划达到一定深度和条件且类集建区选址无变化的，可由区县向市规土局发文启动类集建区详细规划方案编制。如类集建区选址发生重大变化的，区县需上报规划编制任务书和相关论证材料，经市规土局审查通过后方可启动。如经论证属郊野单元规划重大调整的，区县政府需启动郊野单元规划修改程序。类集建区控制性详细规划的技术规范和成果要求应按照本市控制性详细规划要求操作，其审批流程应优化环节、简化流程。方案公示后，由市规土局综合计划部门负责审核，总体规划和详细规划管理部门共同会核，以城乡规划审批专用章批复。

2. 类集建区项目边界激活

类集建区控制性详细规划是类集建区内项目的规划依据。项目操作按农民居住安置类项目和经营“造血”类项目分为两类。对于农民居住安置类项目，区县政府可直接向市规土局申请激活类集建区内农民居住安置类项目边界。对于经营“造血”类项目，按照“先拆后建”的原则，区县每完成一定量的减量化复垦任务或区县减量化指标库内有指标存量的，可向市规土局发文申请确认并启动相应规模的类集建区项目。

9.3.3 类集建区项目周转指标下达

类集建区边界在市规土局信息平台内激活后，类集建区项目可办理相关土地和规划手续。在项目农转用阶段涉及周转指标的，相关区县应持农转用相关材料和勘测定界报告向市规土局申请，市规土局综计部门核实情况后，将下达相应周转指标。在周转期内，区县应抓紧推进减量化工作，如周转期末无法归还周转指标，将扣除区县年度新增计划和相应占补库中指标。试点郊野单元规划中，涉及农民居住安置和经营“造血”项目的减量化节点认定、周转指标下达时间节点等，由市规土局视减量化签约情况研究明确。

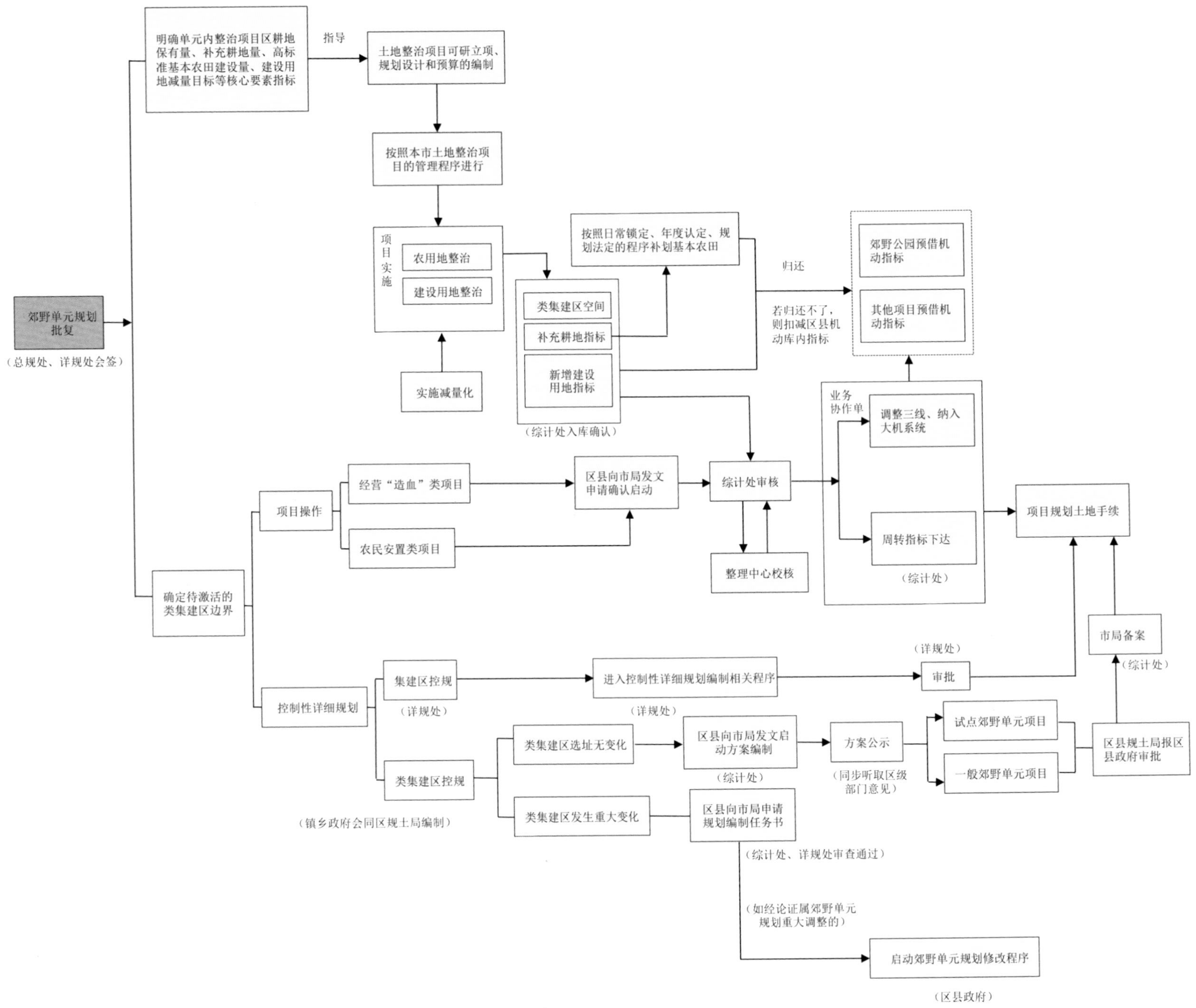

图 9-1

郊野单元规划批复后项目实施管理流程

资料来源：上海市城市规划设计研究院

图 9-2
宝山区郊野单元规划政策宣讲
图片来源：上海市城市规划设计研究院

图 9-3
崇明县新河镇郊野单元规划过程交流
图片来源：上海市城市规划设计研究院

图 9-4
嘉定区郊野单元规划调研，吴梦凡摄

9.4 规划公示与公众参与

郊野单元规划是一项实施性很强的规划任务，涉及区县和镇村居民的实际利益，必须加强公众参与环节，完善规划编制审批阶段的公众意见征询与听证论证制度。

9.4.1 规划启动阶段

在规划启动阶段，由规划主管部门和规划设计单位对区县和镇村进行政策宣讲和技术解读，使基层人员和广大民众了解郊野单元规划的目的、意义和主要内容。加强规划动员，调动区县和镇村积极性，从而为后续郊野单元规划各项工作的顺利开展打下基础（图 9-2）。

9.4.2 规划编制阶段

在规划编制过程中，必须加强规划设计单位与镇村的沟通，及时传达配套政策，深入了解镇村实际发展需求（图 9-3）。在充分征询和尊重镇村领导和村民意愿的基础上，通过深入调研，合理确定减量化等规划设计方案，确保规划的可实施性（图 9-4）。

9.4.3 规划审批阶段

在规划审批阶段，规划主管部门应组织专家评审会，并加强规划公示，以会议形式或者问卷、电话、网络等方式征询意见，并公开意见处理过程与结果。

9.4.4 规划实施阶段

在规划实施阶段，通过设立专门的信访办公室、热线电话、网站论坛等方式，接受公众的意见和建议，通过专业机构论证来确定是否采纳并对规划进行修改。要健全土地整治规划公告制度，畅通规划实施阶段的意见反馈渠道。

最后要健全群众监督制度，保证群众的知情权、参与权和监督权。积极引导公众参与，保证被拆迁农户的知情权和参与权，做到部门之间、村之间、上下级之间，以及群众对政府的有效监督；尤其是土地整治专项资金的管理要专款、专户、专用，自觉接受群众监督。

CHAPTER TEN

规划技术创新

Innovation of Technology in Urban Planning

CHAPTER 10

SUMMARY

章节概要

10.1 理念创新

“减”“增”“整”“统”“引”

10.2 内容创新

农用地整治

建设用地整治

增减挂钩专项规划

专业规划整合

规划引导

综合效益分析

10.3 方法创新

建立统一的基础工作底版

采用统一的用地分类口径

理念创新 内容创新 方法创新

郊野单元规划在理念、内容、方法上体现了规土合一的创新思维。

浦东新区新城镇，李艳摄

我国现行的城乡规划在编制上较注重空间布局和综合研究，在实施管理上基本围绕“一书两证”制度进行，对需要减量的存量用地缺乏有效规划管理手段，无法有针对性地灵活应对。而当前土地利用规划主要注重指标调控、用途管制及权属地类变更等内容，对现状建设用地的减量及减量后新建所需的空间则较缺乏统筹。

上海从 20 世纪 90 年代开始就十分注重“规土”相互协调和衔接，更是在 2008 年 11 月的机构改革中，成立了上海市规划和国土资源管理局（以下称“规土局”）。上海市规土局的成立从体制上为“规土合一”提供了保障，并在规划理念、组织方式、规划实践、技术手段、实施管理等方面进行了衔接探索。郊野单元的划定和郊野单元规划的推出正是“规土合一”在郊野地区的深化推进（图 10-1）。以空间规划为引领，以城乡建设用地增减挂钩等政策为工具，以土地综合整治为平台，郊野单元规划在规划编制和管理上整合了城乡规划和土地利用规划两者制度与技术的优势。

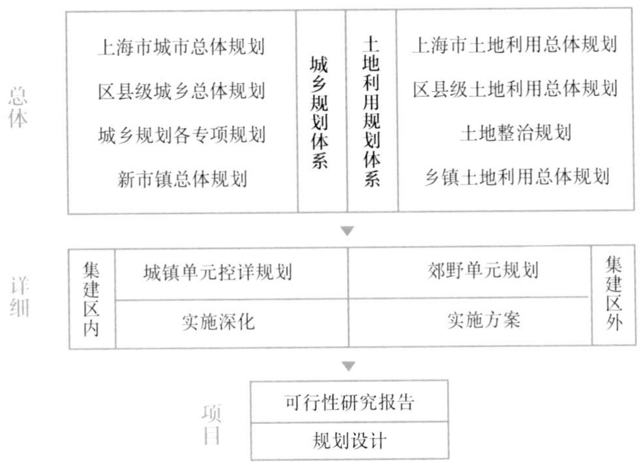

图 10-1
上海市“两规”编制体系框架研究
资料来源：根据上海市规划和国土资源管理局《上海市郊野单元规划编制导则（试行）》修改绘制

10.1 理念创新

从上海郊野单元规划产生的背景及其定位来看，它应是一个涵盖城乡、统筹兼顾的综合性规划。

首先，从规划源头来看，郊野单元规划是土地整治规划的深化与延伸，在内容上包括田、水、路、林、村的综合整治，特别是对农田、水域、道路、林地、滩涂苇地等要素进行现状梳理、结构调整、统筹布局。

其次，从规划定位来看，郊野单元规划是上海集建区外低效建设用地减量化的空间平台。一方面，要通过郊野单元规划，确定集建区外近期和远期减量并复垦的建设用地；另一方面，要依据镇乡总体规划和土地利用规划，从长远发展角度出发，确定类集建区的选址和单元总体布局。

再次，从实施手段来看，郊野单元规划涉及建设用地减量（拆旧）和村民安置（建新），使用的是“城乡建设用地增减挂钩”的政策工具，所以应在郊野单元规划中同步完成增减挂钩专项规划的相关内容。

最后，从规划领域来看，郊野单元规划涉及农委、水务、建交委、市政等多个专业条线，是多规合一、综合性、实施性很强的规划。应借助郊野单元规划平台，梳理并整合各专项规划，加强相关专业规划与城乡郊野单元规划的协调性，避免不同层次、不同领域的规划之间出现冲突和矛盾。基于以上认识，上海郊野单元规划的理念创新可以归纳为“减”、“增”、“整”、“统”、“引”五个字。

10.1.1 “减”

“减”是上海郊野单元规划最核心的关键词，主要是指减少集建区外的低效建设用地，减少低端产业和人口压力，减少工业污染和农业面源污染，减少城镇管理运营成本等。其中，集建区外低效建设用地的减量化是郊野单元规划主要的控制指标之一。一般而言，减量化的对象主要是集建区外的“198”工业用地，其中重点对“三高一低”[1]、“三线”[2]范围和闲置的工业用地进行减量。对于宅基地的减量，一是遵循农民自愿的原则，二是符合镇村体系规划的引导，目前主要是对零星、分散、闲置的宅基地实施减量。

减量化指标的确定主要依据镇乡土地利用总体规划和区县土地整治规

1. “三高一低”是指高投入、高消耗、高污染、低效益。
2. “三线”是指高压走廊、高速公路、铁路。

划。通常根据建设用地减量化的难易程度，确定近期、远期减量化目标并制订相应的减量化方案。近期主要对减量化推进比较容易的地区，实行低效建设用地进行减量和复垦，远期则要逐步完成郊野单元规划确定的规划期末的减量化目标。从规划年限上看，近期一般指郊野单元规划编制基期年（含基期年）起的 3 年，远期一般与郊野单元所对应的上位土地利用总体规划年限相一致。如在《松江区新浜镇郊野（SJXB01）单元规划》试点中，规划近期为 2013—2015 年，与《松江区土地整治规划》年限一致；远期至 2020 年，与《新浜镇土地利用总体规划》保持一致，从而有利于规划指标的衔接和规划任务的落实。

10.1.2 “增”

郊野单元规划是实施性很强的规划，要符合区县、镇乡和村集体的实际发展需求。从实施推进的角度来看，郊野单元既要有“减”，更要有“增”。“增”才是地方推动“减”的内生动力。“减”如前文所讲，主要是减量低效建设用地，“增”则可以概括为增效、增产、增收、增绿。

1. 增效

郊野单元规划的核心目的之一是提高土地利用效率。由于目前的“减量化”激励政策按“拆三补一”奖励类集建区规划空间，这些空间相当“金贵”，也使得区县和乡镇在使用奖励空间时更为谨慎。另外，按照新的计划管理要求[1]，每年的经营性用地出让计划都会与减量化计划挂钩，这也使地方在土地出让时必须考虑成本问题，不是优质的项目、不能带来较高效益的项目是无法平衡减量成本的。这也倒逼区县和乡镇必须集约节约用地，以“增效”来弥补规模的限制。通过建设用地的“存增转化”，减少低效建设用地，增加高效发展空间，用一句比较形象的话就是“杀掉三只不太会生蛋的鸡，换一只天天会生蛋的鸡”。

2. 增产

上海的耕地总量较小，优质耕地更少，因此“增量提质”[2]是郊野单元规划的任务之一。通过郊野单元规划的实施，能够有效增加土地产出水平。比如新浜郊野单元规划编制后，通过对建设用地的复垦和田、水、路、林、村的综合整治，集建区外有效增加耕地面积 477hm²，增加高标准基本农田 673 hm²，并大幅提高土地产出水平。水稻的产量将由现状亩产 500kg，提高到亩产 570kg，提高比例达 14%。

3. 增收

郊野单元规划通过集建区外现状低效建设用地的减量，来盘活农村集体土地资产，建立起长效的“造血机制”，壮大镇、村两级集体经济组织，增加农民的财产性收入。例如新浜镇 2012 年农民人均年可支配收入为 1.55 万元，而通过农业用地规模化经营、村集体经济组织带来的收益分配，近期可增加人均收入约 2 700 元，人均年可支配收入将达到 1.82 万元，增长比例超过 17.4%。最关键的是“造血机制”是长期的、可持续的，将为农民进入城镇后提供生活保障。

4. 增绿

郊野单元规划通过减量污染、低效的建设用地，为农村地区“排毒”，还郊野一个天蓝水净、鸟语花香的美丽环境。通过田、水、路、林、村的综合整治，实现“田成方、林成网、渠相连、路相通”的美丽乡村景象，谱写农村地区稻浪滚滚、流水潺潺、绿树葱葱的美丽新画卷，改善农村地区的整体面貌。以新浜郊野单元规划为例，通过现状工业用地减量和宅基地减量，近期可实现全镇年污水减排放量 56.4 万吨，农村生活垃圾年产量减少 0.2 万吨；通过农用地整治和建设用地复垦，可增加林地约 230 亩，增加比例达 21%，生态环境可得到极大改善。

10.1.3 “整”

“整”即土地的综合整治，包括农用地整治和建设用地整治。以往的城乡规划偏重于建设用地的规划内容，郊野单元规划考虑到农村地区以农为主的现状，有着耕地保护和生态建设的多重目标，将土地整治规划作为对农用地改造的一种方法，实现建设用地与农用地的联动，开展综合整治。郊野单元规划结合本地区的农业经营模式及未来农业发展方向，分阶段、

1. 详见沪规土资综[2014]60 号文《关于 2014 年度区县集中建设区外现状低效建设用地减量化任务的函》。

2. 增量提质是指增加耕地规模，提高耕地质量和等级。

图 10-2
崇明县新村乡土地整治后效果图
图片来源：上海市城市规划设计研究院

分目标地实施田、水、路、林、村的综合整治；同时结合建设用地减量和复垦，形成设施配套、集中连片的优质耕地，促进地方的农业生产、改善周边的生态环境。(图 10-2)

10.1.4“统”

郊野单元规划是一个综合统筹的规划。目前集建区外的专项规划由各行业主管部门编制，深浅不一甚至还有缺失，没有一个空间平台进行综合平衡和统筹。郊野单元规划横向衔接规划范围内的各专业规划，包括农业、水务、道路交通、市政、林业、环保、公共服务设施等，以整合各领域资源，实现集建区外布局优化、用地集约、生产高效、生活便利、生态改善、城乡统筹等为规划目标。通过对集建区外的各项专业规划进行分析、细化，提出整合、调整、完善的建议和要求。引导各行业相互了解建设动态，避免重复建设，集中投入政策和资金，体现实现综合规模效益。

10.1.5“引”

为实现郊野单元规划的目标，应在“两规合一”思想的指导下，统筹规划与土地的政策，对下层次规划进行指导和引导。下层次规划主要包括类集建区控制性详细规划、增减挂钩实施规划和村庄规划，以及部分集建区内已批控制性详细规划的修编、局部调整或增补图则。郊野单元规划为简化程序，对下位规划提出明确的编制意见，取代一部分前期评估和任务书的内容。

10.2 内容创新

与以往偏重于集建区内的城镇规划不同，郊野单元规划是统筹城乡、多规合一的综合性规划，主要规划内容包括了农用地整治规划、建设用地整治规划、专项规划整合、增减挂钩规划、下层次规划引导、综合效益分析等，是统领集建区外发展的纲领性规划，规划内容具有一定的开拓性和创新性。

10.2.1 农用地整治

农田整治规划是郊野单元规划的重要内容，包括田、水、路、林等农用地和未利用地的综合整理，耕地质量建设（含设施农用地布局规划等），以及高标准基本农田建设等基本内容。

1. 农业布局规划

农业布局规划需在研究分析单元内现状农用地规模、结构、布局、种植模式等情况的基础上，结合设施农用地规划、农田水利规划等有关专项规划，合理规划耕地、园地、林地、养殖水面等用地的规模和布局，重点要明确新增耕地的来源、面积、布局和位置。还要在郊野单元规划中对现有的设施粮田、设施菜地、高水平粮田等条件较好的耕地进行认定，将其纳入高标准基本农田建设规模中，对其实施严格和长期的保护。(图 10-3)

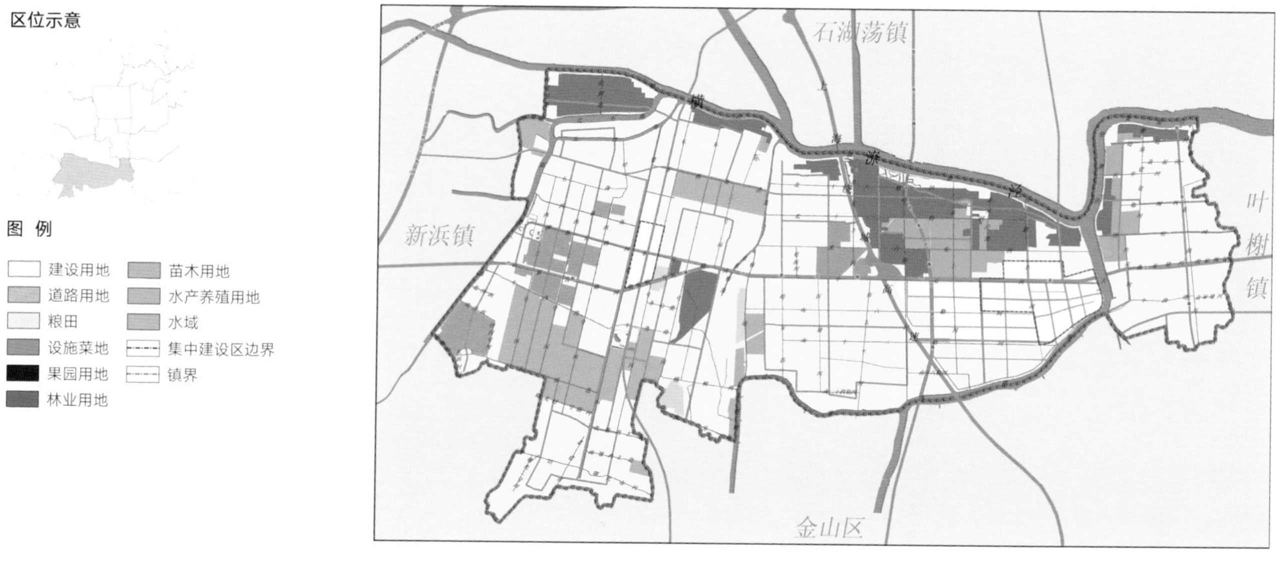

图 10-3
《松江区泖港镇郊野单元规划》农业生产布局规划图
图片来源：上海市城市规划设计研究院

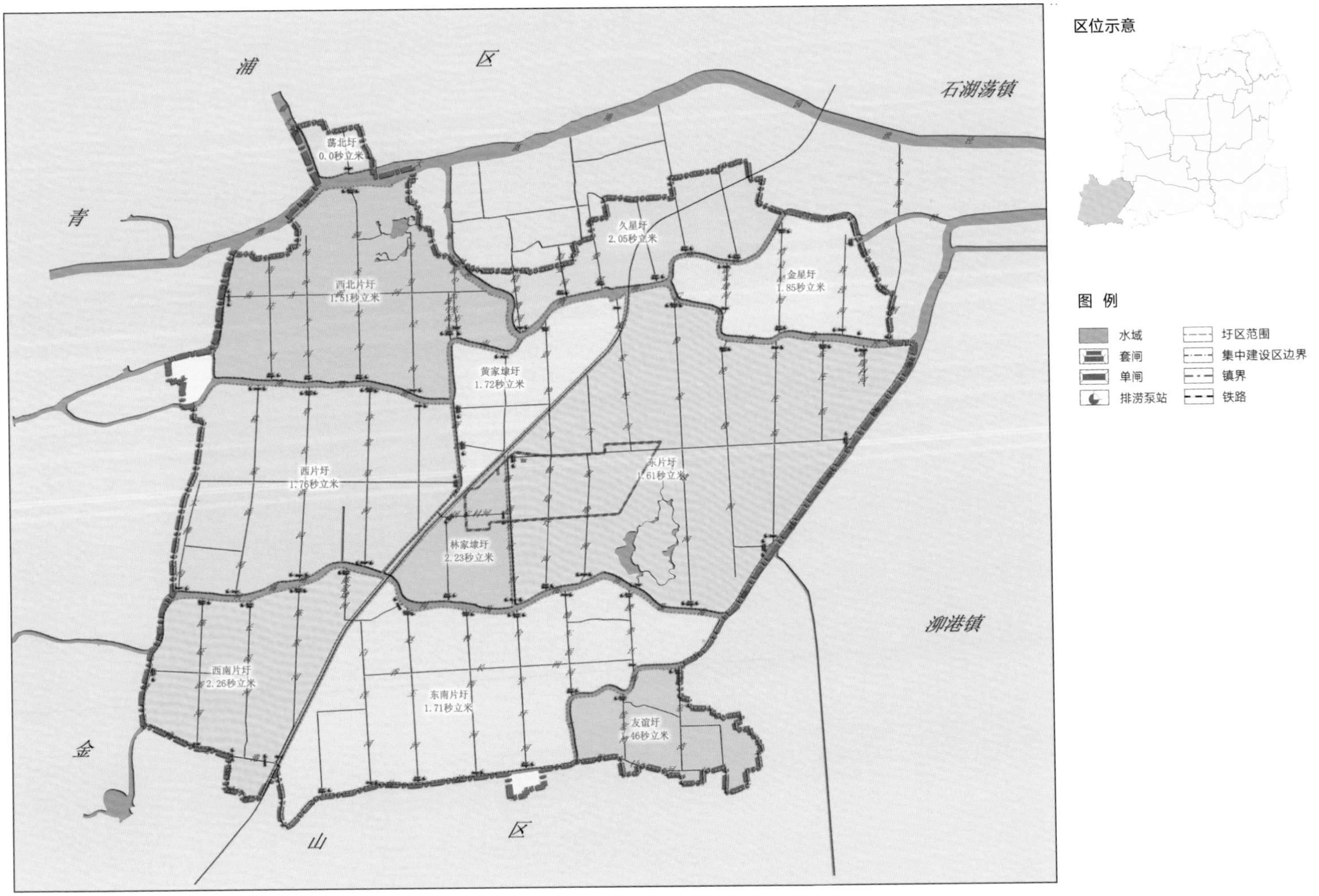

图 10-4

《松江区新浜镇郊野单元规划》农田水利规划图

图片来源：上海市城市规划设计研究院

2. 农田水利规划

农田水利规划应在全面调查当地水资源现状（包括现有水域面积、河道情况、灌溉排水设施情况等）的基础上，围绕农业布局规划展开。一方面要对与农业生产相关的水系、圩区、灌溉排水系统等进行科学合理配置，另一方面要重点解决在实地调研过程中发现的农业生产问题，以方便农业生产活动的开展。为了满足以上两方面的要求，首先要对单元内的水域面积，各级河道的控制宽度、长度、等级、航道等级等情况进行详细梳理，以确定必须要进行拓宽、延伸和新开的水系；其次，要根据当地现有的水利专业规划和防洪、排涝要求，进行圩区划分，并明确需要新增或改建的主要泵闸设施；再次，需要对现有灌溉、排水方式和沟、渠的布置进行改进和完善；最后，要深入田间地头，与农民进行深入交流沟通，认真倾听农民的实际需求，解决农业生产中的实际问题，提高农业产出效益（图 10-4）。

区位示意

图 例

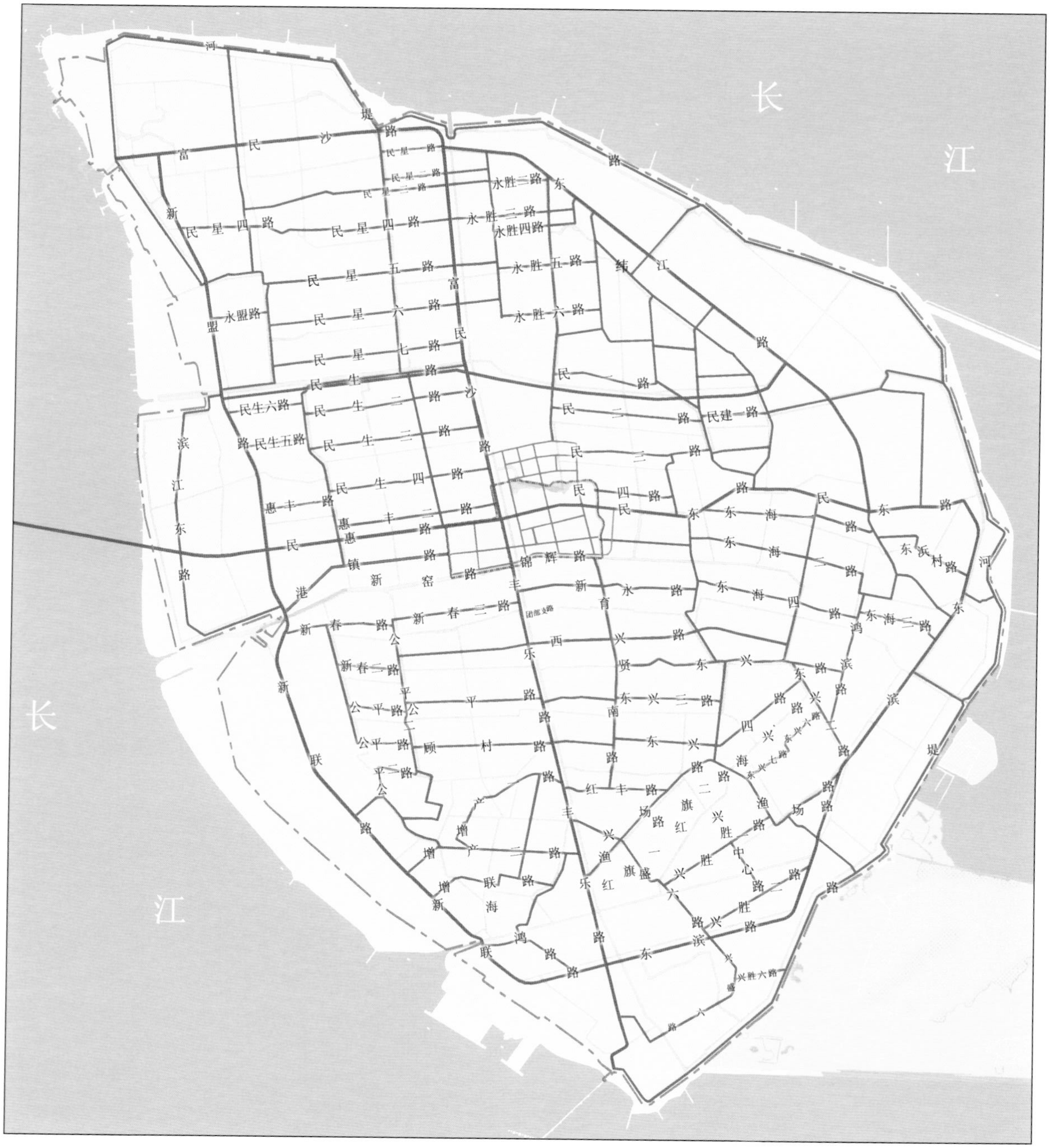

图 10-5

《崇明县横沙乡郊野单元规划》道路系统规划图

图片来源：上海市城市规划设计研究院

图 10-6
崇明县新村乡防护林建设效果图
图片来源：上海市城市规划设计研究院

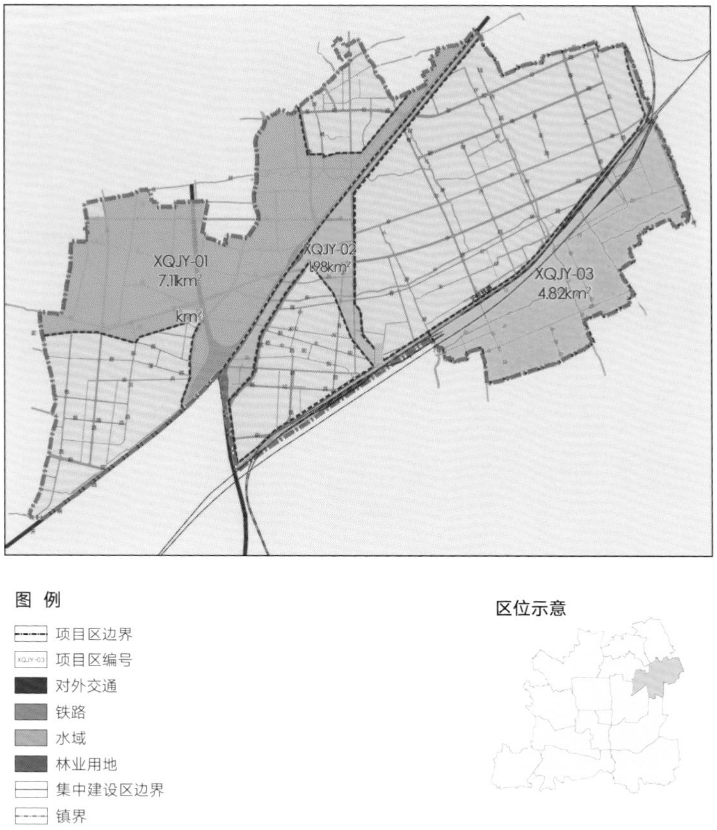

图 10-7
《松江区新桥镇郊野单元规划》项目区划分图
图片来源：上海市城市规划设计研究院

3. 田间道路系统规划

田间道路系统既要满足农业生产的需要，又要方便居民生活出行。要在充分了解郊野单元内现状田间道路总体情况的基础上，结合郊野单元规划的发展要求，融入生态保育理念，改善田间道路系统，实现田间道路系统生产、生活、生态三大功能的有机融合。郊野单元内的现状田间道路可根据起讫点、宽度、长度、车道数等进行分类，实施差别化的田间道路整治策略，区分需复垦、新增和改造的田间道路，使郊野单元内的整体田间道路系统趋于合理（图 10-5）。

4. 农田防护与生态环境保护规划

郊野单元规划需要统筹农业生产、农民生活、农村生态三方面的综合效益。农村生态环境的改善主要通过农田防护规划和生态环境保护规划来实现。农田防护一方面要实现对局部田间小气候的改善，另一方面要有效解决农业面源污染问题，要结合当地风向、风速、风频等确定农田防护林的走向，在沟、渠两侧建设农田缓冲带，树种也要选择当地树种。生态环境保护不仅仅针对农田，还要从生态缓冲带、生态防护、护岸保滩等方面予以考虑，结合地域特点进行综合整治和景观塑造（图 10-6）。

5. 项目区划分

为加强郊野单元规划与单元内已有项目的衔接，同时为了逐步推进郊野单元规划的实施和管理，需结合村界、圩区划分、河流、道路等将郊野单元分为若干项目区。每个项目区要有明确的规划范围、土地利用现状、土地整治类型、土地整治规模、预计新增耕地面积等内容。在规划过程中，要将前述减量化目标、新增耕地指标、高标准基本农田建设指标、耕地保有量等土地整治目标分解到各个项目区，从而分时序、分阶段、分区域地指导郊野单元内土地综合整治的实施（图 10-7）。

10.2.2 建设用地整治

建设用地整治主要包括集建区外建设用地减量化方案的制订、新增类集建区选址和建设用地的总体布局。一方面，根据企业和农民搬迁意愿度调查结果制订减量化目标；另一方面，根据减量化激励措施和实施机制，明确集建区外现状建设用地减量化相应类集建区的空间规模、布局意向、适建内容和开发强度，初步明确用地供应方式，建立建设用地“增”与“减”之间的勾连机制，做到地类和资金初步平衡测算。

为了科学地制订近期、远期减量化目标，分解减量化任务，确保减量化目标可按时序、分阶段顺利完成，在减量化方案确定前需对集中建设区外的现状低效建设用地减量化潜力进行测算。减量化潜力测算分为理论潜力测算和现实潜力测算，最终的减量化潜力将在理论和现实测算数值的基础上，综合考虑镇村政府、村集体、企业业主、村民等多方意见来确定。

图 10-8

《松江区泖港镇郊野单元规划》土地利用规划图

图片来源：上海市城市规划设计研究院

郊野单元减量化方案的制订，除了要在“避免大拆大建”的前提下完成区县土地整治规划和镇乡土地利用规划下达的任务外，还要做实前期调研和意见征询工作，尊重当地农民的意愿和实际发展需求。

类集建区的选址是在减量化方案的基础上进行的，因此在分期实施、用地规模、选址布局等方面均需与减量化规划相对应。类集建区选址规划在时间上同样分为近期、远期，并且必须在完成同一时期的减量化任务之后才能实施，即“先减后增、增减挂钩”。这主要是为了确保集建区外的减量化措施能够真正落实到位，最终实现集建区外建设用地总量的净减。类集建区的规划同样要遵循“避免大拆大建”的基本要求，其用地规模根据“存增转换”的相关标准和政策予以确定。在用地布局上，类集建区的选址要考虑当地长远发展需求，避让生态廊道，优先布局在集建区附近，以共享集建区现有市政、道路、公建等各项设施和资源（图 10-8）。

10.2.3 增减挂钩专项规划

“增减挂钩”是落实减量化任务的主要操作路径。从规划内容上看，要求郊野单元规划包含建设用地增减挂钩内容并达到增减挂钩专项规划的深度，从而减少了单独编制增减挂钩专项规划的环节。增减挂钩规划主要内容包括拆旧地块和建新地块的确定、地类平衡测算、资金平衡分析等（图 10-9）。“增减挂钩”成立的基本要件为：①建新地块占用非建设用地总面积不得大于拆旧地块总面积；②拆旧地块复垦后新增耕地数量必须大于建新地块占用的耕地数量；③拆旧地块整理复垦新增耕地质量不降低；④项目区内资金由试点区（县）人民政府统筹，能够做到基本平衡。

郊野单元批复后，郊野单元规划中确定的拆旧建新范围可以直接编制增减挂钩实施规划，并可依据同步编制的类集建区控制性详细规划或村庄规划，直接指导拆旧建新项目的实施，从而大大减少了流程时间，并可简化增减挂钩相关规划的审批流程。

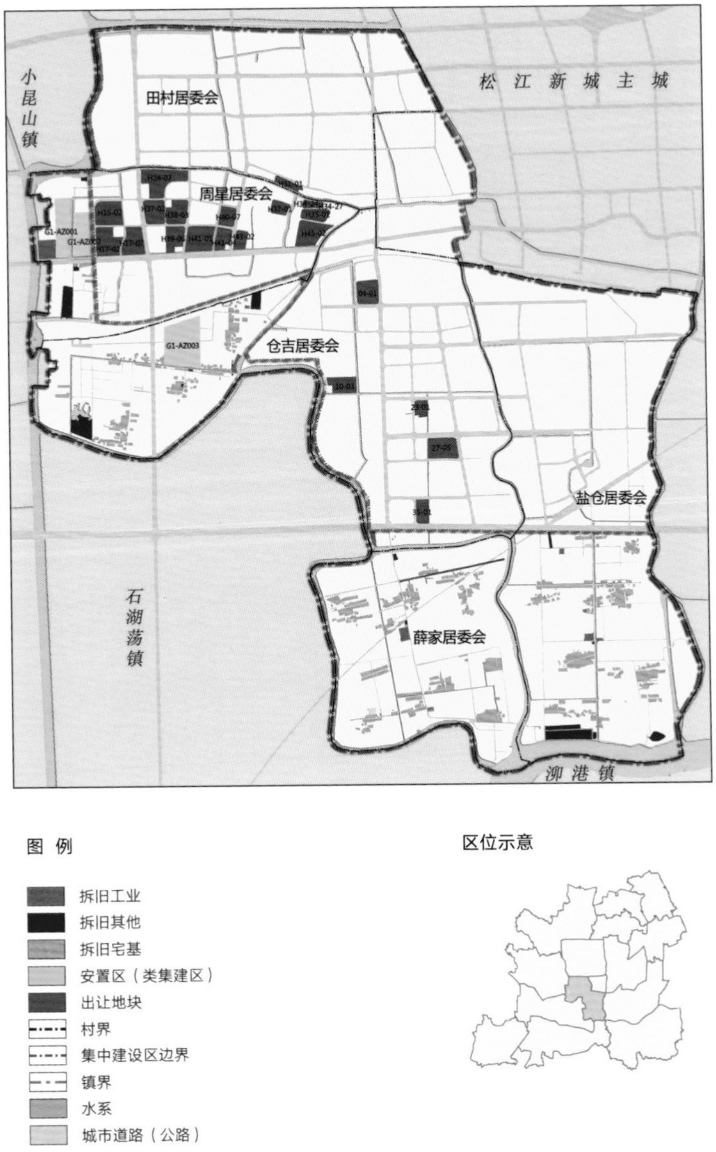

图 10-9
《松江区永丰街道郊野单元规划》增减挂钩规划图
图片来源：上海市城市规划设计研究院

10.2.4 专业规划整合

郊野单元规划为开放性规划平台，通过统筹协调集建区外农村建设所涉及的各类专业规划，整合各领域资源，实现集建区外格局优化、用地集约、生产高效、生活便利、生态改善、城乡统筹的发展目标。对单元内现有的各项专业规划进行梳理，专项规划与单元规划一致的，整合纳入并落图控制；单元规划对专业规划有调整的和专业规划缺位的，经与相关专业部门协调、对接后，进行分析和论证说明，并提出规划编制建议，待后续专项规划优化后，再纳入郊野单元规划。

1. 农业规划

农业规划主要围绕设施粮田、设施菜地、高水平粮田等建设，以及设施农用地规划等内容进行，要根据当地气候、水文、土壤、水系等影响因素，对现有农业专业规划中与郊野单元规划一致的内容纳入。在设施粮田、设施菜地建设与高标准基本农田建设、设施农用地布局等方面提出有针对性的调整或深化建议，整合多方资源服务于当地的农业生产（图 10-10）。

2. 农田水利规划

农田水利规划需对郊野单元内的骨干河道规划、圩区规划等已有规划进行梳理和分析，结合当地需求、河道蓝线调整、水面率调整等要求，对现有水利专业规划进行调整和优化，以适应郊野单元内不同时期对农田水利系统的要求。

3. 综合交通规划

综合交通规划应综合考虑郊野单元内部道路、区域性道路、对外道路建设等方面的需求，结合当地居民出行、农业生产、生态景观塑造等要求，对郊野单元内现有的交通路网进行合理调整，重点要处理好不同等级、不同功能道路之间的交叉关系，同时要对相关道路设施进行完善。

4. 市政设施规划

市政设施的配置在符合相关规范、标准、政策的前提下，首先要满足当地居民正常的生活、生产要求，其次要结合郊野单元建设的实际需要，引入“低碳生态”理念，示范性地运用节能、节水、节地的建设技术和模式，对现有的市政设施专项规划进行适当地调整或者深化（图 10-11）。

5. 产业发展规划

郊野单元规划不仅要追求社会效益、环境效益，同样也要追求经济效益。在现状调研基础上，分析适合当地发展的产业类型并进行合理布局，重点推进现代农业和旅游服务业的互动和融合发展，促进农业的规模化经营，对产业发展相关规划进行适当调整和深化。

6. 历史文化保护规划

郊野单元范围内如有比较丰富的历史文化资源，包括古树名木、名人轶事、历史遗迹等，这些都是宝贵的不可再生资源，需要加以严格保护。为了对历史文化资源进行保护，需对当地历史文化资源进行深入挖掘、梳理、分类，并对其进行科学评价，郊野单元相关规划要融入本土人文特色，以传承本土历史文脉。

7. 其他规划

郊野单元规划可根据本单元的实际情况，增加其他需要补充的专项规划内容，如旅游规划等。

10.2.5 规划引导

郊野单元规划须发挥承上启下的作用，指导下层次规划的编制和调整，主要包括类集建区控制性详细规划的编制、已有控制性详细规划的局部调整、村庄规划等内容。

1. 类集建区控制性详细规划

类集建区控制性详细规划的编制对象是集建区外建设用地减量化所获得的类集建区奖励空间。在郊野单元规划中，应明确类集建区的规划范围、用地布局和主导功能，提出容积率、建筑高度等各项主要控制指标和相关配套设施要求。此外，还需针对类集建区在空间落地、开发建设等方面存在的问题进行重点研究，提出相关解决对策。（图 10-12）

2. 已有控制性详细规划的局部调整

由于人口规模的变化，以及市政设施、公建配套等的需求变化，有时需要对已批控制性详细规划进行局部调整。首先要分析、论证调整的必要性和可行性，明确需要进行局部调整的范围，对强制性内容，如用地性质、容积率、建筑高度、建筑密度、绿地率、基础设施、公共服务设施、建设控制等，进行调整说明。

3. 村庄规划引导

有些郊野单元规划涉及集中建设区外现状农村宅基地的减量化。因减

图 10-10

《松江区泖港镇郊野单元规划》高标准基本农田规划图

图片来源：上海市城市规划设计研究院

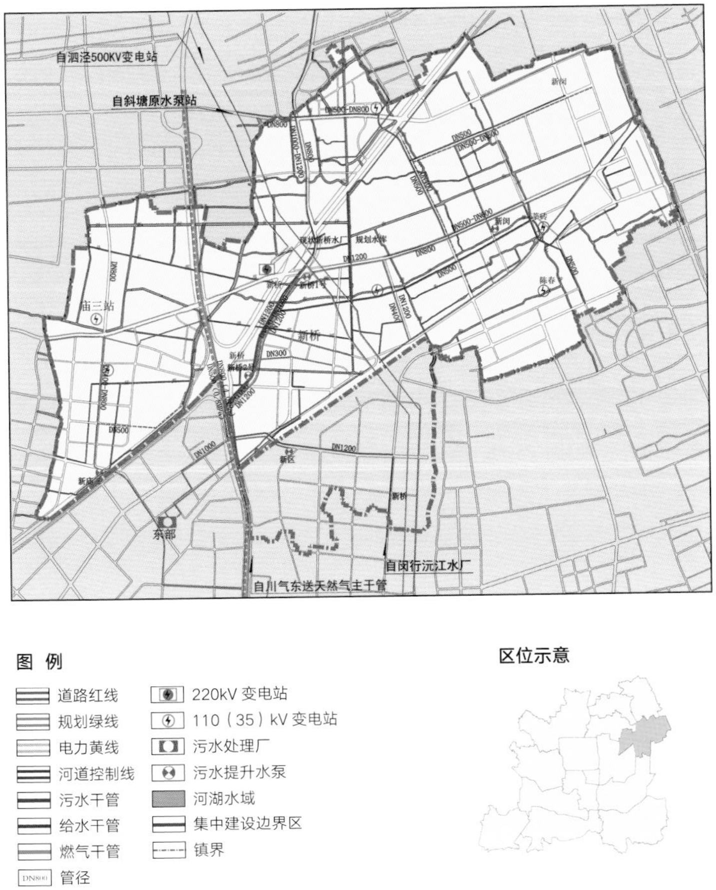

图 10-11

《松江区新桥镇郊野单元规划》主要控制线规划图

图片来源：上海市城市规划设计研究院

量化包括存量利用和拆除复垦两种形式，需根据不同减量化形式并同时结合新市镇总体规划中的村镇体系布局要求来制定差别化的村庄规划引导方案。村庄可分为保护、保留和归并三种类型。针对保护、保留的村庄，应当明确宅基地规模和人口规模；针对归并的村庄，要明确拆除宅基地规模、安置人口规模、安置方式等内容，同时要确定建设用地复垦之后的新增耕地数量、可获得的类集建区面积等指标。以上村庄均需要明确高标准基本农田、设施农用地面积等内容。

10.2.6 综合效益分析

与以往偏重于经济效益分析不同，郊野单元规划对减量化和土地整治等所产生的经济、社会、环境效益进行综合性论述，主要通过生态环境、城乡统筹和产业结构优化三方面指标的量化分析，来展现实施减量化与土地整治后带来的发展变化。相关指标统计数据以近期规划为主。其中生态效益主要体现在建设用地减量、污染排放减量和生态用地增量等几个方面；城乡统筹效益主要体现在城镇化水平提高、发展空间增加、农民收入增加、生活条件改善、生产水平提高、管理成本降低和集体经济壮大等方面；产业结构优化主要体现在低效产业企业减少、非农就业岗位增加、观光农业发展和规模经营扩大等方面。所有指标均实现量化对比分析，提供更真实、更准确的效益分析。

10.3 方法创新

10.3.1 建立统一的基础工作底版

由于郊野单元规划实施性很强，特别是减量化方案的确定会关系到老百姓的实际利益，并涉及大量的资金安排，因此对于现状图表的真实性和准确性都有非常高的要求。为了更好地把控郊野单元规划成果，更好地进行数据比对，上海郊野单元规划采用统一的工作底版。工作底版由市规土局统一提供和下发。未经市规土局同意，任何单位和个人都不得对工作底版进行更改和变动。这在某种程度上减少了人为因素的干扰，确保了郊野单元规划的严肃性。

上海市郊野单元规划采用以全国第二次土地利用调查（简称“二调”）为基础的规划基期年土地利用现状数据为底版。采用“二调”数据而不是“城乡土地使用现状”等其他数据为基础底版，主要基于以下三个原因：第一，第二次土地利用调查是 2007 — 2009 年间开展的一项重大国情国力调查，对全国土地进行了全面、真实、深入的调研摸底，建立了完整的土地利用现状数据库，尤其是完备的宗地权属信息，能够为土地及其附着物的产权活动提供有力的支持，避免不必要的权属纠纷。而城乡土地使用现状以“所见即所得”的使用功能作为用地性质，与实际权属并无关联，对于减量化这种涉及利益、权属的复杂工作，缺乏指导性。第二，按照国土部的要求，上海每年会对“二调”数据进行更新，及时反映最新变化和动态，从而确保“二调”数据的现势性，能够满足郊野单元规划对现状数据的时段要求（图 10-13）。第三，郊野单元规划是覆盖镇域的综合性规划，侧重点是集建区外，对农用地地类统计有很详细的要求。城乡土地使用现状的重点是城市建设用地，对农用地没有细分统计。第二次全国土地调查是对广大农村和城镇的全面调查，其中农村土地调查是重点任务，对农村土地特别是农用地的调查非常仔细，可细分至三级地类，从而为郊野单元土地整治规划内容的编制提供了强大的支持。最后，“二调”是国土资源管理的空间平台，后续的计划、审批、供应、补充、开发、执法等均以“二

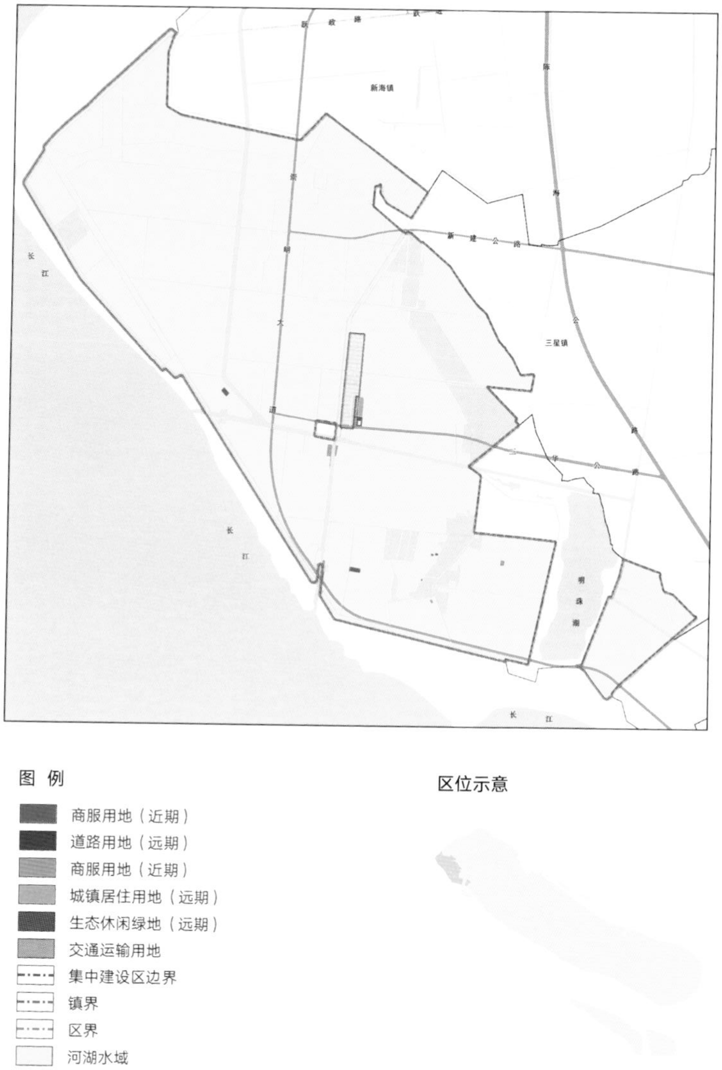

图 10-12
《崇明县绿华镇郊野单元规划》远期类集建区规划图
图片来源：上海市城市规划设计研究院

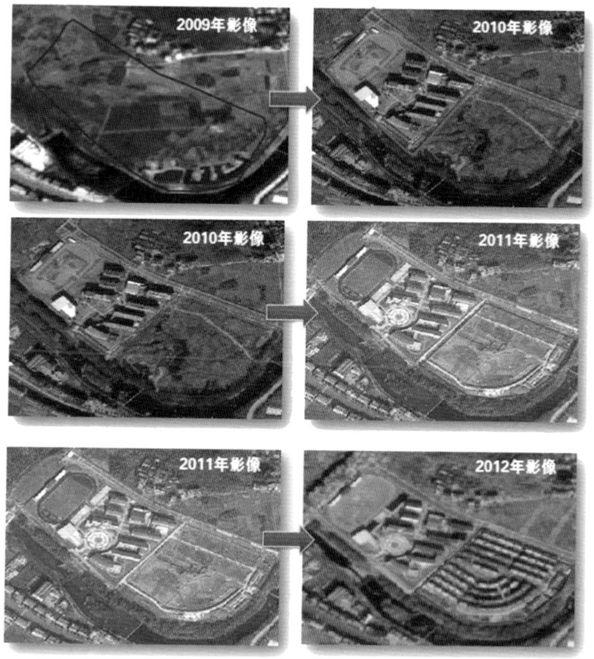

图 10-13
“二调”的常态化土地利用监测
图片来源：国土资源部网站

调”为依据，并且国家—市—区实现了数据的共享与统一，以“二调”为底板，能为后续减量化的立项、验收及计划下达、农转用等提供有效的信息支撑（图 10-14）。

当然，由于第二次全国调查开展周期较长，调研范围又太广，人力物力有限，与实际现状相比难免会出现一定偏差。为了减少现状误差的影响，确保基础底版的准确性和真实性，规划设计单位和有关乡镇可以对现状进行深入调研和摸底、比对后，向市规土局汇总“二调”数据和现状调查的差异情况，由市规土局对基础底版进行处理和更正。

10.3.2 采用统一的用地分类口径

郊野单元规划是覆盖镇域、统筹城乡的综合性规划。规划内容既包括集建区、类集建区的土地使用规划，又包含田、水、路、林、村的综合整治规划，它的用地分类要求与一般城市规划项目和土地利用规划项目均有所不同。

上海市一般城市规划项目采用《上海市控制性详细规划技术准则》（沪府办［2011］51 号发）的城乡用地分类（表 10-1）。在该分类中，按土地的使用性质，城乡用地包括城乡建设用地、农用地、水域和未利用土地。其中城乡建设用地分类最细，分为 11 个大类、50 个中类、54 个小类；农用地没有进行细分，简单地用 N 表示；水域和未利用地也只分出了水域（E1）和其他未利用地（E9）两种。该用地分类比较适用于以城镇建设用地为主的集建区。

土地利用规划的用地分类则采用《全国土地分类》（试行）标准。该分类是全国通行的用地标准，对农用地分类细分到三类，比较符合郊野单元土地综合整治的地类要求。但是由于上海《上海市控制性详细规划技术准则》中城乡建设用地分类考虑了上海自身规划管理的需求，与国标《城市用地分类与规划建设用地标准》的城乡建设用地分类不尽相同，也与《全国土地分类》（试行）中的建设用地分类存在一定差异。郊野单元规划也包含集建区、类集建区的土地使用规划，完全采用《全国土地分类》（试行）也不妥当，存在一定问题。

2008 年开始，上海推动城市规划和土地利用规划“两规合一”，并建立了用地分类标准，使城市规划和土地利用规划在用地分类上实现了无缝衔接。郊野单元规划本身就是城乡统筹的规划，也是“两规合一”的深化和落实，因此，上海郊野单元规划采用《两规合一用地分类》[1] 为地类标准（一般至二级地类，个别至三级地类）（表 10-2）。类集建区用地规划则采用《上海市控制性详细规划技术准则》的“城乡建设用地分类及代码”为地类标准（一般至大类，个别至中类），从而能够比较好地统筹集建区内外的规划和各专项规划，并与上位规划衔接。

图 10-14
国土资源综合信息监管平台
图片来源：国土资源部网站

表 10-1
《上海市控制性详细规划技术准则》的城乡用地分类及代码表

序号	代码	用地名称	范围
1	N	城乡建设用地	居住、公共设施、工业、仓储物流、对外交通、道路广场、市政设施、绿地、特殊用地、城市发展备建用地等用地
2	H	农用地	耕地、园地、林地、草地、设施农用地、田坎等用地
3	E	水域和未利用土地	城乡建设用地和农用地之外的土地
	E1	水域	江、河、湖、海、水库、苇地、滩涂和渠道等水域，不包括公共绿地及单位内的水域
	E9	其他未利用土地	由于各种原因未使用或尚不能使用的土地

1 上海市规土局《两规合一用地分类课题》研究成果

表 10-2

上海“两规合一”用地分类表

类别代码	一级类	类别代码	二级类	三级类
01	农用地	011	耕地	灌溉水田 望天田 水浇地 旱地 菜地
		012	园地	果园 桑园 茶园 橡胶园 其他园地
		013	林地	有林地 灌木林地 疏林地
		014	养殖水面	养殖水面
		015	坑塘水面	坑塘水面
		016	其他农用地	畜禽饲养地 设施农业用地 农村道路 农田水利用地 田坎 晒谷场等用地
02	建设用地	021	城镇居住用地	城镇单一住宅用地 城镇混合住宅用地
		022	农村居民点	农村宅基地 空闲宅基地
		023	工矿仓储用地	工业用地 采矿用地 仓储用地
		024	商服用地	商业用地 金融保险业用地 餐饮旅馆业用地 其他商服用地

类别代码	一级类	类别代码	二级类	三级类
02	建设用地	025	公共建筑用地	机关团体用地 文体用地 科研设计用地 教育用地 医疗卫生用地 慈善用地 宗教用地
		026	市政公用设施用地	水工建设用地 公共基础设施用地
		027	生态休闲绿地	墓葬地 瞻仰景观休闲用地
		028	对外交通用地	公路用地 铁路用地 民用机场 港口码头用地 管道运输用地
		029	道路广场用地	街巷
		020	特殊用地	军事设施用地 使领馆用地 监教场用地
03	水域和未利用地	031	河湖水域	河流水面 湖泊水面
		032	滩涂苇地	苇地 滩涂
		033	水利设施用地	水库水面
		034	其他未利用土地	荒草地 盐碱地 沼泽地 沙地 裸土地 裸岩石砾地 其他未利用土地

Part 4

第四篇

规划案例与研究

The Research of Planning Cases

崇明县三星镇育德村，王筱双摄

松江区新浜镇郊野单元规划

CHAPTER ELEVEN

The Countryside Unit Planning of Xinbang Township in Songjiang District

CHAPTER 11

SUMMARY

章节概要

松江区佘山镇新镇村，顾竹[illegible]

在前期理论研究的基础上，市规土局选择了松江区新浜镇、嘉定区江桥镇和崇明县三星镇试点郊野单元规划编制。通过不同地区的规划试点，面对城镇化的不同诉求，许多矛盾和问题都显现出来，这为后续政策制定和管理改革提供了参考和反馈。以下介绍三个试点之一的松江新浜镇郊野单元规划。

11.1 规划背景

新浜镇位于上海“两带两轴”的沪杭发展轴上，处于松江、青浦、金山交界地区（图 11-1）。境内虽有沪杭铁路、沪昆高速、申嘉湖高速，但由于距中心城较远，交通区位优势并不明显（图 11-2）。

新浜镇属于典型的远郊镇，其城镇化的道路与大多数以农业为主的城镇一样，在 20 世纪 80 年代前并无明显的集聚，随着沪杭铁路的建设以及乡镇企业的兴起，城镇化才开始加速，但由于其地理位置的偏远，受到中心城的辐射较小，承接的产业只是一些小型加工业，对地方城镇化贡献较小（由于乡镇企业是在当时农村制度空白期出现，地租很低，超额地价直接转为企业收入，而后续企业转制后并未补偿）。90 年代中后期，随着沪杭高速公路的贯通，以政府为主导，建设工业园，并尝试向第三产业转型，在 2006 年建设东方狐狸城，城镇化进入加速阶段，迅速达到 30% 以上（图 11-3）。在进入城镇化中期后，工业区以高速拓展，居民也逐步向城镇聚集。但此时由于十七大以后，上海加强生态环境建设，城市转型要求迫切“生态文明”战略的提出和上海城市转型的总体要求，新浜镇的建设规模受限，并划定了大量的基本农田，使城镇化进入相对停滞状态。

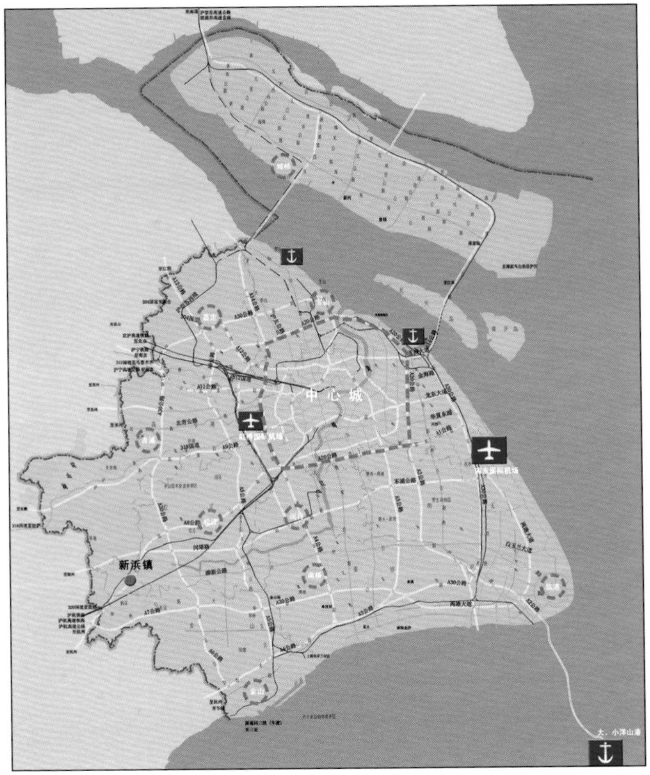

图 11-1
新浜镇区位图
图片来源：上海市城市规划设计研究院
《上海市松江区新浜镇郊野（SJXB01）单元规划》图集

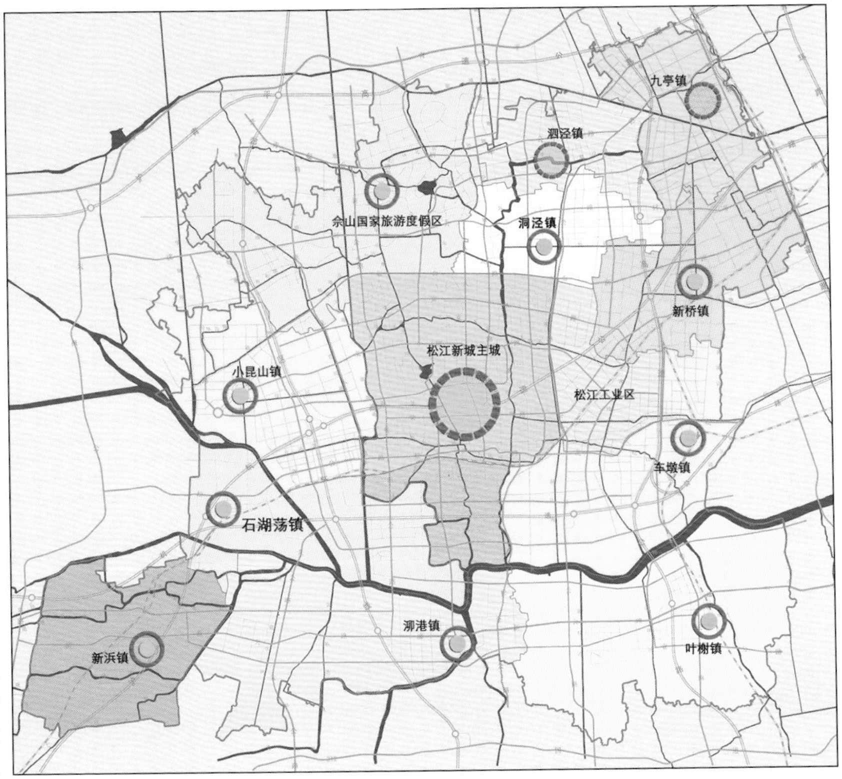

图 11-2
新浜镇交通区位示意图
图片来源：上海市城市规划设计研究院
《新浜镇新型城镇化发展规划》研究成果

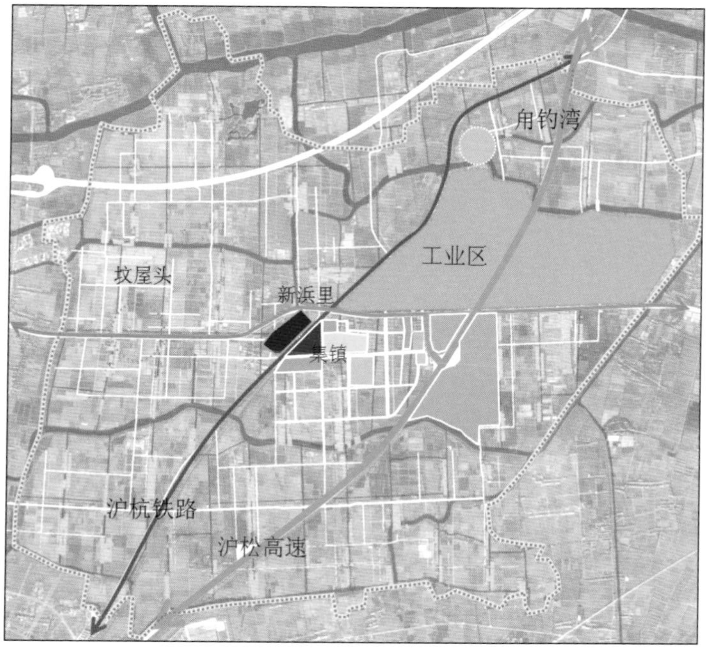

明朝末年：角钓湾形成集镇
清朝初年：新浜里开始有人居住
清朝中叶：坟屋头集镇形成
1909年：沪杭铁路建成
1930年：铁路侧形成一条街
1956年：新浜现行政范围形成
1972年：集镇向东发展
1990年：坟屋头消失
1995年：沪松高速公路新浜段开工建设
1999年：成立工业园管理委员会
2006年：东方狐狸城开业

图 11-3

新浜历史沿革示意

图片来源：《新浜镇新型城镇化发展规划》研究成果

目前，据统计，新浜镇 2013 年全镇实现国内生产总值 21 亿元，财政收入 1.39 亿元，农民家庭人均可支配收入 17 207 元（新浜镇 2014 年政府工作报告），经济发展水平在松江区处于下游。新浜镇当前的发展困境和发展诉求概括为以下三点。

1．发展空间受限，城镇化进程受阻

新浜镇现状城镇化率为 30% 左右，根据《新浜镇城镇总体规划》至 2020 年城镇化率应达到 70% 左右，镇区人口将达到 2.1 万人，大量农业人口需要进镇务工和居住。然而受土地资源制约，新浜镇集建区面积规划为 135.15hm^2，且无产业区块，未来发展空间较小，无法应对城镇化需求。因此，从新型城镇化发展角度来看，急需拓展城镇发展空间，并合理安排产业用地，实现人口就地城镇化。

2．企业能级不高，集体经济薄弱

新浜镇由于地处远郊，经济相对薄弱，文华村、胡家埭村均为 2012 年经济薄弱村，集体经济发展途径单一。新浜镇集建区外现状工业企业多为建材、五金加工类企业，税收低、能耗高，对村集体收入的贡献较小。同时，外来人口集聚，安全生产、社会稳定等存在一定隐患，使村集体管理成本逐年上升。因此，新浜镇急需淘汰一批低效高污染的工业企业，将节省的土地指标挂钩到土地级差较高的城镇区域，所获利益反哺于实施减量的集体经济组织。

3．农业规模化经营起步，基础设施有待改善

新浜镇至 2012 年已有家庭农场 260 户左右，形成了具有浦南特色的家庭农场模式。按照家庭农场的要求，每户耕种面积在 150 ~ 200 亩，推行种养结合模式。随着家庭农场的进一步铺开，对土地规模化的整理急需开展，部分禽畜养殖设施也需规划加以引导布局。同时为了提高农业生产效率，农业地区的道路、水利工程等建设也应提高建设标准。因此，从农业发展的角度来看，急需开展土地整治，并且引导各渠道资金投入基础设施建设，支持当地农业现代化的发展。

十八大和中央城镇化工作会议提出“新型城镇化”要求后，上海提出了以“减量化”为抓手的“新型城镇化”路径，新浜镇作为大量远郊小城镇的代表，探索试点的可行性，以问题为导向，通过减量化、土地整治和“造血机制”的建立，编制郊野单元规划，探索试点的可行性，寻找突破点，为上海小城镇的城镇化发展提供借鉴。

11.2 功能定位和发展策略

新浜镇规划功能定位为：上海市西南门户重要节点，黄浦江上游生态保护区，松江区重要农业生产基地，具有水乡风貌特色、紧凑发展、生态宜居的生态旅游型城镇。此定位阐明了新浜的区位特征和区域责任（黄浦江上游准水源生态保护区、松江农业生产基地的区域责任），区别于以往规划的“重城轻乡”，该定位聚焦城乡统筹目标，对城镇和郊野地区都提出了总体战略部署，助推城乡一体化（图 11-4）。

依据《新浜镇新型城镇化发展规划》研究成果，新浜镇域结构可以概括为“三个圈层”，即外围一产圈层、中部三产融合圈层及镇区核心圈层（图 11-5）。

为促进新浜功能定位的实现，规划确定以下发展策略。

1．有序实施减量化，助力生态保护责任的落实

通过对集建区外低效益、高污染的建设用地减量化，特别是对新浜黄

浦江上游生态保护区内的“198”工业用地进行减量，落实新浜水源安全责任。

2．开展土地综合整治，助推农业生产基地目标的实现

通过农用地整治，对田、水、路、林和未利用地资源进行重新整合和梳理，并通过建设用地复垦，为农业集中连片规模化经营、机械化生产提供条件，助推新浜成为农业生产基地，为大都市区提供高品质的农副产品。

3．引导类集建区规划，兼顾水乡风貌特色与紧凑发展目标

通过类集建区规划引导，明确其用地性质、开发强度等控制性指标，并对半市民化的类集建区安置模式进行探讨，探索一条既能保持水乡风貌特色、又能实现紧凑发展的新路径。

11.3 减量化规划和类集建区选址

11.3.1 减量化规划方案

1．近远期减量化方案

根据第二次全国土地调查成果，2013 年底新浜镇镇域总面积 4 474.98hm²，建设用地 1 016.12hm²，占土地总面积的 22.71%。集建区外现状建设用地 917.38hm²，其中“198”工业用地 330.68hm²，占集建区外现状建设用地总面积的 36.05%，主要分布在镇区东北部较为集中的工业园区内，工业园区外零散分布在各村中的工矿仓储用地 102.53hm²(图 11-6)。

为推动集约节约用地、促进产业结构转型，需对集建区外低效建设用地进行减量化。依据上位规划和新浜集建区外建设用地使用状况，郊野单元规划提出新浜近远期减量化的方案。在近远期目标的确定上，试点初步提出 1/6 的减量比例（即减量集建区外现状建设用地的 1/6），即 150 hm²，其中工业用地减量化不少于 1/3（50 hm²）(图 11-7)；远期指标应不小于《新浜镇土地利用总体规划（2010 — 2020 年）》中确定的拆除量（390 hm²）(图 11-8)。

在规划原则上，工业用地减量化近期首先将集建区和工业园区外，能耗大、有污染、效益差的企业进行减量化，远期针对搬迁难度较大、效益较好的企业进行减量化；宅基地减量化坚持自愿、公平的原则，建议整村推进；其他建设用地减量化中公共建筑用地与农村宅基地减量联动，其他休闲用地可在远期减量。

2．“198”工业用地减量化

集建区外“198”工业用地的减量化是郊野单元规划的重点和难点，

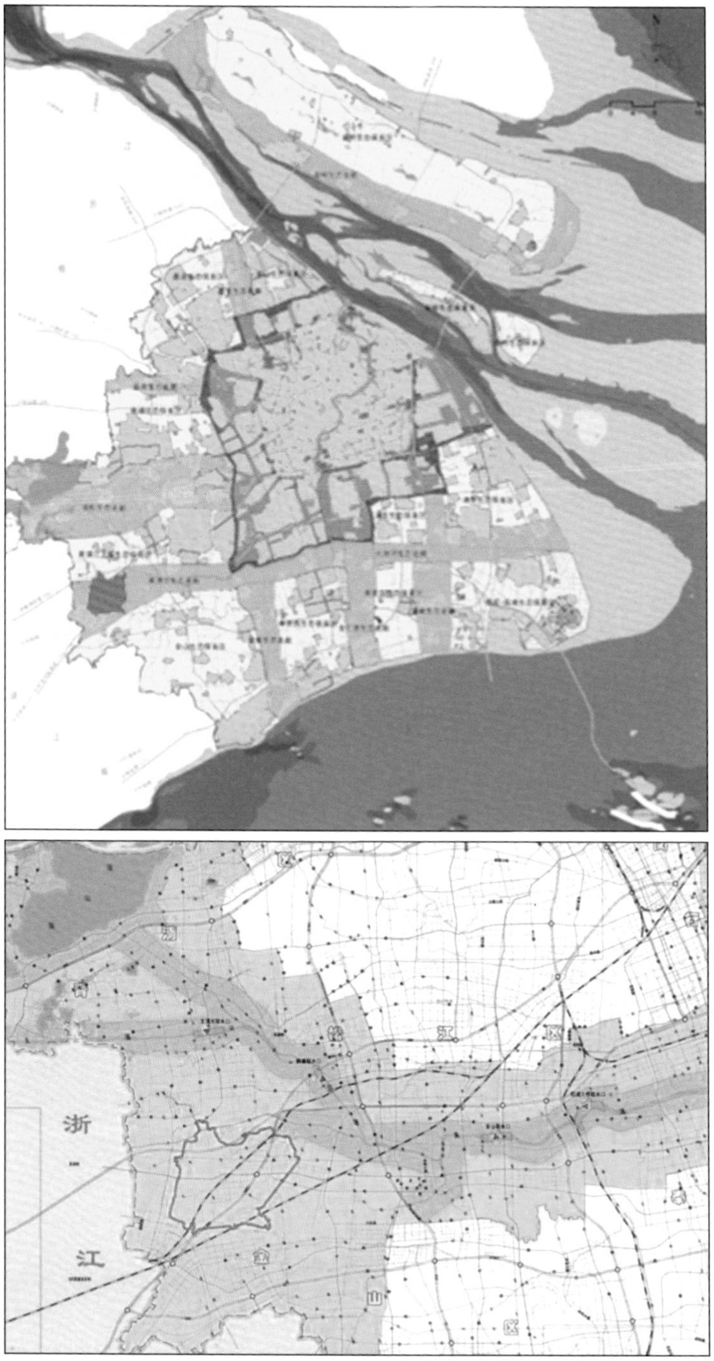

图 11-4
新浜镇生态区位示意
图片来源：《新浜镇新型城镇化发展规划》研究成果

表 11-1

新浜镇集建区外工业企业情况调查表示意（部分）

序号	土地权属单位	厂房权属单位	落户企业名称	土地租赁期限（年）	租金（万元）		厂房租赁期限（年）	租金（万元）		自来水年用水量（吨）	近五年总税收	年用电量（万度）	用工	
					年租金	近五年总租金		年租金	近5年总租金				本地	外地
28	陈堵村	堆场	上海源升石材有限公司	2012.1~2031.12	2	4	无建筑	/	/	/	/	/	/	/
29	陈堵村	曹晖	曹晖	2010.1~2013.12	0.25	0.75	自用	/	/	30	0.1	0.2	/	/
30	陈堵村	朱杰	上海哲远果蔬合作社	2010.1~2019.12	0.76	2.28	自用	/	/	30	0.06	0.3	/	/
31	陈堵村	堆场	上海新浜空心砖厂	2010.1~2039.12	3.911	11.7	无建筑	/	/	/	/	/	/	/
32	陈堵村	上海新浜空心砖厂	上海新浜空心砖厂	2010.1~2039.12	12.4	37.2	自用	/	/	600	50	10	5	110
33	陈堵村	上海舟润实业有限公司	上海舟润实业有限公司	2011.1~2057.7	15.75	78.85	自用	/	/	10000	35	240	12	75
34	陈堵村	上海瑞磊实业有限公司	上海润磊实业有限公司	2011.1~2057.7	31.5	157.5	分散出租	740	1480	8000	100	150	3	6
35	陈堵村	堆场	上海周润实业有限公司	2007.12~2015.11	5.72	28.6	无建筑	/	/	/	/	/	/	/
36	陈堵村	陈堵村委会	上海阿福现在有限公司	2013.7~2023.6	/	/	2013.7~2023.6	9	9	30	15	0.2	10	0

数据来源：《上海市松江区新浜镇郊野（SJXB01）单元规划》

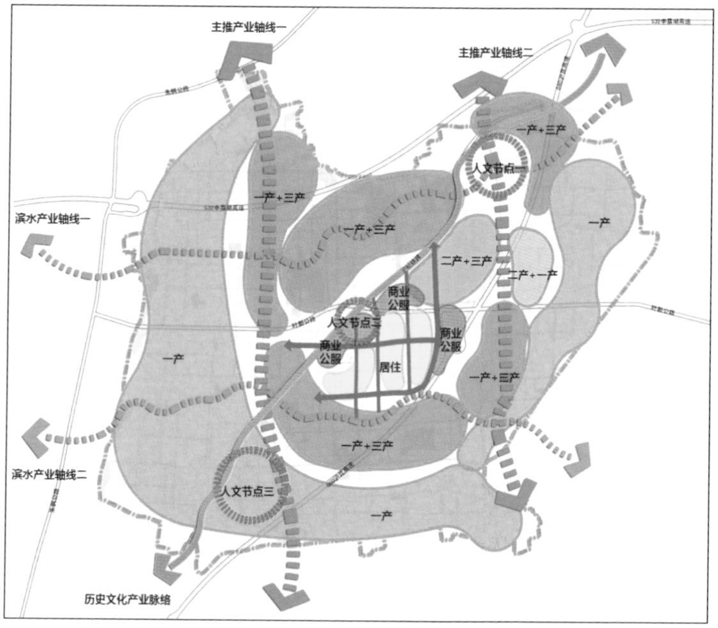

图 11-5

新浜镇镇域结构示意图

图片来源：《新浜镇新型城镇化发展规划》研究成果

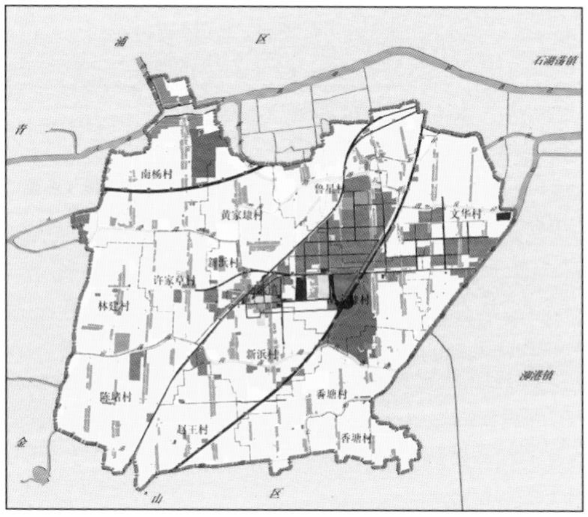

图 11-6
新浜镇土地利用现状图

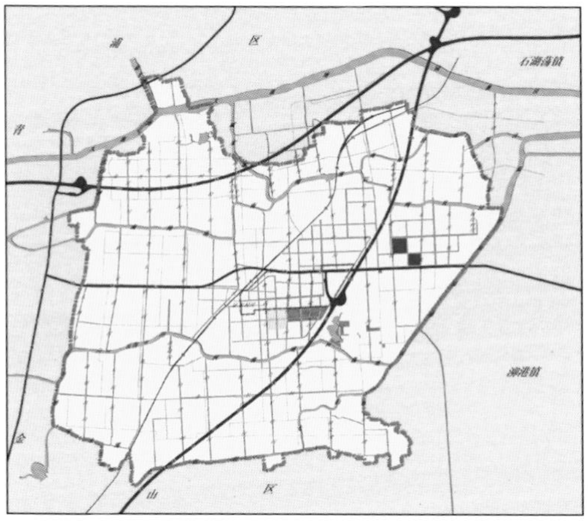

图 11-13
类集建区规划图（近期）

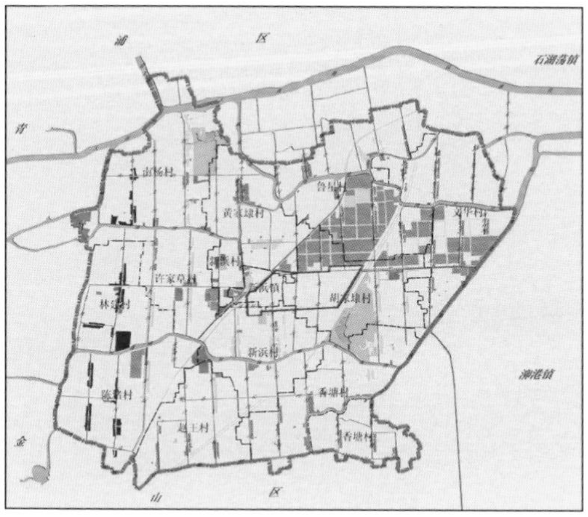

图 11-7
近期减量化方案图

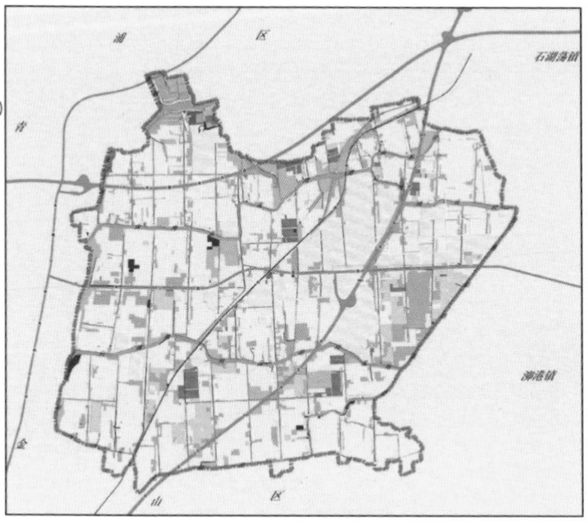

图 11-14
农业生产布局现状图

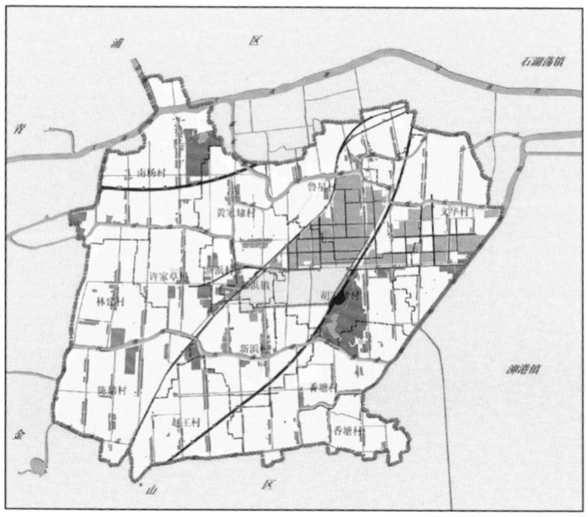

图 11-8
远期减量化方案图

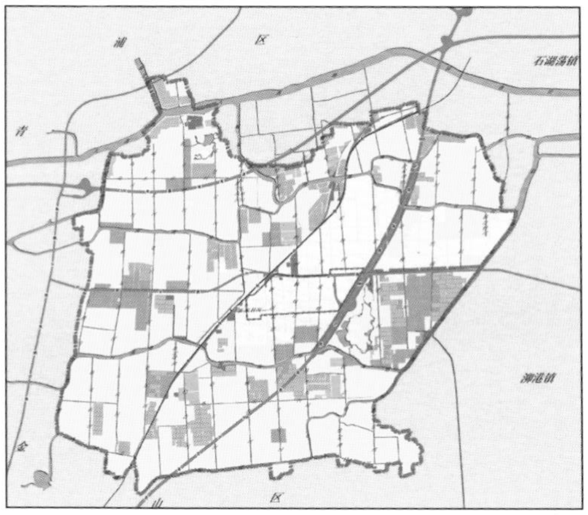

图 11-15
农业生产布局规划图

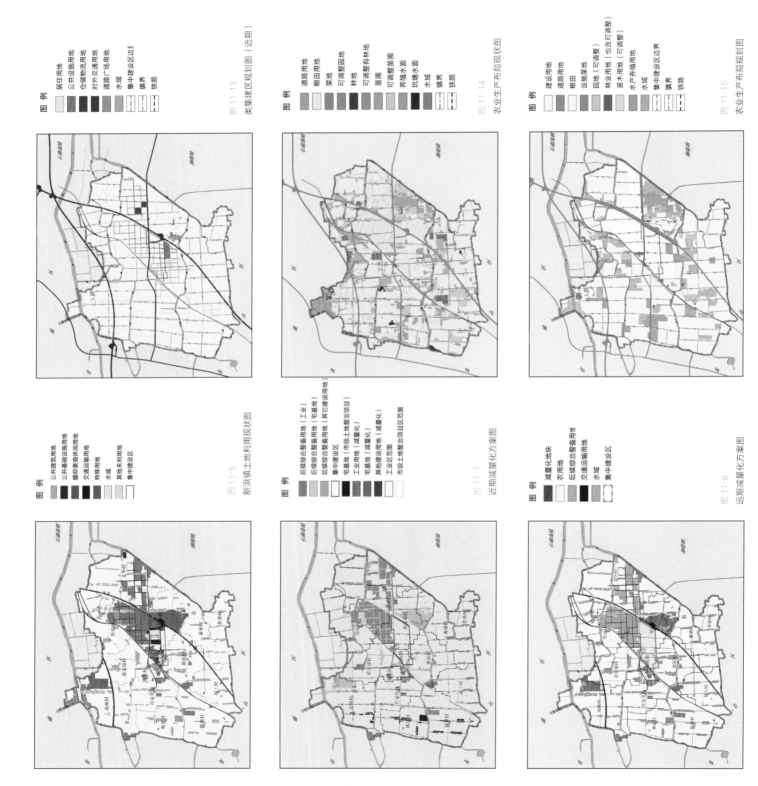

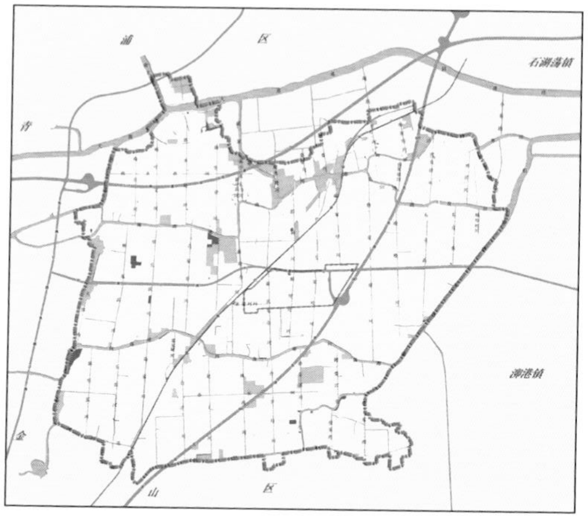

图 11-16
水域现状图

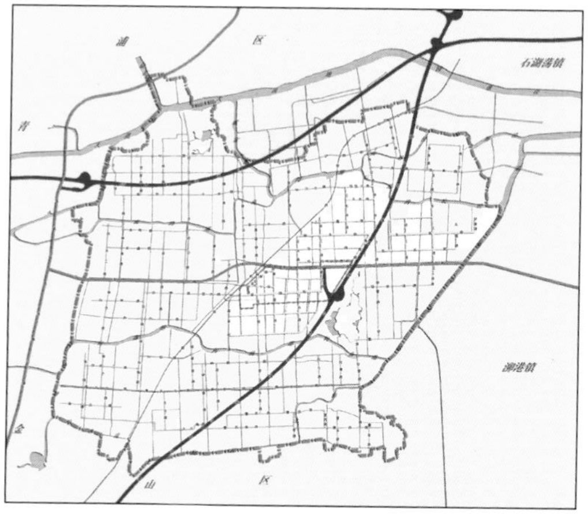

图 11-19
道路系统规划图

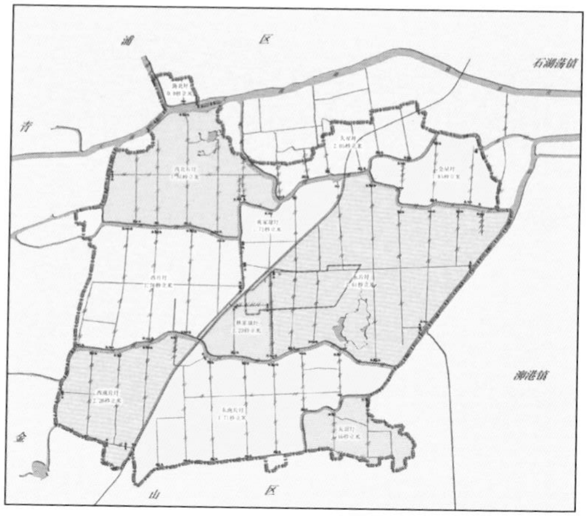

图 11-17
农田水利规划图

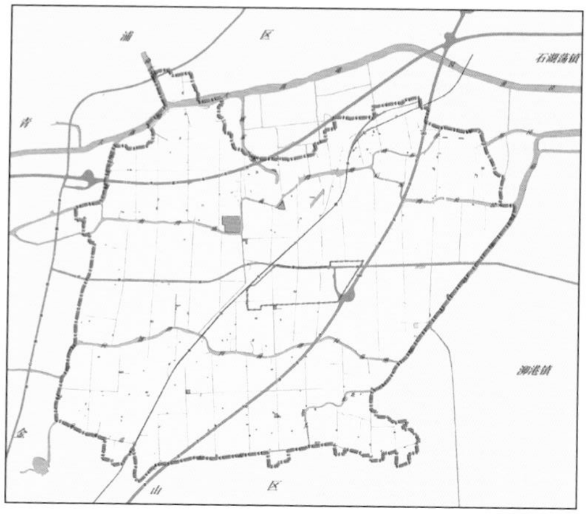

图 11-22
设施农用地现状图

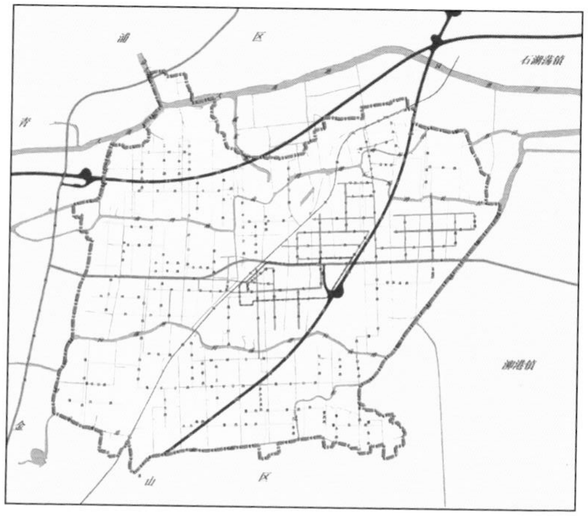

图 11-18
道路现状图

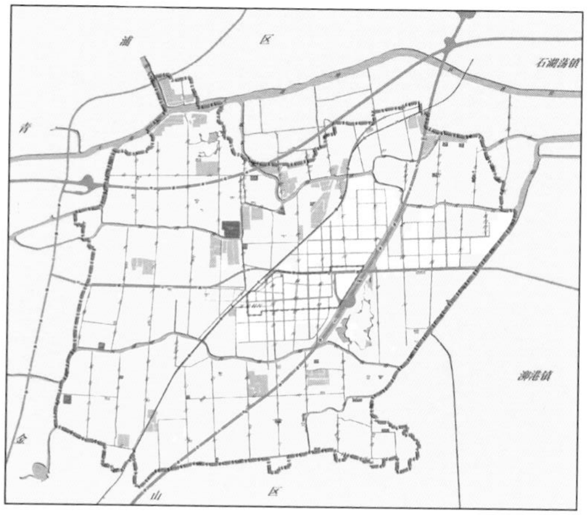

图 11-23
设施农用地规划图

图片来源：《上海市松江区新浜镇郊野（SJXB01）单元规划》

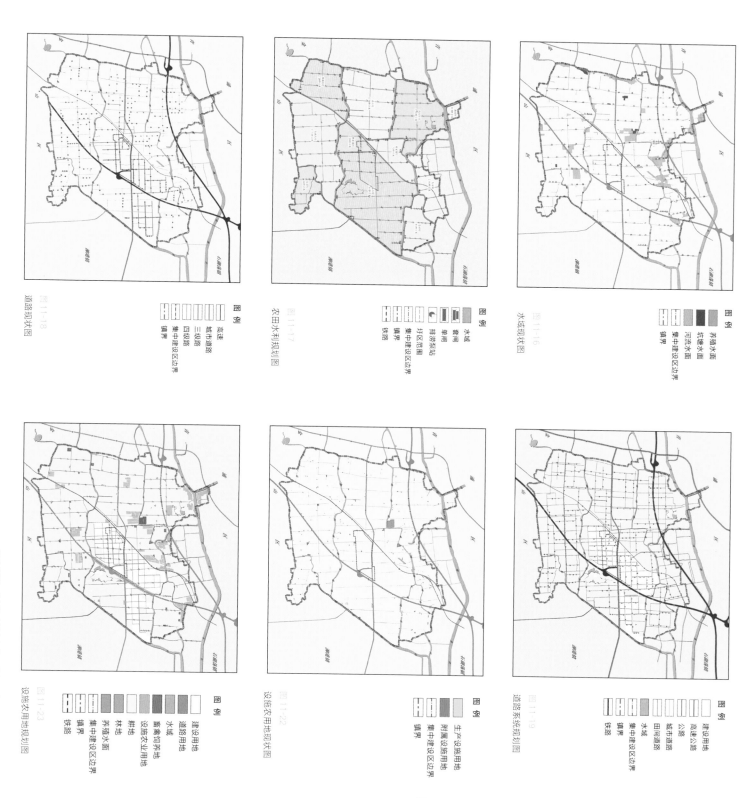

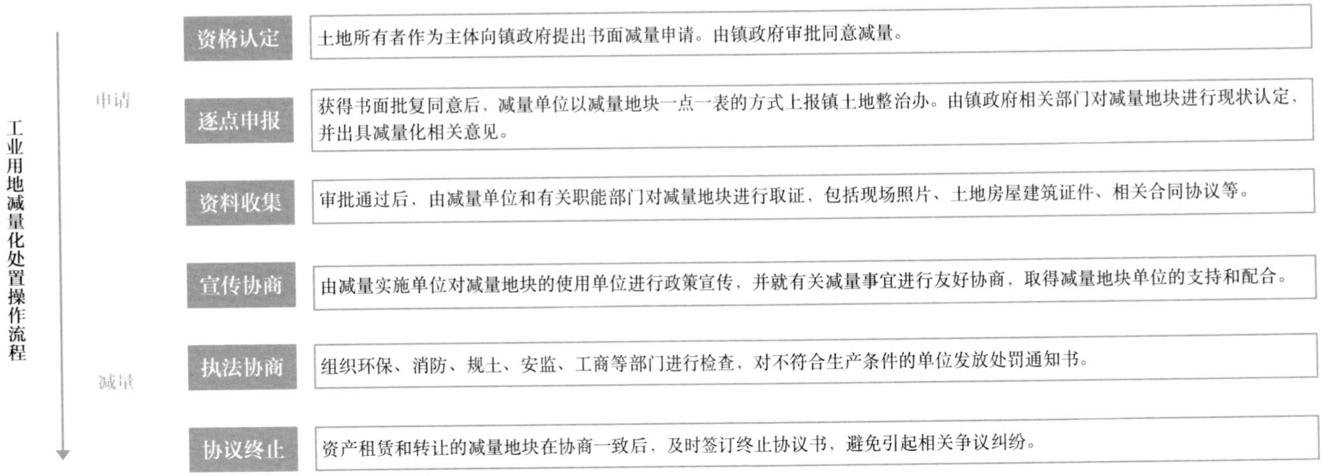

图 11-9

工业用地减量化处置操作流程图

规划因为是以“拆”为主，所以必须考虑这些“198”企业的权属和成本。通过对企业的权属、使用情况、经济效益、污染情况、减量化意愿等信息进行收集整合（表 11-1），规划对近期减量化的企业进行初步判断，后续再结合镇政府的意见予以明确。

依据现状调查，规划并未对“198”工业用地完全减量，近期对集建区外零散的、高污染、高能耗、低效益的“198”工业用地进行减量，远期考虑新浜长远发展需求，保留效益较好的企业，把新浜产业园区纳入后续综合整备用地[1]。尽管按照规划导向，“198”工业用地远期需要逐步淘汰，但部分“198”企业在吸纳劳动力、经济税收方面对镇村及居民有较大贡献，故新浜镇未采用一刀切的方式对其腾退，对于效益好的企业，规划引导其向 1.5 产业和 2.5 产业逐步转型升级；对于效益较差的企业，规划进行复垦或置换改造为生活用地，以提供满足新浜未来城镇发展的功能需要。工业用地减量化处置操作流程如图 11-9 所示。

3．宅基地减量化方案

新型城镇化的核心是以人为本。在新浜镇郊野单元规划宅基地减量化方案中，农民意愿是前提条件，因此，我们进行了一系列访谈和问卷调查。

根据调查结果，农村居民以三口和五口之家为主，53% 的调查对象全家都住在宅基地中；36% 在新浜镇就业，48% 调查对象在本村工作；平均住房面积为 176 m^2，81% 愿意进镇居住，39% 选小高层（12 层以下），74% 希望保留自留地；大多在镇内购物，95% 认为镇内可解决家庭基本生活购物需求；61% 因方便就近选择镇医院看病，其次因医疗条件好选择新城医院；有子女就学情况的，34% 在新城上学，在新浜上学的仅 28%；对于未来养老方式，31% 选居家养老，27% 居家养老和社会服务结合，22% 乡村养老，17% 养老院、老年公寓；绝大多数人希望增加老年健身中心、老年活动室、老年食堂等（图 11-10）。

1．后续综合整备用地是指规划范围内，按照镇域土地利用总体规划，在完成集建区外减量化任务（2020 年任务）后，计入集建区外可保留建设用地规模的现状建设用地。划为后续综合整备用地的现状建设用地可根据相关规划，对其功能、边界、布局进行优化。

文化村村委会副主任： 希望一个村能安置于一个小区，以便村委会管理。保留地方特色——“百姓戏台”。安置区增设老年食堂、红白喜事礼堂，保留农村风俗。

鲁星村村委会副主任： 本村是工业区内的“城中村”。剩余未拆迁的多为危房，村民城镇化呼声高。2800 多外来人口居住于此，房租 200~300/ 间，低于镇区 700~800 元两居室租金。村委会治安、卫生管理成本高。

林建村村委会副主任、旅游公司管理人员： 农民市民化中需解决两个问题：就业机制完善和对农民生活方式的尊重。新型城镇化中，也需要进一步挖掘乡村旅游特色，新浜现有 18 个乡村旅游景点，17 个均为企业投资，政府配套不够。

集体讨论： 新浜现有三类家庭农场：纯家庭农场、机农结合家庭农场、种养结合家庭农场。居民承包家庭农场意愿高，该生产模式下，家庭农场承包户净收入增加 10 万元 / 户。建议农村建设用地复垦后新增耕地，镇统一成立资产公司，村集体和农民按股分红，现有 6% 的经营回报，农民觉得很好。

三峡移民代表： 希望采用以房换房的方式；但是置换房装修费难以负担。儿子周末会从新城回家，希望除了安置房还可以配半分自留地，就能种菜给儿子吃了。

鲁星村村民代表： 习惯乡村生活，除非镇区配套足够完善、安置房足够大、停车位够，否则不愿进镇。子女都住新城。镇区医院科室不齐，床位不够。农商行窗口少，取养老金至少半天。活动场所一个太少。

方家哈居委会代表： 城镇老龄化严重，老人健身场所等配套设施不足。现有助老家政服务先去政府申请，再按照内容由服务对象和政府共同出资，100~300 元不等。需增加对特殊老人服务，如提供饭盒上门服务。镇区内现居住一部分人，由居委会进行管理，但是身份依然是农民。

南杨村村委会副主任： 95% 村民愿意进镇，希望实现社保市民化。村内现有老人多，尤其在老人医保方面加以完善。安置房户型不尽人意，6 尺床放不下。希望拿到两套房子，因子女不接受老人以房养老。

图 11-10

访谈意见整理

宅基地减量化处置操作流程

自愿申请：自愿换房的农户，由宅基地拥有者填写《“以房换房”申请表》，并由全体家庭人员（成人）签字后提交村委会审核确认后盖章。

▼

核查审批：村委会将《申请表》并附该户宅基地使用证复印件上报镇土地整治办公室，由村镇办和规土所分别审核确认后盖章，最后经新浜镇人民政府审核同意后实施置换。

▼

评估补偿：由镇新芃公司委托有资质的专业评估公司，对涉及申请户房屋统一进行评估，计算出置换补偿费；同时，根据房屋成新率确定残值补贴等级标准，由村老党员、老干部、村民代表进行评估，计算出残值补贴费，确认后上墙公示。

▼

签订协议：为方便今后办理产权证，申请户需与动迁公司签订搬迁协议，同时，由镇新芃公司与申请户签订购房置换协议。置换补偿费实行代付代收（申请户补偿费用于购买新芃公司建造的安置房），残值补贴费由新芃公司发放。

▼

交证领房：协议签订后，由新芃公司通知申请户领取安置房钥匙。领房时，申请户同时上交宅基地使用证原件。

图 11-11

宅基地减量化处置操作流程图

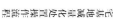

以房换房 农民自愿

实行以房换房、自愿参与的原则，即以宅基地上的旧房换取集镇区域内的新建安置房。同时，充分尊重农户意愿，不强求，不强拆，在自愿申请的基础上，按照操作程序规范实施，做到公开、公平、公正。

依据事实 残值补偿

对自愿申请以房换房的农户家庭，原则上以应批准建造宅基地占地面积和建筑面积的标准进行置换。同时，尊重历史事实。对等于或大于应置换面积的房屋残值予以评估，进行适当的补偿。

联排联动 统一置换

根据本镇农户宅基地分布特点，为了切实抓好土地整理复垦，采取“联排联动”方式。这是指互相搁墙建造的联排，即在整排宅基地用户全部自愿申请“以房换房”的前提下，统一予以批准置换，并按程序操作。如有任何一户不愿置换，则该整排房屋统一暂不置换。

户口性质不变 土地权属不变

自愿申请实行“以房换房”政策的农户进镇居住后，其户口性质不变，仍为农业户口；其承包经营的土地和村属土地权益不变，归该农户和该村集体所有。

图 11-12
宅基地置换政策

根据问卷调查以及访谈结果，坚持自愿、公平的原则，同时考虑有利实施的原则整村推进减量化，规划近期减量化主要涉及南杨、林建、陈堵、许家草、黄家埭、鲁新、文华、香塘、新浜村、赵王 10 个村，总户数 4 617 户（含市级土地整治项目），远期单元内农民宅基地将全部减量化。宅基地域量化处置操作及宅基地置换政策如图 11-11，图 11-12 所示。

11.3.2 类集建区选址

近远期减量化方案

新浜镇规划的类集建区主要用于农民（1 716 户）搬迁安置用房、集体“造血”产业用地、休闲、旅游、度假等现代服务业用地。近期规划类集建区总用地规模 51.99 hm^2(图 11-13）。

11.4 土地整治规划

11.4.1 农业布局规划

新浜镇现有农地面积约 3 164 hm^2，其中耕地面积约 2 635 hm^2，占农地面积的 83%（图 11-14）。种植模式为稻、麦、绿肥轮作。经过现状调查和分析，发现新浜现状种植以粮田为主，部分粮田进行过整理，未经整理的粮田较为细碎，不利于“家庭农场”[2] 的规模化经营；同时，部分菜地、林地、园地、养殖水面等不具规模，是本次规划主要整治对象。

通过与农业主管部门的对接，规划尊重新浜农业生产现状，适当调整了耕地、园地、林地、养殖水面等用地的规模和布局，确定新浜镇农业种植规划以水稻、麦等粮食种植为主、蔬菜种植为辅，局部发展花卉苗木、水产养殖和瓜果的总体结构，确保农产品总量。

经过整理，规划期末，单元规划耕地 2 760.46 hm^2，新增耕地 477.02 hm^2，新增耕地主要来自建设用地的减量复垦和养殖水面、坑塘水面的耕地复垦（图 11-15）。

11.4.2 农田水利系统规划

新浜镇郊野单元内河系纵横，分布有规律，现状河湖水域面积 288.66 hm^2。依据现状调查，新浜现状河湖水面面积偏小，但基本满足灌溉排水需求；部分河道水质受到一定污染，需要疏通和整治（图 11-16）。

通过与水务部门的沟通，规划河湖水域面积增加至 310.94hm^2，在

2. 家庭农场是指以家庭成员为主要劳动力，从事农业规模化、集约化、商品化生产经营，并以农业收入为家庭主要收入来源的新型农业经营主体。

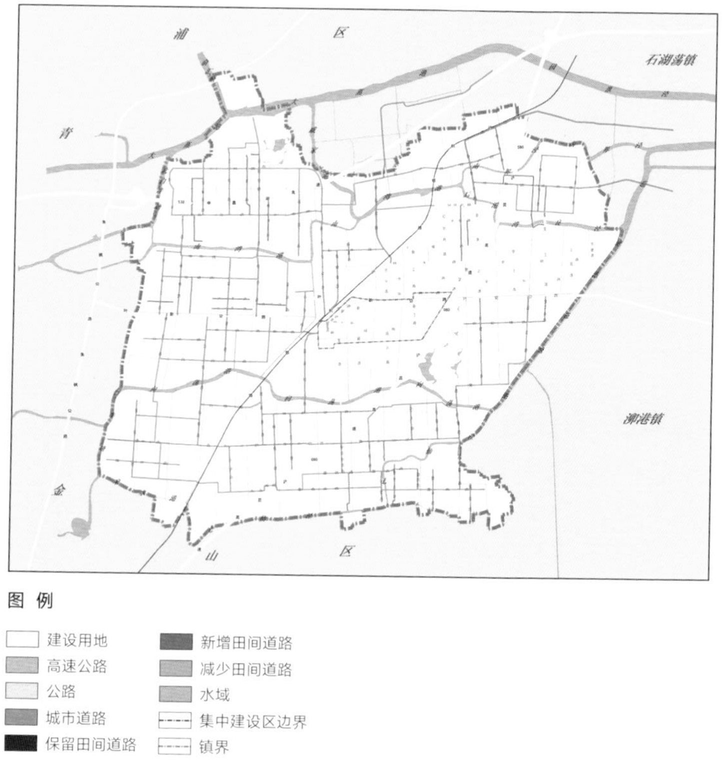

图 11-20
田间道路建设图
图片来源：《上海市松江区新浜镇郊野（SJXB01）单元规划》

内河与外河之间设水闸和排涝泵站，并将整个单元根据自然河道划分为 11 个圩区，规定了每个圩区具体控制面积和排涝泵站流量。同时，对农田灌溉排水也进行了原则性的安排（图 11-17）。

11.4.3 田间道路系统规划

新浜道路存在的主要问题是部分田间道路连接不畅，道路体系不完善（图 11-18）。规划在充分利用现有道路的基础上，规划宽度 4 ~ 6m 的田间路总长度 85.3 km，在单元内形成联系便捷、间距合理的方格路网体系（图 11-19）。按照本规划的目标，区内道路建设既要满足农业机械田间作业的需要，又能保持单元内农业附属设施与外界便捷的交通联系。，为此，单元拟改造和新建田间路，并参考村庄建设用地减量，减少部分村庄内部道路。规划新增田间路总长约 22.6km，减少田间路总长度约 10.8km（图 11-20）。田间道路断面如图 11-21 所示。

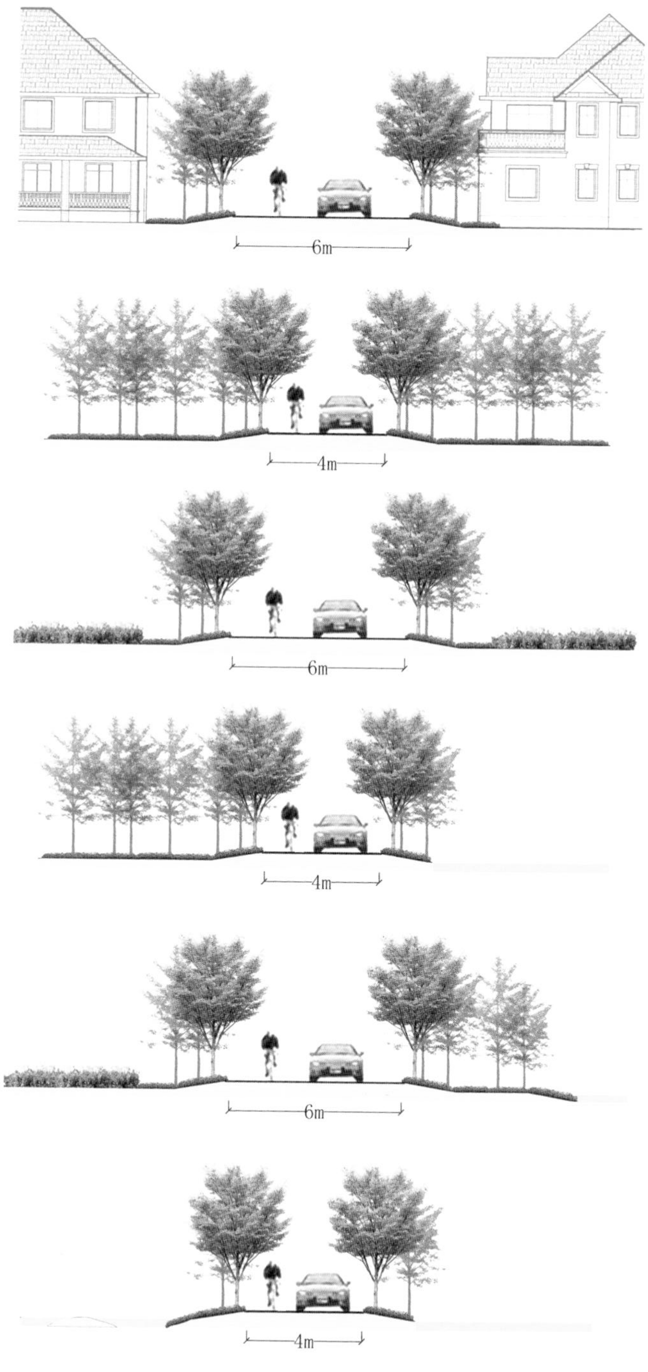

图 11-21
道路断面示意图
图片来源：《上海市松江区新浜镇郊野（SJXB01）单元规划》

11.4.4 设施农用地规划

设施农用地具体分为生产设施用地和附属设施用地[1]。镇域内现状生产设施用地主要为水产养殖用地和畜禽养殖用地，总面积 213.14 hm^2，部分为家庭农场“种养结合”的养猪场；现状附属设施用地主要为管理用房、仓库和晒谷场等，用地面积 7.46 hm^2。设施农用地分布较为零散，大部分畜禽养殖用地规模较小（图 11-22）。

规划建设多个种养结合的家庭农场生产基地（图 11-23）。该生产基地以水稻种植为主，并实施公司联合粮食家庭农场，实行规模化、专业化生产（图 11-24）。在实施猪 – 粮相连接的生态种养模式方面，基地将积极推进农作物秸秆还田，收集生产基地内农业废弃物，与猪粪尿混合，通过添加生物菌发酵处理制作有机肥，当作肥料重新还田，以增肥地力改善土壤，实现农业生产自身良性循环，对新浜现代生态农业产生示范效应。

11.5 农民安置和集体造血

11.5.1 农民安置

集建区外现状宅基地的减量化将带来农业人口的搬迁与集中安置。近期减量化方案中，新浜镇宅基地共减量 92.52hm^2，集中分布在胡家埭村、黄家埭村、南杨村等 9 个村庄，涉及搬迁农民 3 490 户。现场调研发现，经过上轮村庄整治后，新浜镇宅基地基本呈现沿河分布的特征；村宅大部分是砖瓦结构的两层建筑，部分房屋老旧、居住条件较差。与和大多数地区一样，新浜镇也面临着日益严峻的农村空心化、老龄化问题，青壮年劳动力选择到镇里、松江新城或周边乡镇打工的居多，真正愿意留在当地务农的年轻人已经越来越少。农民集中安置既能推进土地集约利用，又能为实现社区养老创造条件（图 11-25）。

根据“农民自愿、依据事实”的原则，新浜镇按照 1:1 比例面积进行房屋置换。农民以宅基地换取等建筑面积的安置房，选择进集建区或类集建区统一安置，充分享受均等化的公共服务设施，生活环境将得到显著改善。

近期在集建区南部规划 13.46hm^2 的安置基地，因紧邻集建区，该地区已具备较好的交通、市政配套设施，规划容积率为 2.0，配套用房（物业管理、居委等）按地块建筑总量的 10% 计算，可安置搬迁农民 1 716 户。剩余 1 774 户农民安置在集建区内，规划安置基地 16.11hm^2，容积率为 1.6，可实现人口就地城镇化。换取安置房后，搬迁农民仍然保留原有农业户口和承包经营地，将土地流转给种粮大户，每年可得到 800 元 / 亩的额外收益。

11.5.2 集体造血

新浜镇集建区外的企业多为建材、五金加工类企业，亩均纳税水平较低，总体质量和效益不高，“调结构、促转型”任务繁重。郊野单元规划遵循“优胜劣汰”的原则，淘汰集建区外能耗大、污染重、效益差的企业，减少粗放用地的规模。不容忽视的是，减量化的企业大多是农村集体经济组织的产业，尽管这些企业对村集体收入的贡献不大，但是，仍有相当数量的当地村民和外来务工人员以此为生。低效高污染企业减量化后，如何保障集体经济组织和工人的利益，是当地政府和规划编制者最为关注的。

新浜镇将节省的耕地占补平衡指标和新增建设用地指标挂钩到土地级差地租较高的城镇区域，所获利益反哺于实施减量的集体经济组织，并在新浜工业园内规划两块仓储用地，共 11.36hm^2，定向出让给集体经济组织，建立“造血机制”。

新浜镇工业园位于镇区东北部，园区内道路、市政等配套齐全，由于松江区产业发展导向调整，园内工业用地曾一度受限，规划实施前尚有大量“箱子地”（四周为市政道路）为农用地。近期类集建区落地于工业园区，填补了园内“空隙”，有利于加速新浜工业园形成产业集聚、企业成链的现代工业园区。新浜镇政府的集体资产公司通过公开土地交易市场获取两块用地的土地使用权后，筹资建成厂房，再由宏新公司专门负责招商引资。除了对实施减量化的企业提供合理的资金补偿，新浜镇还为集建区外效益良好的企业入驻工业园区打开“绿色通道”。经过筛选评估，符合新浜未来产业发展导向的企业享有优先租赁权。原集体经济组织将各村实施减量化的企业用地面积汇总，根据有证、无证按不同的比例折合成股份，每年可分配丰厚的分红。

1. 依据国土部、农业部《关于完善设施农用地管理有关问题的通知》（国土资发 [2010]155 号）和《上海市农村建设有关设施用地标准（试行）》（沪规土资综 [2010]270 号）的相关规定，生产设施用地是指在农业项目区域内，直接用于农产品生产的设施用地；附属设施用地是指农业项目区域内，直接辅助农产品生产的设施用地。

图 11-24
种养结合家庭农场现状，吴沅箐摄

图 11-25
新浜郊野单元规划减量宅基地和安置基地实景
图片来源：（左）新浜镇香堂村，刘俊摄；（右）新浜安置基地，殷玮摄

图 11-26
新浜郊野单元规划减量企业
图片来源：（左）刘俊摄于新浜镇许家草村；（右）刘俊摄于新浜镇赵王村

附：松江区新浜镇新型城镇化发展规划调查问卷

尊敬的新浜镇居民：

您好！

我们正在编制《松江区新浜镇新型城镇化发展规划》，为了了解本镇公共设施现状及居民对公共设施的意见和建议，以达到更好地满足居民生活需求和提高生活品质的目标，特向您作此项问卷调查。本问卷调查是此次规划工作的一个重要环节，也是本镇公共设施重新规划布局与调整的重要依据。您的意见和建议，对于我们工作的有效开展具有重要意义，感谢您的大力支持与帮助！

新浜镇人民政府

上海市城市规划设计研究院

填写说明：请在您认为正确的选项前面“□”里打钩。

一、基本信息

1. 您的年龄

□ 18~25　　□ 25~30

□ 30~40　　□ 40 岁以上

2. 您的性别

□男　　□女

3. 您的文化程度

□小学及以下　□初中　□高中及以上

4. 您的家庭成员个数 ____，其中小学及以下的有 ____，初中的有 ____，高中及以上的有 ____

A.1 人　　B.2 人　　C.3 人

D.4 人　　E.5 人　　F.6 人

G.7 人

5. [1] 您是否有家庭成员不住在新浜镇里？

□有　　□没有

[2] 如果有，那他们现在住在哪里？为什么？

6. 您工作单位在

□新浜镇　　□枫泾镇　　□嘉兴

□松江新城　　□上海市区　　□已退休

□其他 ________

7. 您是何种类型员工？

□务农　　□公务员、事业单位

□生产工人　　□公司职员　　□其他 ________

8. 您的配偶的工作单位在？

□新浜镇　　□枫泾镇　　□嘉兴

□松江新城　　□上海市区　　□已退休

□其他 ________

9. 您的配偶是何种类型员工？

□公务员、事业单位　　□生产工人

□公司职员　　□其他 ________

10. 您目前的住房建筑面积是多少？

____

11. 您是否有改善居住条件购买商品房的意向？如果有，您准备买在哪里？

□有　　□暂时不考虑

二、交通情况

1. 您家拥有小汽车数量：

□没有　　□ 1 辆

□ 2 辆　　□更多

2. 您日常外出主要的交通方式：

□步行　　□自行车、电瓶车

□摩托车　　□公交车　　□家用汽车

3. 每月去松江城区次数：

□ 0~5 次　　□ 6~10 次

□ 11~20 次　　□ 21~30 次　　□ 30 次以上

4. 您去松江城区会选择什么交通工具：

□电瓶车　　□摩托车

□公交车　　□家用汽车

三、公共服务设施

1. [1] 您外出购物休闲主要目的地是

□新浜镇区　　□松江新城

□上海市区　　□其他 ________

[2] 多久去一次？

□ 每天去　　□ 一周去两三次

□ 一周去一次　　□ 一个月去一次

□ 几个月去一次

2. [1] 您是否可以在镇内解决家庭基本的生活购物（生活必需品比如油盐酱醋、大米、牛奶等）

□ 可以满足　　□ 无法满足，具体原因 ________________

____

[2] 您家庭基本的生活购物（生活必需品）一般在哪购买？

□没有　　□ 1 辆

□镇内小超市　　□新浜镇区的大型超市

3. [1] 您平时买菜方便吗？

□方便　　□不方便

[2] 您平时在哪买菜？

□小区内菜场　　□小区马路菜场

□新浜镇区菜场　　□其他 ____________________

4. 您平时看病首选在哪里？ ____________

一般会去哪里？ ______________

为什么 ？

A. 新浜镇的医院　　B. 周边镇上的医院 __________

C. 松江新城的医院　　D. 上海市区的医院

E. 其他 ________

5. 您子女在哪里上学？（可多选）

□新浜镇　　□泖港镇

□叶榭镇　　□枫泾镇

□松江新城　　□上海市

□其他 ________　　□没有子女在上学

6. 您更倾向于以下哪种养老方式？

□住养老院、养老公寓　　□居家养老

□老人在家居住与社会化上门服务结合

□乡村养老　　□异地养老

7. 您认为以下哪些老年活动设施是需要的（可多选）？

□老年食堂　　□老年活动室　　□老年健身中心　　□其他

8. 您对本镇公共服务设施（菜场、文化体育、教育、医疗卫生、商业金融等）是否满意？有什么建议？

四、其他方面

1. 您觉得新浜镇近几年的发展是先进还是落后（与周边枫泾镇、泖港镇、叶榭镇等比较）？理由是什么？

2. 您对本镇的发展还有其他什么建议？

本问卷到此结束，再次感谢您的大力支持，让我们共同打造您的美好生活家园！

CHAPTER TWELVE

青西郊野单元（郊野公园）规划

Country Park Planning of Qingxi Area

CHAPTER 12

SUMMARY

章节概要

青浦区练塘镇长河村，李贤摄

12.1 规划背景

依据《上海市基本生态网络规划》（上海市城市规划设计研究院，2011），按照“聚焦游憩功能、彰显郊野特色、优化空间结构、提升环境品质”的规划理念，在郊区初步选址了 21 个郊野公园，总用地面积约 400km² 。近期重点规划建设青浦青西、松江松南、闵行浦江、嘉定嘉北、崇明长兴 5 个试点郊野公园，总面积约 103 km²（图 12-1）。

郊野公园所在的区域大多位于经济较为落后的市郊农业地区，虽然拥有优越的生态、农业及旅游资源，但为了保护这些生态资源，这些地区长期受控而无法发展，其拥有的优势资源无法转化为当地百姓的经济收益，形成了“要发展——政府管制——违规建设——破坏生态——不满加剧”的恶性循环。郊野公园的建设对这些地区来说是一次发展契机，既能更好地保护当地生态环境，又能使该地区的优势资源得以开发，实现产业转型并为当地农民提供就业，同时也使上海市民可以享受到这些自然资源。

如何在这些生态敏感的区域建设郊野公园，如何将农业产业与旅游产业更好地的组织在一起，这些都是郊野公园单元规划需要研究的问题。郊野公园单元规划是郊野单元规划的一种特殊形式，它的范围以郊野公园为界，在现有郊野单元规划的内容深度上，更突出生态保护、景观设计和旅游策划，以下就以青西郊野公园单元规划为例，介绍其主要特点。

青西郊野公园所在的青松生态走廊位于青浦区和松江区交界处。青松生态走廊内包含上海最大的淡水湖淀山湖、一部分黄浦江水源保护区、佘山国家级森林公园、大莲湖湿地公园、北竿山国家级森林公园、泖塔森林公园、崧泽古文化园等重要的生态资源。青松生态走廊也是长三角“一核、三带、一半环”生态格局的“三带”之中以太湖为中心，向东延伸至上海，向西延伸至南京的中央生态带的沿太湖生态走廊的组成部分，是保护上海市水资源可持续利用，保障上海市饮用水安全的重要区域，保护长三角区域环境，保障生态安全，促进长三角可持续发展的重要廊道。

青浦区规划充分挖掘以淀山湖为核心支撑的水文化内涵，体现新江南水

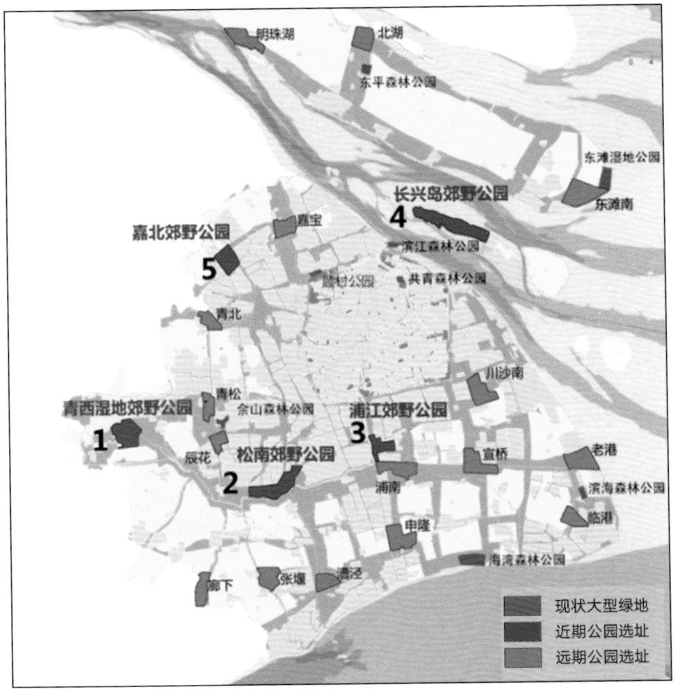

图 12-1

上海市郊野公园与基本生态网络区位关系

资料来源：上海市郊野公园布局选址和试点基地概念规划

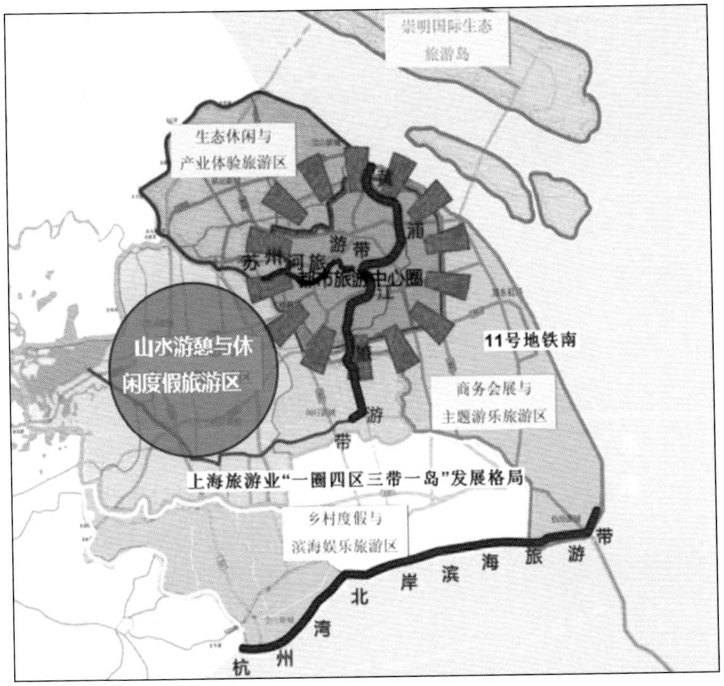

图 12-2

上海市游憩区分布图

资料来源：上海市青西郊野单元（郊野公园）规划

图 12-3
青西郊野单元（郊野公园）现状肌理图
资料来源：上海市青西郊野单元（郊野公园）规划

乡的生活智慧，集人文生态游憩、滨湖休闲度假、商务会展游憩、新兴游憩业态和生态居住于一体，将青浦建设成为长三角地区转变游憩发展方式的率先启动区，重点建设淀山湖新城综合游憩区、商旅文互动融合发展区、淀山湖游憩度假区三大功能区，形成“两带三区”的游憩发展空间布局体系，形成面向长三角的水陆复合型游憩集散和休闲度假中心（图 12-2）。

青西郊野单元（郊野公园）规划是将土地整治、增减挂钩等土地政策工具与郊野地区空间、生态、景观要素开发相融合、创新郊野公园实施目标和实施途径的一次探索，对于完善上海郊野地区规土管理、锚固上海城市总体空间结构和生态格局、推动新型城镇化和新农村建设、落实上海“创新驱动、转型发展”的总体要求具有重要意义。

12.2 规划理念及目标

12.2.1 青西郊野单元（郊野公园）规划理念

青西郊野单元（郊野公园）位于青浦区西南部、淀山湖南侧，毗邻西岑镇和青浦新城，是淀山湖、太浦河、泖港三水交界的地势最低洼处，总面积约 21.85 km²。现状以“湖、滩、荡、堤、圩、岛”等水环境为主要特色，总体上呈现“四分水，三分田，一分林，一分村”的特点，中部是面积近 1 km² 的大莲湖（图 12-3，图 12-4）。

图 12-4
青西郊野单元（郊野公园）现状环境
来源：上海市城市规划设计研究院

基于青西郊野单元（郊野公园）“湖、滩、荡、堤、圩、岛”特色水环境和江南水乡肌理，结合青西郊野公园建设，总体定位为以生态保育、湿地科普、农业生产、体验休闲为主要功能的远郊湿地型郊野单元（郊野公园）。以“梦 · 江南”为主题，对“水、田、林、路、村、风、土、历、人、文”十大要素进行详细设计，形成“一湖静水，二港三湾，四五横舟，

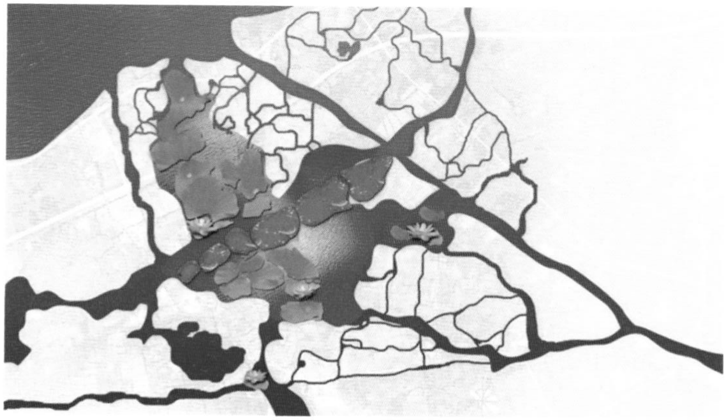

图 12-5
青西郊野单元（郊野公园）规划理念图
资料来源：上海市青西郊野单元（郊野公园）规划

七八星辰，二十四桥，三十六溪”的景观格局，营造“漂在水上的江南”（图 12-5，图 12-6）。

12.2.2 青西郊野单元（郊野公园）规划目标

青西郊野单元（郊野公园）现状自然条件优越，富有江南水乡特色，拥有河流、湖泊、库塘等湿地资源，但同时面临着诸多问题有待解决，具体包括以下四个方面。

1. 湿地生态系统污染严重，环境品质有待改善

青西郊野单元（郊野公园）拥有较丰富的湿地资源。以大莲湖为例，湖区人为分割养鱼、河道淤积、水体富营养化等原因使得大莲湖湖体萎缩，水域流动性差，水体悬浮物密度较高，最终造成湿地面积减少、水质恶化，部分水域生态环境已处于严重的富营养化状态。随之而来的，是生物多样性的降低，生境发生巨大变化。例如典型的水生植物群落面积越来越小，

图 12-6
青西郊野单元（郊野公园）规划总平面图
资料来源：上海市青西郊野单元（郊野公园）规划

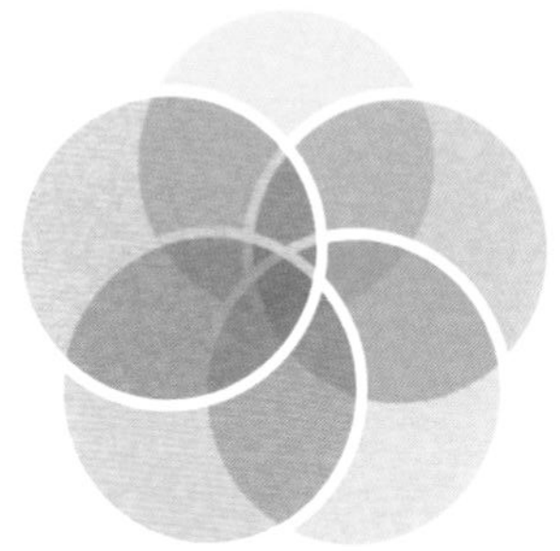

图 12-7
青西郊野单元（郊野公园）规划目标
资料来源：上海市青西郊野单元（郊野公园）规划

湿地逐渐变为干地；湿地鱼类的多样性指标处于较低水平，稳定性较低；底栖动物、浮游生物在种类和数量上均有明显的下降趋势，部分湿地物种（如芡实、莼菜、胭脂鱼等）日渐消失。

要解决目前湿地生态系统面临的环境问题，提升整体的环境品质，必须先从源头上做好污染降低、清除工作。经调查，造成湿地生态系统的污染主要来自农业生产污染、农村生活污染、工业污染。农业生产污染包括农药化肥污染、畜禽污染和水产养殖污染；农村生活污染主要集中在生活污水、垃圾、农业秸秆等未经处理，随便排放丢弃；工业污染主要是工业废水排放中的有害有毒物质加剧了水体污染的程度，如玻璃厂的油、苯、铜等，以及纺织厂的硫化物、硝基物、纤维素、洗涤物等。

2. 集体建设用地低效利用，建设用地布局需调整

青西郊野单元（郊野公园）中的集体建设用地主要包括宅基地、工业用地，工业用地普遍存在低效利用、不合理利用、闲置荒废等情况，造成土地资源的严重浪费。由于工业用地布局缺乏规划引导，建设用地总体布局不尽合理，存在工业用地、宅基地、农用地混杂在一起的情况，村庄肌理被工业厂房破坏，传统的江南水乡民居风貌逐渐消失。

3. 耕地质量尚需提高，居民生活设施需完备

青西郊野单元（郊野公园）地处郊区，当地产业发展与农业关系较为密切。现状耕地布局较分散，地块因被河流分割而不规整，不利于规模化生产和经营，并且耕地质量多数为中产、稳产耕地，存在部分质量相对较差的耕地。因此，若要发展农业生产，必须增加耕地面积，提高耕地的总体质量。

除莲盛社区、西岑社区两个集中建设区配套设施较完善之外，其余村落的建筑质量相对简陋，基础设施、公共服务设施等较缺乏，整体居住条件有待提高。

4. 景观资源未有效利用，缺乏游憩观赏功能

青西郊野单元（郊野公园）由于受到工业企业的负面影响，部分景观资源被严重污染，现状丰富的景观资源未得到充分开发利用；局部水体缺乏连通性，影响水上游线的完整性和景观塑造；部分林地种植密度较高，林下空间难以利用，林地品相单调，缺乏观赏功能；农田肌理丰富，景观独特，但缺乏休闲游憩设施合理引入游客。总体上，景观配套服务设施不足。

因此，青西郊野单元（郊野公园）将构筑“生态安全、特色突出、产业合理、设施完善、空间有序”五大发展目标（图 12-7）。把生态保护放在最优先位置，以保护好水源地生态环境，修复和重建湖泊湿地、强化水系的为主要目标，兼顾科普教育、生态旅游功能。

针对以上问题具体策略如下。

①以改善水环境质量、保障水生态安全为目标，进行污染防治，提升区域河流、湖泊、湿地系统的净化和涵养功能，使水质达到 3 类标准。由于工业企业是青西郊野单元（郊野公园）水环境的主要污染源，规划对工业企业进行拆除或改造，逐步消除工业企业对水环境的污染。

②以生态修复为抓手，通过生态技术或生态工程对退化或消失的湿地进行修复或重建，扩大湖泊湿地和水源涵养林的面积，形成国际水平的淡水湖泊湿地恢复示范区，促进区域生态文明建设。

③统筹区域污染防治、产业结构布局调整、城镇布局发展，实现区域经济社会和环境协调发展、人与自然和谐相处。规划对田、水、路、林进行综合整治，把农业生产、农村发展、生态环境改善结合起来，建设良好生态环境，保障土地资源可持续利用，保障农业和农村可持续发展。

12.3 土地整治规划

青西郊野单元（郊野公园）的土地整治规划一方面需注重特色生态景观塑造，对生态环境进行修复和保护，改善整体生态环境，另一方面要提

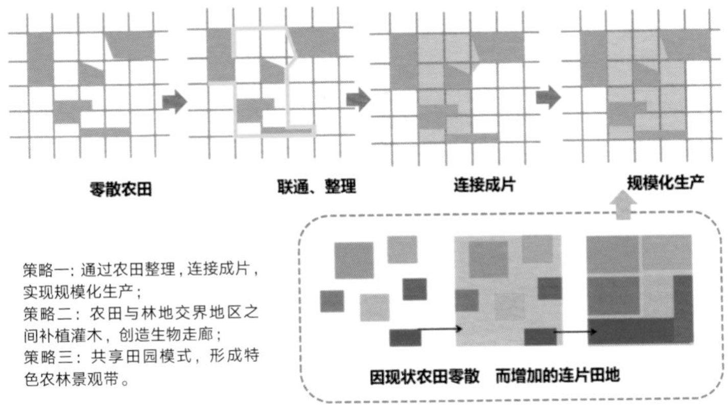

图 12-8

农田规模化经营策略示意

资料来源：上海市青西郊野单元（郊野公园）规划

升农地的数量与质量，优化农地的布局结构，促进农业生产和农民增收，最终实现“生态、生产、生活”三大功能的融合。

农用地整治以促进农业生产、提高农业生产效率为主要目的，兼顾生态环境改善，重点对“田、水、路、林”等要素进行综合整治，最终确定了农用地规划、农业种植布局规划、农田水利系统规划、田间道路系统规划、农田防护与生态环境保护规划、设施农用地规划等主要内容。

12.3.1 以土地整治为抓手，构建生态农业景观

耕地作为农用地的主要组成部分，是农用地规划的重点。一是通过增加耕地面积，使原本分散的农田集中连片，并提高耕地质量，形成规模化经营。能够显著提高农业生产水平的连片耕地，部分高产优质耕地将被划入基本农田；部分集中连片、设施配套、高产稳产、生态良好、抗灾能力强且与现代农业生产和经营方式相适应的基本农田则将被划入高标准基本农田（图 12-8）。二是在农田内引入水网，建设农田湿地，以提升栖息地功能，优先选择氮磷吸收能力强的本地自然植被物种，处理农业径流污染，形成高标准农田和基本农田结合，田地与水网结合的农田肌理（图 12-9）。

养殖鱼塘的生态化与景观化是农业种植布局的重点工作。借鉴目前青西郊野单元（郊野公园）大莲湖区域采取的自然湿地生态修复模式，可选择精养鱼塘集中地区，通过地形塑造、水系沟通、植被恢复和人工增殖放

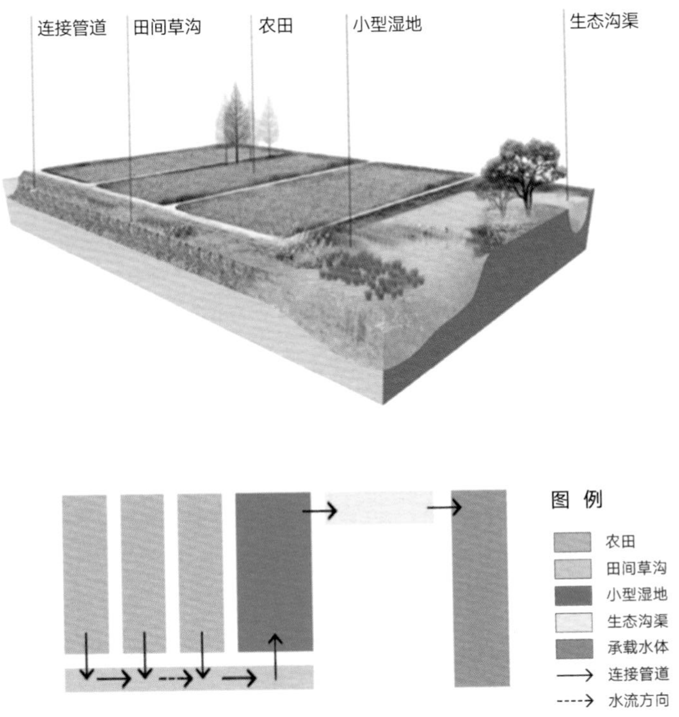

图 12-9

农田生态整治策略 — 水网入田

资料来源：上海市青西郊野单元（郊野公园）规划

流，打破原有大规模精养鱼塘水产养殖模式，构建基于水体净化和自然养殖的水产养殖方式（图 12-10）。

按照《上海市标准化水产养殖场建设规范（试行）》进行标准化水产养殖场建设，可采取低污染环保型饲料喂养、纳米曝气、鱼虾混养等多种措施，并配备一定人工湿地净化系统，构建规模化、生态化的都市型水产养殖方式。对于原有种植业改为生态农业、鱼塘改为桑（果）基鱼塘等有利于生态环境但又需要投资的项目，政府可以对农民提供无息贷款、减免税收等优惠政策。对于土地被征用为生态沟渠或人工湿地的农户，政府应进行经济补偿，建立保障体系，保证农民利益不受损或少受损。

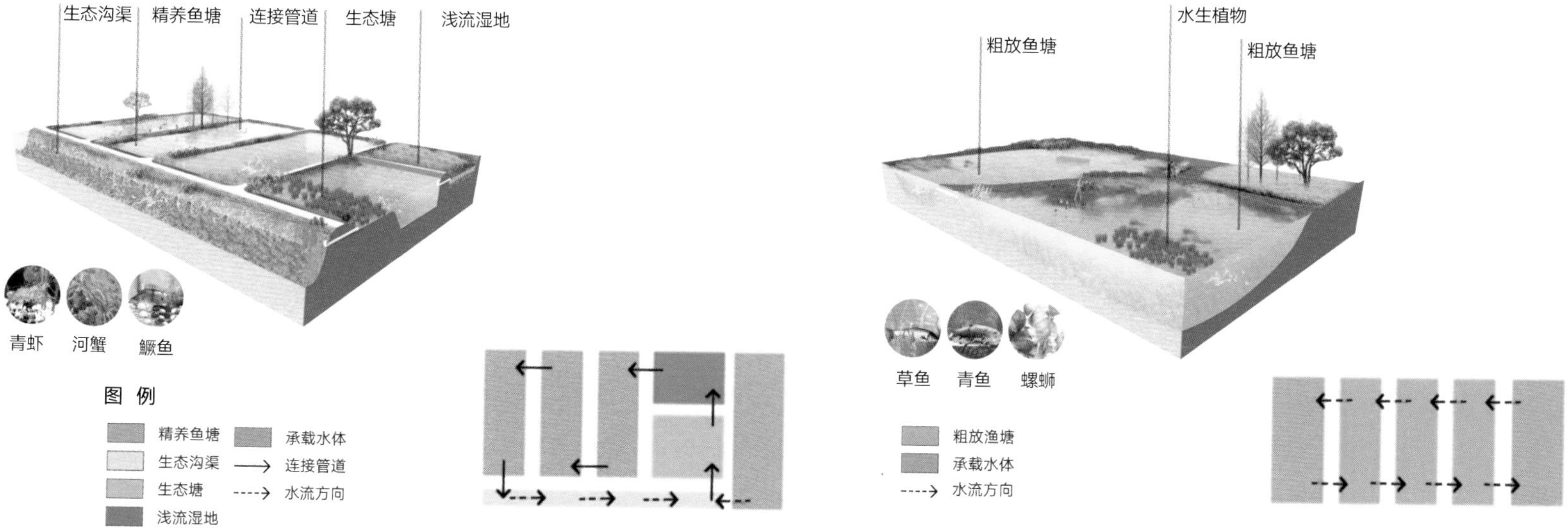

图 12-10

生态鱼塘整治模式

资料来源：上海市青西郊野单元（郊野公园）规划

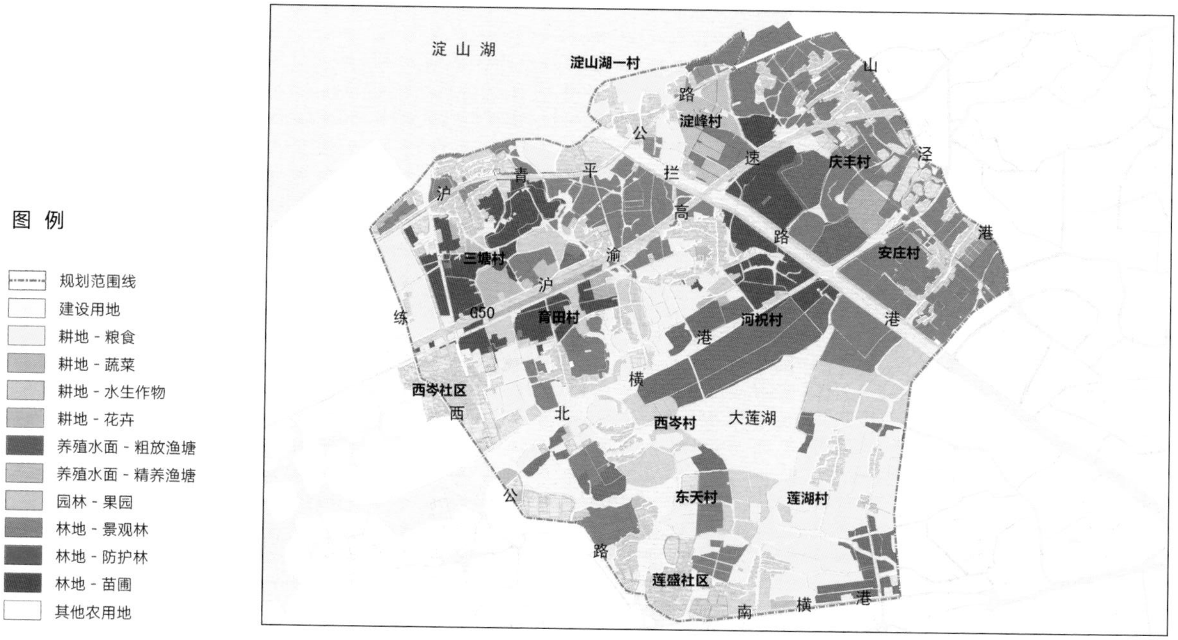

图 12-11

青西郊野单元（郊野公园）农业布局规划图

资料来源：上海市青西郊野单元（郊野公园）规划

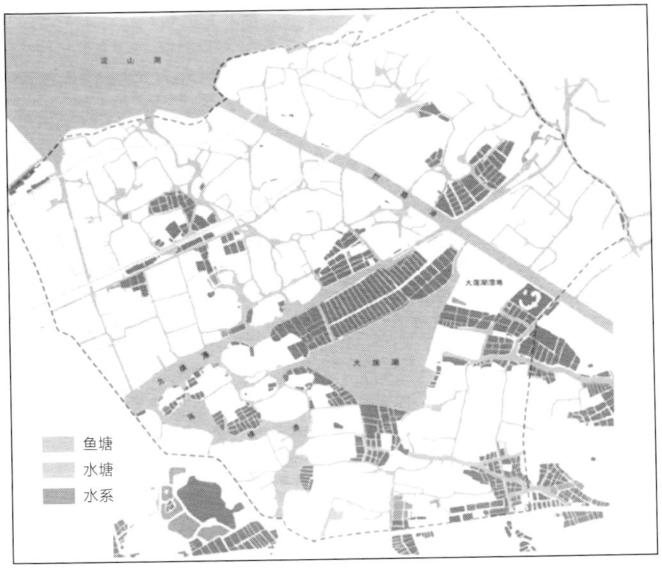

图 12-12
青西郊野单元公园骨干河道与水系梳理
左图：青西郊野单元主干河道梳理图，右图：青西郊野单元水系梳理图
资料来源：上海市青西郊野单元（郊野公园）规划

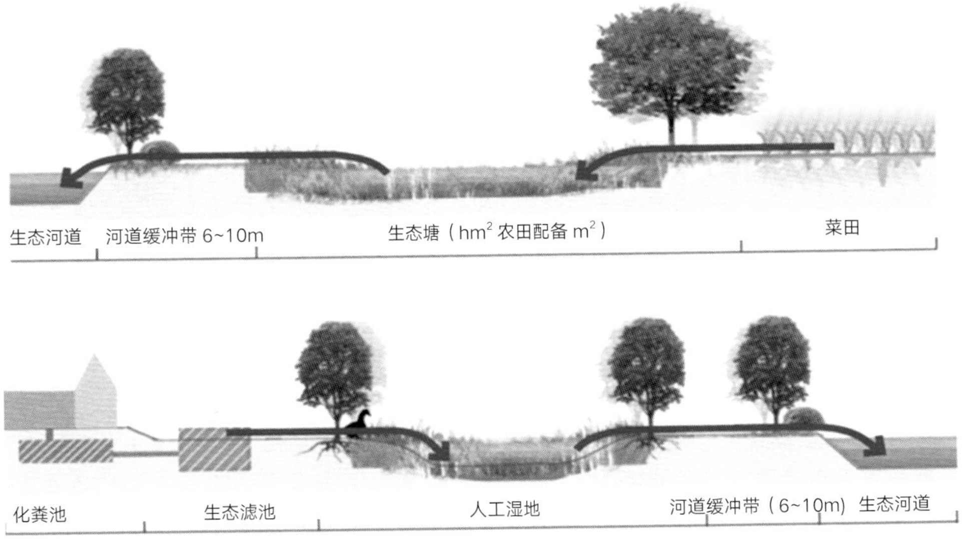

图 12-13
生态沟渠建设示意
资料来源：上海市青西郊野单元（郊野公园）规划

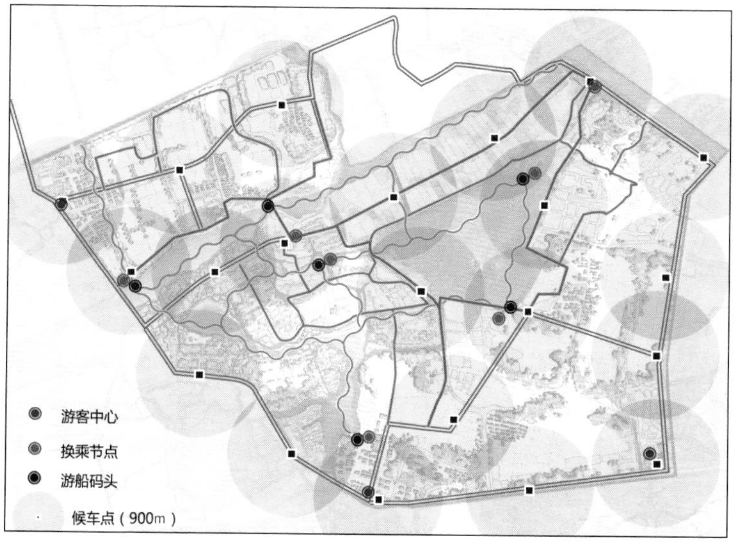

图 12-14
基于游憩需求的田间道路系统规划
资料来源：上海市青西郊野公园近期建设纲要

最终形成的青西郊野单元农业布局方案如图 12-11 所示。

12.3.2 河湖水面综合整治，增强水体自净能力

青西郊野单元（郊野公园）内水系发达，但也面临着水质污染问题，加之河道淤积、过水面积小，影响了水体流速和区域水环境改善。规划在前期相关河道整治的基础上，继续推进镇级、村级河道水系的整治（图 12-12）。通过新开和疏拓河道，改善引排水条件，加快水体置换，提高水体自净能力；对岸线进行生态治理，减少水土流失，实施部分圩区水系调整及配套泵闸达标建设；根据水域污染防治需要，实施水域保洁相关措施。

开展河网轮疏工程。按照《青浦区水利改革发展实施方案》的要求，对区域内区管以下中小河道实施轮疏工程。通过实施轮疏，一方面增加河道库容，另一方面恢复河道原始断面，有利于改善河道的过水能力，增加水体自净，同时淤泥的清除降低了污染源的内源释放，有利于河道生态的自然恢复，从而整体改善淀山湖周边河网的水环境质量。

建设生态沟渠，以拦截和净化周边鱼塘、农田、村镇等污染源排放的污染物，确保水质洁净后流入大莲湖。在驳岸的生态护坡处理中，既要考虑湿生、沼生植物不同水位的生境要求，又要满足驳岸自身的稳定性功能，还要处理好由于水位变化而带来的景观变化效果。如在水陆交接的自然过渡地带从坡脚到坡顶依次种植沉水植物带、浮水植物带、挺水植物带、湿生植物带（乔、灌、草）等一系列植物。这样既加强湿地的自然调节功能，又形成了原岸坡的生境和生物多样性。同时，结合湖边景观形式、用地性质，营造了多种驳岸形式—草地驳岸、水生植物驳岸、木平台驳岸和丛林驳岸等，构成多样的湖体景观（图 12-13）。

河湖水面综合整治主要采用以下具体措施。

（1）针对大莲湖水质较差的问题，规划先通过水生植物过滤处理，再经由拦路港、北横港等主要河道，以及其他支流水系进行贯通，实现水体自身的循环净化。

（2）针对区域生活污染源，规划通过集中收集、分级净化处理等措施从源头减少污染产生，通过生态灌溉渠、农田湿地、滨岸林等措施减少污染流入水体。

（3）利用自然湿地修复过程，结合人工湿地建设，通过生物过滤、硝化作用和沉淀污染物来净化河道，实现近期三类水质、远期二类水质的目标。

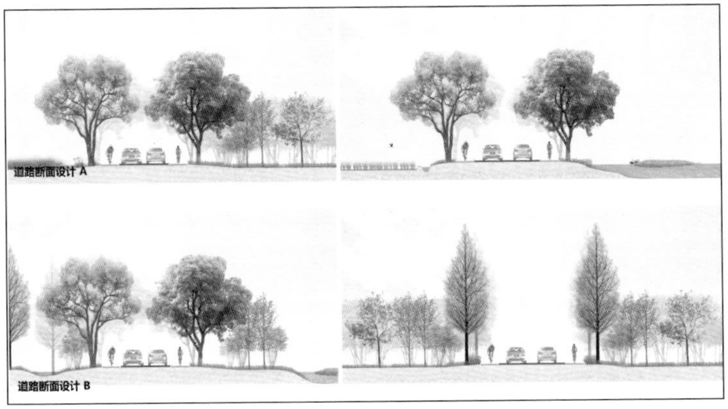

图 12-15
田间道路断面示意图
资料来源：上海市青西郊野单元（郊野公园）规划

（4）结合河流、湖泊、原生湿地、人工湿地等，进行湿地自然景观重塑，形成生态湿地地区，在进行水体净化的同时，构建独特湿地景观。

12.3.3 基于游憩需求的田间道路建设

结合青西郊野公园建设，青西郊野单元（郊野公园）田间道路系统在充分利用现有道路的基础上，需兼顾农业生产、郊野公园游憩活动组织两方面的要求。一方面要适应农业生产需求，满足农业机械、农用物资及农产品运输通行，田间与田块连接，农业机械下田等要求；另一方面要为游客提供徒步、自行车骑行、机动车通行等游憩需求的通道，使田间道路兼具通行、游憩、健身等功能。

结合青西郊野公园游线设计，规划将田间道路工程分为田间路、生产路两级，其中田间路不仅要为农业生产提供服务，同时也要为青西郊野单元（郊野公园）游憩活动提供服务（图 12-14）。在规划设计中，将部分田间道路分为内部主路、内部绿道，供游人行走或供电瓶车、自行车通行。

内部主路：宽度 6m，是郊野公园集散和旅游交通组织的主要设施，也是郊野公园内部机动车主要通道。通过区域干线与市域干线联系，形成内部二级路网，内外分离，形成郊野特色路网。

内部绿道：宽度 3m，以现状保留的田间道路为主，作为内部机动车次要通道和慢行系统通道，联络各个村落，赋予内部次要机动车道和慢行通道功能，与内部干道相连，丰富补充内部二级路网。

为达到生态保护、内外交通分流及景观观景的目的，田间道路断面进行了生态设计（图 12-15），并结合游憩活动进行布局，形成联系便捷、间距合理的方格路网体系。

12.3.4 农田防护与生态环境保护规划

农田防护主要通过构建农田防护林来实现，生态环境保护则涉及缓冲带、生态防护工程、护岸保滩工程等内容。

农田防护林的构建主要按照农田防风的要求，对林地进行合理布局，并选用适宜的植物组合构建防护林。一般来说，农田防护林包括主林带和副林带。主林带走向尽量垂直于主风向，或与主风向垂直线夹角不大于 30°，一般采用乔木 1 ~ 2 行、灌木 1 行布置，主带宽 2 ~ 4m，副带宽 1 ~ 2m；副林带和主林带尽量垂直，防护林结构采用疏透结构，疏透度为 25% ~ 35%，透风系数为 50% ~ 60%，植树品种为水杉，规划在每年的三四月栽植。主林带布置 15m 宽两侧双排防护林，间距宜为树高的 15 ~ 25 倍；副林带在主要田间路和主要引、排水河两侧各布置一排防护林，间距宜为树高的 30 ~ 50 倍。另在农沟两侧可布置护沟林，采用乔木、灌木、地被植物相结合形式，可有效拦截氮磷污染，树种优先选择水杉（图 12-16）。

为了改善田间小气候，塑造林间景观效果，在树种的选择以当地树种为主，可优先选择水杉，并可考虑垂柳—女贞—槐树群落、香樟—海桐群落、石楠—紫荆群落、楝树—白玉兰群落、银杏—桂花群落、合欢—石榴群落等植物组合。

缓冲带是靠近受控制区域的边缘，或在具有不同控制目标的两个生态系统之间的过渡地区，是农田、廊道、水道和道路等建设需要考虑的重要景观要素。其利用乔灌草构建植物群落，可实现生物生境再生，提高生态系统的服务功能；有效拦截氮磷污染，削减径流侵蚀力；增加景观起伏变化和强化景观线。本次规划在主要田间路和河道旁建设 3 ~ 5m 宽的缓冲带，沿田块布局（图 12-17）。

生态防护工程需要综合考虑河流特点、现状驳岸形式、当地使用需求等，对主要河道采用重力立式浆砌石小挡墙结构，浆砌石挡墙基础为钢筋混凝土板结构，为增加挡墙抗滑力，在底板外侧设阻滑齿。

护岸保滩工程主要是按规划河道进行河道整治，对断头河道进行沟通、河道进行疏浚，并新建护岸及陆域绿化。

12.3.5 恢复湿地生态系统的设施农用地规划

设施农用地可分为生产设施用地和附属设施用地。依据国土部、农业

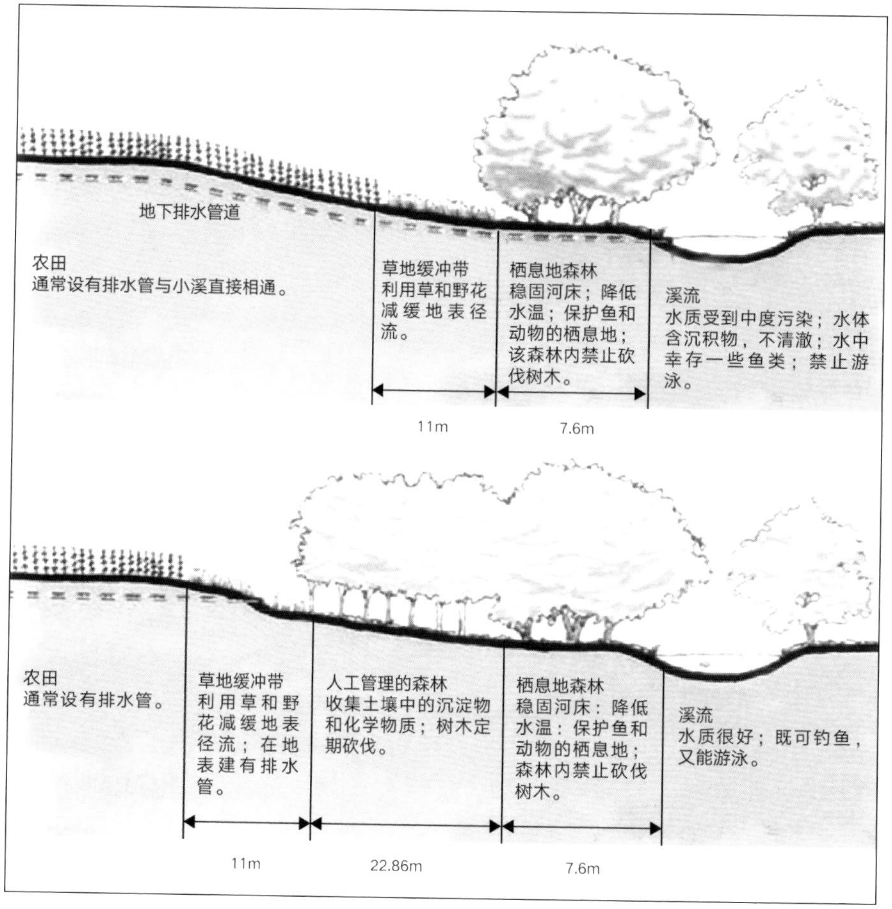
地下排水管道
农田
通常设有排水管与小溪直接相通。
草地缓冲带
利用草和野花减缓地表径流。
栖息地森林
稳固河床；降低水温；保护鱼和动物的栖息地；该森林内禁止砍伐树木。
溪流
水质受到中度污染；水体含沉积物，不清澈；水中幸存一些鱼类；禁止游泳。
11m
7.6m
农田
通常设有排水管。
草地缓冲带
利用草和野花减缓地表径流；在地表建有排水管。
人工管理的森林
收集土壤中的沉淀物和化学物质；树木定期砍伐。
栖息地森林
稳固河床；降低水温；保护鱼和动物的栖息地；森林内禁止砍伐树木。
溪流
水质很好；既可钓鱼，又能游泳。
11m
22.86m
7.6m

图 12-16
溪流两侧树林缓冲带模式
资料来源：上海市青西郊野单元（郊野公园）规划

图 12-17
缓冲带示意图，秦战摄

部《关于完善设施农用地管理有关问题的通知》（国土资发 [2010]155 号）和《上海市农村建设有关设施用地标准（试行）》（沪规土资综 [2010]270 号）、《上海市设施农用地管理办法》（沪规土资综 [2013]872 号）的相关规定，生产设施用地是指在农业项目区域内，直接用于农产品生产的设施用地，如水产养殖池塘、育种育苗用地等；附属设施用地是指农业项目区域内，直接辅助农产品生产的设施用地，如水产养殖的管理服务用地、农机具库房等。

生产设施需根据《青浦区农业布局规划》等相关规划，结合当地实际生产需求加以确定。《青浦区农业布局规划》提出：要以环淀山湖的金泽、朱家角镇为核心，整合水产资源和要素，形成特色水产优势产业带，同时要以农业企业、农民专业合作社为纽带，加快业态转型，培育水产良种繁育体系，推广高产养殖和生态养殖技术，发展特种水产，如青虾、南美白对虾、土著鱼种、巴鱼、生态鳖等。因此，青西郊野单元（郊野公园）内规划保留具有一定规模的畜禽养殖用地和水产养殖池塘，用以发展特色水产养殖，并配置相应的管理用房、晒谷场等附属设施用地，分别服务于水产养殖、农业种植（图 12-18）。

青西郊野单元（郊野公园）湿地资源丰富，包括河流湿地、库塘湿地和沼泽湿地。河流湿地主要位于为北横港、拦路港等主要河道，受河流径流周期性的变化影响，地表常年有水；库塘湿地指大莲湖及其周边鱼塘水体，主要通过淀山湖高水位进行水量补充，而在低水位情况下，通过地下水向拦路港进行补给；沼泽湿地主要位于大莲湖周边区域，在高水位季节湿地被淹没，部分区域通过地下水进行物质和养分的补充，而在旱季节处于干旱状态。

鱼塘既是重要的生产设施用地，也是重要的湿地资源，在单元湿地生态系统修复中可发挥重要作用。一方面可通过微地形改造，将原有鱼塘群打通形成一个完整的、底面高低起伏的水体，形成能够满足不同植物生长、动物生存的连续而又富于变化的生境基底，在此基底上进行植物引种工程和动物引育工程，使其成为一个可自我修复和自我发展的健康生态系统，提升湿地的净化纳污功能和产出功能；另一方面可选择能够吸收重金属元素、富营养物质的沉水植物、浮水植物，与岸边植物构成完整的水生植物系统，不仅可以增强湿地的自净能力，还可以吸引鸟类及其他动物来此栖息，最终形成良性循环的湿地生态系统。

12.4 减量化规划和类集建区选址

12.4.1 以增减挂钩为工具，推进工矿用地减量，清除污染源头

青西郊野单元（郊野公园）现状具有较好的田、水、路、林、村自然要素，具有江南水乡特色，拥有众多的河流、少量沼泽及库塘等湿地资源，但同时面临着农业污染、湿地退化、水体污染等问题，整体生态环境的品质仍有待提高。造成以上问题的重要原因之一便是工业企业。

青西郊野单元（郊野公园）内现有工业企业用地面积约 82.02hm²，大量未纳管的工业废水直接排入河道，造成河流、湖泊、鱼塘等水质恶化，水体富营养化日益加重。

另据调查，青西郊野单元（郊野公园）内大部分土壤为酸性土壤，部分区域汞、砷等含量异常。造成土壤酸化现象普遍和个别重金属元素污染严重的主要原因也是工业企业，包括精密仪器厂、砖窑厂（已废弃）、木业有限公司、工艺品厂、五金厂、美术用品企业、喷涂企业等，周边还有特种化学纤维厂（已关闭）、特种橡塑制品厂、工艺品公司、家具制造公司等企业，以及美术用品如颜料制造企业、有色金属铸件厂和油漆喷涂厂等企业都容易造成汞、铬 6 +、镉、砷、锌等重金属污染。

现有工业企业一方面对当地环境造成严重污染，另一方面也因企业空关、闲置、废弃等原因，造成土地资源的严重浪费。此外，根据《黄浦江上游饮用水水源保护区范围图》，青西郊野单元（郊野公园）约有一半以上位于二级饮用水源保护区，其余则位于准水源保护区。青西郊野单元（郊野公园）的规划设计必须把饮用水源安全放在首要位置，对产生污染的工业企业进行整顿、改造或拆除，做好生态环境保护工作。

规划以土地整治为平台，采用增减挂钩这一政策工具，对青西郊野单元（郊野公园）内的工业企业用地全部进行减量。针对能耗大、有污染、效益差的工业用地，拆除地上建筑物，进行复垦、土壤修复、农业设施配套，待验收合格之后，供农业生产使用；针对现状厂房质量较好的工业用地，根据郊野公园方案和整体功能的需求，进行改造利用，实现产业转型。以上两种形式均计入减量化，并可获得不低于减量化规模 1/3 的类集建区空间奖励（图 12-19）。

12.4.2 存量用地转型利用，完善公园公共服务设施——类集建区选址规划

类集建区的选址要综合考虑郊野公园建设、城镇结构、功能布局等需求，以落实城乡一体化、推进新型城镇化为原则，采取集中布局的方式，

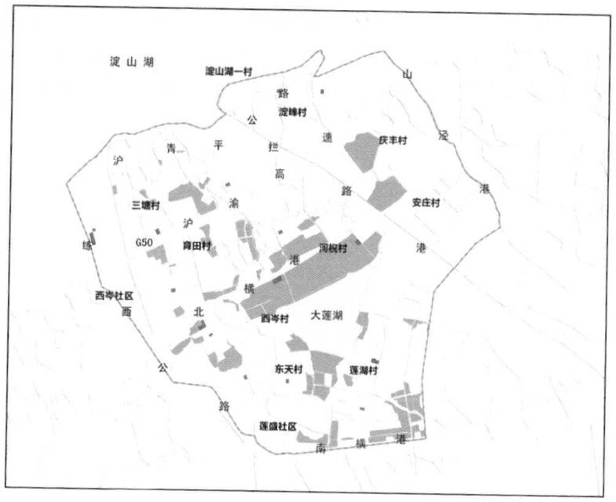

图 例

- 规划范围县
- 生产设施用地
- 附属设施用地

图 12-18
青西郊野单元（郊野公园）
设施农用地布局规划图

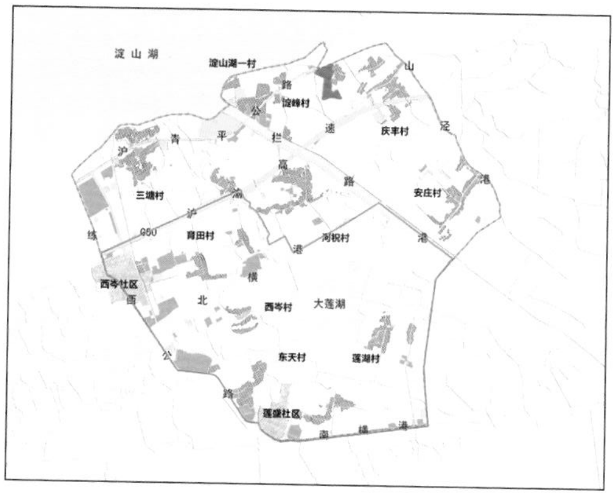

图 例

- 规划范围线
- 一期范围线
- 集建区
- 工矿仓储用地（减量）
- 其他建设用地（减量）
- 保留用地
- 保留农村宅基地

图 12-19
青西郊野单元（郊野公园）
减量化方案

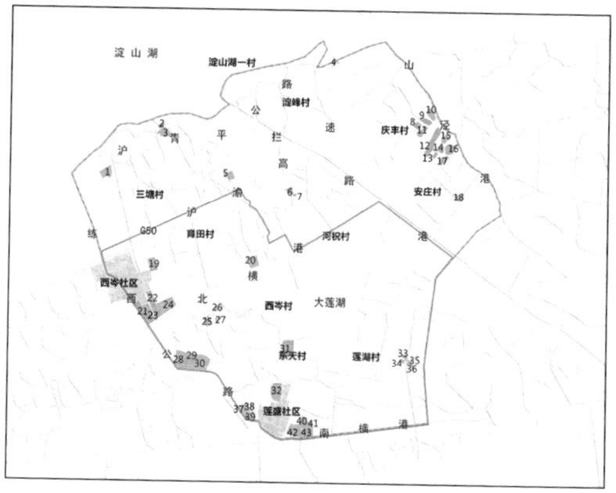

图 例

- 规划范围线
- 一期范围线
- 集建区
- 类集建区（增量）
- 类集建区（存量利用）

图 12-20
青西郊野单元（郊野公园）
类集建区规划图

资料来源：上海市青西郊野单元（郊野公园）规划

图 12-21
砖窑厂配套服务区改造前（上）、改造后（中、下）示意图
资料来源：上海市青西郊野单元（郊野公园）规划

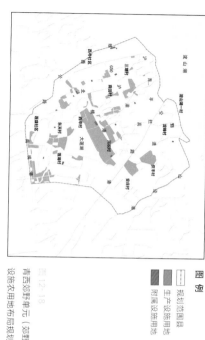

为青西郊野单元（郊野公园）提供公共服务保障，同时促进农民就业，提高农民收入，助力城乡经济发展。

规划类集建区的主要功能为适合郊野公园总体定位的休闲、旅游、度假等现代服务业。为避免大拆大建，类集建区尽量选址在原有建设用地上，对原有建设用地进行功能置换，即存量用地转型利用；考虑可操作性和可实施性，类集建区尽量选择现有基础设施较完备的城镇周边地区；为利用类集建区打造农村集体经济组织的“造血机制”，选址需尊重农民意愿，从村、镇自身发展需求的角度加以考虑；类集建区的选址同样要注重对生态环境的保护，要尽可能节约集约利用土地，功能、建筑形式等均要与周边环境协调（图 12-20 ）。

青西郊野单元（郊野公园）的类集建区选址除满足以上条件外，还需注重地块的可达性，因此选址主要在练西公路、北横港、沪青平公路两侧及近期建设范围内，功能上以商业、商办、文化为主。商业用地分布在练西公路沿线、西岑社区及莲盛社区周边、沪青平公路沿线、G50 沪渝高速沿线及近期建设范围内，主要包括酒店、特色商业街、餐饮、农家乐、疗休养、游客服务中心、旅游配套服务等；商办用地分布在庆丰村、安庄村、三塘村、河祝村、莲湖村等区域，主要包括总部办公、康复理疗研发中心等；文化用地分布于原砖窑厂所在地、西岑社区南部等区域，主要为创意文化中心、莲心寺、崧泽塔等。砖窑厂改造如图 12-21 所示。

12.5 案例：莲湖村类集区——工业转型利用

莲湖村位于青西郊野单元（郊野公园）南部，是青西郊野单元（郊野公园）近期建设的重点村庄，莲湖现有工业用地约 1.15 hm²。随着莲湖村农业发展及产业转型升级，需要配套公共服务设施、基础设施等做支撑。随着未来青西郊野公园开园，游客量将进一步增多，旅游服务业的需求也将进一步增大，相关服务设施也相应的需要增加。

本着健全村域基础设施、多样化村域经济结构、盘活存量、减少污染、服务旅游的原则，规划对莲湖村现有工业用地进行功能置换（图 12-22）。结合游憩需求，将榭庄公路北侧的工业用地改建为游客服务中心、停车场，并在水上游线上设置水上游览节点；为推广当地特色农产品，发展农业经济，在谢庄公路南侧设置农作物创意坊、绿化食品旗舰店、蔬菜创意工坊；为融入科普、休闲、养生功能，将部分工业工地改造为绿色养生斋、农业科普馆等。以期最终实现存量工业用地的转型，促进村庄的产业升级。

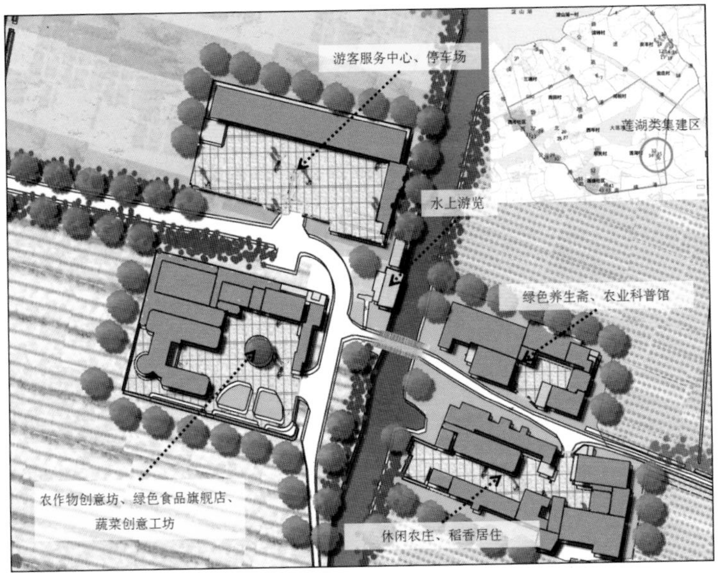

图 12-22
莲湖工业用地转型利用项目图
图片来源：上海市青西郊野公园单元规划方案

附录

Appendix

青浦区白鹤镇杜村，李坤恒摄

APPENDIX A

专家建言

A.1 上海“五量用地法”助城市转型升级[1]

庄少勤
上海市规划和国土资源管理局党组书记，局长，博士，高级工程师

上海市人多地少，资源紧缺，在转型发展和国际经济中心、国际金融中心、国际贸易中心、国际航运中心“四个中心”建设推进过程中，面临人口持续增长和资源环境约束等多重挑战。建设用地供需矛盾日益突出，耕地保护和生态建设难度日益增大。

党的十八届三中全会吹响了全面深化改革的号角，中央城镇化工作会议指明了新型城镇化的道路。上海深入贯彻中央精神，深化土地管理体制机制改革，提出了“总量锁定、增量递减、存量优化、流量增效、质量提高”的土地管理思路，进一步提高土地节约集约利用水平，稳定市场供应量，以土地利用结构优化促进产业结构调整和城市功能完善，以土地利用方式转变促进上海“创新驱动、转型发展”。

1. 总量锁定

将2020年规划建设用地规模3 226 km²作为上海未来建设用地的“终极规模”予以锁定。

生态宜居的生活品质是上海提高国际竞争力的基础。至 2012 年末，上海全市常住人口 2 380 万人，建设用地总规模已达全市陆域面积的 44%，明显高于大伦敦、大巴黎、东京圈等国际大都市。上海市 2020 年建设用地规模规划目标锁定在 3 226 km²，接近全市陆域面积的 48%，在保障上海持续发展的同时，也将对城市生态品质和运行安全带来新的挑战。

按照上海建设“四个中心”和现代化国际大都市的目标，上海不应仅把 3 226 km² 作为 2020 年的阶段控制目标，而应作为上海未来建设用地的“终极规模”予以锁定。从此确立一道用地总量的“天花板”来坚守。

为给上海 2020 年以后长远发展留出适度空间，在 2013 年底现状建设用地规模的基础上，上海市到 2020 年新增建设用地总量应控制在 150 km² 以内。下一步要通过转变发展方式，合理安排建设用地规模、布局、结构和时序，创新土地利用方式，提高土地利用绩效水平，挖掘建设用地新空间，推进土地利用总体规划的定期评估和适时修改。

同时，强化“底线”思维，严守耕地与生态用地底线。按照“生态用地保底线，建设用地守红线”原则，全面落实基本生态网络规划，形成以

1. 转自《中国国土资源报》，2014 年 1 月 29 日。

基本农田保育区为基底的生态管控核心区，落实最严格的生态空间和耕地保护制度，实现基本农田保护红线与基本生态控制线的“双线保护”，维护生态战略空间和城市安全资源，保障生态文明建设，促进上海绿色发展。

2. 增量递减

新增建设用地年度计划逐年递减，同时加大新增建设用地计划与集中建设区外减量化规模的关联力度。

世界大都市几乎都经历了由快速扩张到缓慢增长乃至不增长的阶段。如纽约在 1968 年的第二次大都市圈规划中，提出城市用地“不扩张”的发展路径。1988—2002 年，纽约市建设用地净增仅 42 km^2，年均净增仅 3 km^2，人均建设用地由 79 m^2 / 人减至 75 m^2 / 人。其中，2002—2006 年，纽约市建设用地面积净减少 3 km^2。

上海按照严守建设用地总量和保障新型城镇化的双重要求，契合转型发展的节奏，采取稳中有降的策略，全市新增建设用地计划在 2013 年的基础上逐年递减，逐步减少新增建设用地。

同时，上海市持续推进土地利用计划差别化、精细化管理，统筹安排新增建设用地计划、补充耕地计划、城乡建设用地增减挂钩计划、集建区外低效建设用地减量化计划等；加大新增建设用地计划与集中建设区外减量化规模关联力度，区县年度计划分解量与现状低效建设用地盘活和减量化等工作相关联；加大对年度计划利用结构的综合调控，优先保障公共基础设施和民生工程用地，聚焦高端服务业、战略性新兴产业和先进制造业，严格控制新增工业用地。

3. 存量优化

优化城乡建设用地布局和结构，推动郊野地区土地综合整治和中心城区城市更新，促进存量低效建设用地盘活利用和二次开发。

存量用地的调整和优化，是破解上海土地资源瓶颈的主要途径。在功能上，存量用地盘活按照“高端化、集约化、服务化”要求，提升产业能级和城市服务品质。在空间上，按照规划促进集中布局、立体开发，提高建设用地节约集约利用水平。

充分发挥郊野单元规划的引导作用，实现集建区外现状建设用地减量化。以土地综合整治为平台、以城乡建设用地增减挂钩政策为工具，编制综合性、实施策略性的郊野单元规划，着力推进集建区外现状低效建设用地减量化，盘活农村集体土地，推动城乡一体化发展。

建立低效闲置土地盘活引逼机制，促进城市转型发展。通过政策机制创新，建立完善差别化的存量建设用地盘活政策，对于 104 个产业区块和 195 km^2 左右的规划保留工业用地，鼓励提高开发强度，促进技术升级和产能增加，引导产业转型升级；合理发展研发总部类产业，增加公共服务配套，完善园区和城镇生活生态功能。

开展中心城区城市更新，释放发展空间。按照“政府引导、市场运作、规划统筹、节约集约、保障权益、公众参与”的原则推进城市更新。探索建立企业参与部分土地收益的土地收储机制和土地实际用途变更管理的政策机制，进一步调动原土地权利人、集体经济组织及地方政府等盘活存量建设用地的积极性，释放发展空间，提升城市品质。

4. 流量增效

实施土地利用全要素、全生命周期管理，建立城乡统一的建设用地市场，缩短建设用地流转周期，提高空间周转指标的周转速度和使用效率。

未来上海建设用地的需求将主要依靠存量优化、集建区外现状低效建设用地减量化产生的流量。通过盘活存量，稳定土地流量指标，确保市场供应量不受影响。通过搭建指标流转平台的市场化途径，提高流量指标的使用效率。土地市场不再局限于一次性出让，而是为多次开发留出上升通道。

强化土地全要素、全生命周期管理。一方面，实行新增工业用地弹性年期出让制度，将工业用地出让年期由最高 50 年调整到 20 年，首期出让年限届满后对项目经营情况和合同履约情况进行评估，采取有偿续期或收回土地使用权。另一方面，提高产业进入门槛，将经济、社会、环境等要素指标和要求纳入合同管理，实施定期评估和全过程管理，加强实际用途变更管制，缩短建设用地周转周期，畅通建设用地流量。

完善土地资源市场配置。健全“基准地价、区段地价和标定地价”为核心的建设用地价格成果体系和更新机制，为土地精细化管理提供基础保障，合理提高工业用地出让价格，工业用地出让价格不能低于所在区域的基准地价。

加快推进农村集体建设用地改革。在稳步开展农村集体土地使用权确权登记工作的基础上，深化开展集体建设用地流转试点，建立兼顾政府、集体经济组织、农民的土地增值收益分配机制和公共利益平衡制度，逐步建立城乡统一的建设用地市场。推进利用集体建设用地建设公共租赁房和养老设施试点，不断拓展集体建设用地用途，有效盘活现状集体建设用地，提高土地利用效率。

5. 质量提高

适度降低工业用地比重，提高公共绿地和公共服务用地比重，实施土地综合开发和复合利用，提高土地利用效益。

上海市按照“效益”、“宜居”、“低碳”和“生态”的目标要求，要求工业用地实现“负增长”，即降低工业用地绝对规模和相对比例，适度集中集聚，提升产出效率；通过扩大田、林、园、水等大系统生态空间和提高人均公共绿地比重的双向优化方式，提升城市生态品质；提高公共服务用地占比，加大基础设施和公共开放空间的土地供应力度，提升公共空间品质，完善城市服务功能。

结合中国（上海）自由贸易实验区的政策创新契机，探索立体综合用地的土地利用政策，实施土地复合利用，提高城市转型发展适应能力。

完善用地标准。按照上海土地资源紧缺和节约集约用地的要求，优化调整各类设施用地标准，构建覆盖城乡、覆盖各类产（行）业的建设用地使用标准体系，提高准入门槛，提高土地利用集约化水平，建设紧凑型城市。

实施土地复合利用。以 TOD（公共交通导向的发展模式）为导向，推进地铁上盖、交通枢纽等大型基础设施、公共设施用地的综合开发利用，鼓励商业、工业与居住合理混合，各类设施综合集中设置，多元发展，集约发展，推进居住与就业平衡，实现产城融合。

推进立体开发。重点探索地下空间的分层有偿使用制度。遵循统筹规划、综合开发、集约利用、分层管理、地下与地上相协调，经济效益、环境效益和社会效益相协调的原则，鼓励综合开发利用地下空间，全面实行经营性地下建设用地有偿使用制度。

加快推进大数据技术手段应用与制度机制建设，基本形成基于上海市统一空间地理信息数据、二调成果数据的覆盖各部门、各行业的大数据框架，初步确立数据汇集与资源共享机制，全面建立“规划管控、计划调节、标准控制、市场配置、政策鼓励、监测监管、考核评价、共同责任”的节约集约用地管理体系和“党委领导、政府负责、部门协同、公众参与、上下联动”的共同责任机制。

A.2 以土地综合整治助推新型城镇化发展——谈上海市土地整治工作的定位与战略思考[1]

庄少勤 上海市规划和国土资源管理局党组书记，局长，博士，高级工程师

史家明 上海市规划和国土资源管理局副局长，硕士，高级工程师

管韬萍 上海市规划和国土资源管理局副总工，处长，高级工程师

张洪武 上海市规划和国土资源管理局副处长，硕士

吴　燕 上海市规划和国土资源管理局主任科员，硕士

上海作为一个特大型城市，人口高度集中、土地等资源供需矛盾突出、环境容量十分有限，走“资源节约、环境友好”的绿色发展之路，是提升城市竞争力的必然选择。根据党的十八大和十八届三中全会关于“生态文明建设”和“推进新型城镇化”的新要求，上海进一步改革国土资源管理思路，转变土地利用方式，以土地综合整治助力土地节约集约利用和新型城镇化发展，探索符合上海实际、具有上海特色的“创新驱动、转型发展”之路。

1. 转型之势——上海土地整治工作的宏观背景

（1）构建城乡生态文明格局，是上海建设高品质“宜居、宜业、宜游”城市、提升城市国际竞争力的迫切需要。

从新一轮规划发展定位来看，上海将强化“全球城市”的功能，着力提升国际竞争力，进一步提升全球资源配置能力和国际影响力。根据国际经验，城市的国际竞争力总是与其具备的高品质生态环境联系在一起，尤其是生态空间的保护、生态廊道的构建以及郊野地区的建设。2012 年底，全市常住人口规模达 2 380 万人，且持续增长压力巨大。从上海土地利用的大结构看，城乡建设用地占比已接近全市用地总面积的一半，高于大伦敦、大巴黎和东京圈等国际大都市的比例，重要的生态结构空间仍然面临被进一步蚕食的压力；从建设用地内部的小结构看，上海工业用地规模占比明显高于巴黎、东京等国际城市，而公共绿地规模占比仅为发达国家城市平均水平的 1/3 左右。上海郊野地区集中了本市绝大部分的耕地、生态和空间资源，如何把这些宝贵的资源转化为上海建设国际化“全球城市”的竞争力，缓解人口、经济、社会持续增长对城市安全、生态资源和基础设施等带来的巨大压力，必须要对广阔的郊野地区进行战略资源的统筹安排，坚持人性化、生态化、集约化、一体化导向，强调舒适的生态环境，宜人的空间尺度，复合的城市功能，有机的城市肌理和特有的文化内涵，构建高品质的城乡环境，提升生态文明水平。

（2）建立城乡内涵式增长模式，是上海破解城镇化进程中资源瓶颈、提高用地效益、保护可持续发展战略空间的需要。

自贸区设立、长三角区域一体化进程加快等，都为上海带来了新一轮的发展机遇，但上海也同时面临着土地等资源的发展制约因素。在用地总量上，全市现状建设用地已接近国务院批准的《上海市土地利用总体规划》2020 年的规划目标，若按照以往的新增建设用地增长速度，将提前突破建设用地的“天花板”。在用地效率上，集中建设区内的现状地均 GDP 产出仅为巴黎的 1/3，，东京的 1/9，而中心城地均 GDP 是全市均值的 4 倍多，可见土地产出差距主要在郊区。而在郊区集中建设区外，现状建设用地绝大部分为农民宅基地和低效工业用地，布局零星分散，基础设施配套不全，环境状况

1. 转自《上海城市规划》2013 年第 6 期。

不佳；土地权属和实际使用情况复杂，利用效率较低，安全生产、社会稳定等存在一定隐患。因此，“增效”和“减量”成为上海土地管理的两大主题。如何在大力推进集中建设区外低效建设用地减量化的同时，捆绑集中建设区内土地供应的调控机制，坚持紧凑布局，坚持功能复合，提高土地利用的综合效益，推动本市土地管理制度的改革和创新，已成为上海可持续发展必须要面对和解决的问题。

（3）在快速城市化的同时，坚持城乡一体化、平衡化发展，为农村地区发展建立“造血机制”，是以人为本、全民共享新型城镇化发展成果的需要。

近年来，上海城市化进程快速推进，然而全市发展的不平衡现象也较突出。相对于中心城乃至新城的资源集聚，上海郊区新市镇及农村地区的发展相对滞后，与上海城市发展水平极不相符。农村、农业也是上海新型城镇化的重要组成部分，甚至可以说没有农村、农业的现代化就没有上海的新型城镇化。在中央关于“新型城镇化必须以‘和谐发展、共同富裕’为基本特征”的要求下，上海要打造“区域一体、城乡统筹、生态宜居、经济低碳、服务完善、人文发达、智能高效、人民幸福”的新型城镇化，实现经济、社会、生态、文化和空间的有机统一，就必须要着眼农民，涵盖农村，完善新城与周边小城镇及乡村社区的发展体系，着力推进城乡发展规划、产业布局、基础设施、资源配置、公共服务、社会保障和社会管理等“七个一体化”。其中，通过建立长效“造血机制”壮大镇村两级集体经济组织实力尤为重要，要让广大农民真正融入和分享到城市发展红利。

2. 整治之道——土地综合整治战略定位“四个转变”

围绕“创新驱动、转型发展”和提高国际竞争力的大局，结合上海发展定位和人口密集、土地资源紧缺的实际情况，我们对规划国土部门如何通过土地综合整治助力推进上海新型城镇化建设的战略思路作了进一步思索。在“有效补充耕地、确保国家粮食安全”的土地整治基本要求下，着力实现土地整治内涵四个转变，全面提升土地整治工作站位，以土地整治助力“可持续”、“集约高效”、“综合统筹”、“公平共享”的新型城镇化，实现上海城乡经济、社会、生态、文化和空间的有机统一。

（1）以土地综合整治助力构建城乡生态文明格局，土地整治目标由“增地提等”，向锚固城乡生态空间等综合目标转变。经国务院批复的新一轮上海市土地利用总体规划，以及市政府批准的上海市生态网络结构规划，开创性地划定了以大面积基本农田为主的“生态保育区”。借力刚性的耕地保护特别是基本农田保护制度，大大强化了上海对于城市生态安全基本底线的控制力度。2012 年，结合上海市、区两级土地整治规划的编制研究，我们制定了“145”土地整治战略，即坚持“以综合型土地整治推进上海转型发展”为战略导向，聚焦“增加耕地数量”、“提高集约水平”、“完善生态网络”、“优化空间形态”四大战略目标，并确定了积极推进多功能农地整治、分类推进农村建设用地整治、积极开展低效工业用地整治重点推动零星工业用地搬迁复垦、探索市地整治、合理有序推进滩涂圈围开发等五项主要任务。同时，开创性地提出了“郊野单元规划”概念，以土地综合整治为平台，以提升郊野地区生态效益和用地效率为首要目标，率先提出对上海郊野地区开展全覆盖单元网格化管理的思路。郊野单元规划的产生虽然基于镇乡级土地整治规划，但更强调土地整治理念的宏观站位、区域统筹、政策配套和实施管理，结合市域生态网络结构实施的需要，从传统的土地整治项目引导和管理向“改善生态环境、锚固城乡生态结构、优化城乡空间布局”的规划目标延伸。

（2）以土地综合整治助力紧凑型城市建设，土地整治对象由农村土地向全域用地的“增减挂钩，流量管控、结构优化”转变。从生态宜居城市和转型发展的要求来看，上海建设用地从“增量管理”转向“流量管理”是必然趋势。依托上海“规土合一”的管理体制优势，郊野单元规划整合运用城乡规划和土地规划编制方法，将土地综合整治的管理要求和政策保障前置植入规划编制过程，依据节约集约用地和建设紧凑型城市的标准，对既有城乡规划土地利用效益进行全面评估，在保障集中建设区外现状低效建设用地实施“减量”前提下，可对既有城乡规划的用地规模、布局、结构等进行适当优化和完善，使存量用地的减少转化为新增用地流量的增加，进而通过规划实施的动态管控来保障城乡发展的用地需求。这种“总量控制、增量递减、存量盘活、流量放大、质量提高”的规土管理新方针和实施机制设计，是破解上海城镇化进程中土地资源制约、提高用地综合效益、整理未来发展战略空间的创新和探索。

（3）以土地综合整治助力涉农资源整合，土地整治推进思路由项目实施操作，向依托整治平台统筹各方资源转变。郊野单元规划建立起了统筹农村地区各类涉农规划、建设管理要求以及实施政策措施的平台。规划编制过程中，根据土地利用总体规划划定的基本农田、生态网络等禁止和限制发展空间，划定重点减量化整治区域，整合关于土地整治、产业结构调整、生态补偿、片林建设、农田水利、农业布局、村庄改造等各部门涉农专业规划、工程、资金及其他政策资源，综合谋划郊野地区人口、生产、生活、生态等城乡建设格局，引导城乡郊野地区有序发展，避免重复投入、无序投入造成的大量资金浪费和流失，整合政策措施聚焦支持郊野地区发展。

（4）以土地综合整治助力地区经济社会发展，土地整治效益由完成耕地保护任务，向激发郊野地区发展内生动力转变。本市郊野地区通过郊野单元规划实施土地综合整治，旨在“重整山河”的同时，壮大实施减量化的镇村两级集体经济组织的实力。一方面，引导集体经济组织建立长效的“造血机制”，即在土地利用总体规划尚有部分未落地规划空间的前提下，将减量的建设用地空间按一定比例转化为可供开发的新增用地空间，或者安排到规划布局合理、基础设施配套齐全、土地开发效益较高的区域，将所获利益反哺实施减量的集体经济组织，提升用地效率、提升经济收入、提升生态品质、提升规模生产水平。另一方面，倒逼农村地区“排毒”，即淘汰复垦有污染、高能耗、低效益的工业用地，适当归并零星分散的宅基地，盘活闲置的其他集体建设用地等，减少低端产业、减少环境污染源、减少人口压力、减少征地动迁矛盾、减少社会管理成本。这样，以“减量化”为前提的土地综合整治就实现了腾挪土地空间、盘活农村集体土地、壮大集体经济组织的目标，为上海郊野地区发展提供内生动力，让广大农民在不改变原来农民身份的同时，均等享受城市建设的成果。

3. 实施之术——郊野单元规划核心内容和实施途径

2012 年以来，上海开展了郊野单元规划编制的理论、技术和实施政策研究。作为郊野单元规划试点，本市率先启动了 5 个郊野公园单元规划的编制。今年以来又陆续开展了松江新浜、崇明三星、嘉定江桥等 3 个处于不同城镇化进程阶段的郊区镇的郊野单元规划试点。

在编制研究过程中，我们始终把握郊野单元规划“减量化”、“生态化”、“人文化”、“城乡一体化”的基本要求，在国家关于增减挂钩、土地整治的相关要求和既有节约集约用地政策基础上进行创新：一是以“减量化”为抓手，在增减挂钩政策基础上，叠加关于优化空间资源、集约用地布局的空间政策，并建立“造血机制”；二是以“生态化”为基调，加强土地整治项目的生态要求，改善农村生态生产生活环境、推进农业规模经营、落实生态网络规划；三是以“人文化”为特点，在充分尊重农民意愿基础上，保留地方乡土人文特色，保护传统城镇的水乡特色，保护历史文化遗存，延续历史文脉；四是以“城乡一体化”为原则，在整合郊野地区各类涉农资源的同时，提升规划统筹引领作用、提高农村地区公共服务能力和经济社会发展水平。

1）核心内容

郊野单元规划的核心内容以土地整治内容为基础，以解决上海新型城镇化过程中存在的问题为导向，努力成为上海推进新型城镇化、城乡一体化发展和美丽乡村的有效载体。具体包括：

（1）农用地整治

包括田、水、路、林等农用地和未利用地的综合整理、农业布局规划、高标准基本农田规划、农田水利系统规划、农田防护与生态环境、设施农用地规划等内容，全面落实市、区两级土地整治规划任务要求，是郊野单元内后续土地整治项目实施的直接依据。

（2）建设用地整治

确定集建区外现状建设用地的分类处置和新增建设用地的规模、结构和布局，重点是通过对集建区外的现状零星农村建设用地、低效工业用地等进行拆除复垦实现减量化。一方面，根据企业和农民搬迁意愿度调查结果制定减量化目标；另一方面，根据减量化激励措施和实施机制，明确集建区外现状建设用地减量化相应类集建区的空间规模、布局意向、适建内容及开发强度区间等，初步明确用地供应方式，建立建设用地“增”与“减”之间的勾连机制，做到地类和资金初步平衡测算，为未来郊野单元内增减挂钩项目区的选择和规划编制提供依据。

（3）专项规划梳理

对单元内现有的各项专业规划进行梳理。专项规划与单元规划一致的，整合纳入并落图控制；单元规划对专业规划有调整的和专业规划缺位的，经与相关专业部门协调、对接后，进行分析和论证说明，并提出规划编制建议，待后续专项规划优化后，再纳入郊野单元规划中，重点体现郊野单元规划的开放性和统筹性。

2）政策机制

郊野单元规划强调规划的实施性和可操作性，在规划编制阶段就要求将实施要求和政策保障纳入规划成果，因此更加注重规划实施政策和机制的研究。在整合衔接国家已有的关于增减挂钩、土地整治等土地实施政策基础上，重点进行了四个方面的研究创新：一是实施增减挂钩升级版的减量化规划空间奖励机制；二是提高带动地块开发强度的紧凑集约策略；三是研究为减量化集体经济组织提供长远收益保障的土地出让方式；四是建立减量化工作与土地出让计划和用地计划管理联动的管理考核机制等。

3）典型案例

新浜镇郊野单元：作为郊野单元规划试点，于 2013 年年中启动。以新浜镇土地利用总体规划和城镇总体规划为指导，通过对现状企业和农民搬迁意愿度的充分调查，对集中建设区外现状零星工业用地和宅基地进行整治归并。实现三减少、三增加、三提高，即减少低效用地、污染排放和社会管理成本，增加发展空间、生态用地和农民收入，提高当地的生产生活水平、用地综合效益和城镇化水平。目前，规划即将进入批复阶段，针对低效工业用地的减量化工作业已正式启动。

A.3 郊野地区规划工作的定位与战略思考[1]

管韬萍

上海市规划和国土资源管理局副总工，处长，高级工程师

近年来，本市以规划和土地管理机构整合为契机，深入推进“两规合一”工作。作为市级“两规合一”重要成果的《上海市土地利用总体规划（2006—2020年）》于2010年7月经国务院批复同意。全市关于城市建设、生态网络、产业发展、耕地保护等总体格局已经明确，集中建设区已作为各级部门管理和资源投入的重点，其中规划土地管理政策也非常清晰，但在集中建设区外，各项政策资源尚需统筹，规划土地管理亟待完善，尤其是对于本市郊野地区发展和需要从战略角度进行顶层设计，并从实施角度进行深化和细化。因此，

我局积极探索以郊野公园为试点的郊野单元规划编制和实施管理，拓展可持续发展战略空间，推进上海生态文明建设，通过郊野单元的规划、建设和管理，创新上海土地资源紧约束背景下城乡空间布局优化、低效建设用地减量化、集体经济发展、农村基础设施建设等一系列问题的管理思路，提升郊野地区生活、生态、生产环境水平，保障上海大都市郊野地区的经济社会转型发展。

1. 郊野单元规划工作的战略定位

1）控制全市建设用地总量、实现规划建设区外现状建设用地减量，是上海转型发展提升国际竞争力的必然要求

经国务院批准的上海市土地利用总体规划，确定了全市 2020 年建设用地总量应控制在 3 226 km^2 以内。至 2012 年末，上海的建设用地总规模已达 3 034 km^2，建设用地增长空间剩余 192 km^2，按近五年的用地速度，不到四年将突破建设用地的天花板。其中集建区外现状建设用地约 780 km^2，按规划需减量 380 km^2 才能为上海更长远的发展腾挪空间，大力推进减量化工作已成为上海可持续发展必须要面对和解决的问题。

2）郊野单元规划编制和实施，是推进上海生态文明建设、预留战略发展空间、促进城乡可持续发展的需要

集中建设区外的郊野地区集中了本市绝大部分的耕地资源和宝贵的生态资源，是上海耕地保护和生态文明建设的主要战略区。市级土地利用总体规划把郊野地区大面积基本农田为主的生态保育区，作为土地利用分区手段纳入全市基底性生态空间，凸现了基本农田布局的生态屏障功能，建立了具有上海特色的生态安全格局。郊野单元规划以土地整治为核心内容，以增减挂钩为政策平台，通过开展田、水、路、林、村等农村土地要素在功能和形态上的综合整治，使本市广大郊野地区兼具生态、景观、耕地保护等复合功能，同时实现提高农村生活环境品质、提升郊野地区生态空间功能、推进农业生产规模经营等多重目标，同时借力国家相对成熟的基本农田刚性保护制度，大大强化了上海对于城市生态安全基本底线的刚性控制力度，对于我市建设上海特色的生态文明，构建以大规模农田保育区为基底的城乡生态安全格局具有重要意义，也为上海的可持续发展预留了战略发展空间。

3）以集建区外现状建设用地减量化建立“造血机制”，是推动上海新型城镇化和新农村建设的需要

本市集建区外的现状建设用地，绝大部分为工业用地和农民宅基地，现状布局零星，基础设施配套不全，环境污染大；土地权属复杂，实际使用情况复杂；利用效率较低，低素质外来人口集聚，安全生产、社会稳定等存在一定隐患。通过郊野单元推进集建区外建设用地减量化，在政策取向上，重点是壮大实施减量化的镇村两级集体经济组织的实力，同步收拾本市郊野地区的“旧山河”。一方面，引导集体经济组织建立长效的“造血机制”，减量后节余的建设用地空间，可以按照一定比例转化为郊野单元内可供开发的新增用地空间，或者安排到规划布局合理、基础设施配套齐全、土地开发效益较高的区域，所获利益反哺于实施减量的集体经济组织，提升农村地区经济收入、提升农村土地使用效率、提升郊野地区生态品质、提升农业生产水平。另一方面，倒逼农村地区“排毒”，即淘汰复垦有污染、高能耗、低效益的工业用地，适当归并零星分散的宅基地，盘活闲置的其他集体建设用地等，减少低效土地、减少农村环境污染源、减少农村低素质外来人口集聚，减少社会管理成本。以“减量化”为前提，腾挪土地空间，盘活农村集体土地，建立“造血机制”，壮大集体经济组织，为郊野地区发展提供内生动力，有利于推动我市新型城镇化和新农村建设、让广大农民均等享受城市建设的成果、促进城乡一体化发展。

2. 郊野单元规划的核心内容和实施途径

1）核心内容

郊野单元规划以镇级土地整治规划为基础，通过对集建区外的现状零星农村建设用地、低效工业用地等进行拆除复垦，实现集建区外现状建设用地减量化，同时统筹农村地区各类建设管理要求，更好地落实各部门涉农专项规划和政策资源的整合目标，切实发挥规划在农村郊野地区的引领作用。通过规划编制，一方面，针对镇域集建区外的现状建设用地，分类明确其中的保留地块和复垦地块，并制定近、远期的复垦减量化目标；另一方面，落实减量化激励措施和实施机制，明确因减量化工作联动产生的建新空间规模、布局和用途。同时，对复垦减量后的土地，与现状田、水、路、林等农用地和未利用地结合明确综合整理方向，指导高标准基本农田建设、耕地质量提等、农业设施布局等工作。

2）实施途径

郊野单元规划为引领，以城乡建设用地增减挂钩等政策为工具，以土地

1. 2013 年 10 月 25 日在“城乡统筹背景下的郊野地区规划技术研讨会暨上海市城市规划设计研究院国土规划设计分院成立一周年庆”上的主题演讲。

综合整治为平台，以提升地区的综合功能和效益为目标，最终促进集建区外节约集约用地、产业结构调整、空间布局优化、生态文明提升、城乡一体化发展、农村地区面貌整体改善、农村居民收入增加、以及历史文脉传承等一系列目标的统筹实现。

（1）土地整治是郊野单元规划的实施平台。郊野地区不同于城市化地区，不是在城市化地区搞规划建设，不宜对现状地类进行过多、过大的调整，而应是一个尊重自然风貌、注重生态优先、有机整合农田林网、河湖水系自然肌理的土地综合整治项目。在郊野单元这个土地整治大平台上，一方面，落实耕地保护特别是基本农田保护任务，开展田水路林村综合整治；另一方面，根据郊野单元农民生活、生产的需求，配套建设农田水利等设施，建设道路、电力等市政设施，建设集中农村居民点（村庄）以及配套公益性文体设施、体验性农业观光设施、休闲性生态公共设施，改善上海郊野农村地区的整体面貌。

（2）增减挂钩是郊野单元规划实施的发动机组。郊野单元内新增的建设用地需求必须与现状建设用地减量化实施结合，互相转化，通过“类集建区”政策的设计“以增促减”，才能真正推动低效工业用地的淘汰复垦和农村零散居民点的适当归并，调整和优化郊野地区用地布局、产业结构和节约集约用地水平。另一方面，城乡规划和设计手段对新增用地（类集建区）的论证安排和功能性项目的策划，亦可以提高郊野单元的生态和景观品质，形成功能复合的生态空间。

（3）整合各部门政策合力是郊野单元规划实施的坚强后盾。在郊野单元规划实施过程中需要统一认识、聚焦政策，市区联手、共同推动。通过单元内现状建设用地减量化研究，划定减量区域，可以统筹郊野单元范围所涉及的各类专业规划和政策资源，整合全市关于土地整治、产业结构调整、生态补偿、片林建设、农田水利、村庄改造等各类项目和专项资金，聚焦投入到郊野单元的建设。

（4）利益反哺的造血机制是郊野单元实施的后续生命力。郊野单元规划中给予的类集建区空间，可用于郊野单元功能相匹配的项目落地，也可将减量化产生的建设用地指标腾挪至郊野单元外，使土地产生最大的经济效益反哺集体经济组织。

3. 郊野单元的创新实践思考：规土合一后本市集建区外郊野地区规划管理的三个转变

1）从土地整治项目管理到郊野单元平台管理

郊野单元建设在传统土地整治项目平台上，引入城乡规划全域网格化覆盖的编制和管理理念，土地整治不再局限于郊野地区一块一块的项目区，而是通过在郊野地区划分郊野单元，先是整单元、继而整村、整镇地推进土地整治工作，实现全域整治的土地管理目标。在郊野单元构建的全新土地整治平台上，原先相对小规模的土地整治项目区规划转变为整区域的郊野单元规划，原先单纯的农用地整治转变为多地类的综合性整治，原先相对单一的土地整治工作从一项技术工程转变为社会工程，可以聚合各部门涉农规划、工程、资金和政策。同时因为郊野单元规划编制对于部门协调统筹工作的前置性，也大大增强了后续整治项目实施的可操作性。

郊野单元成为上海集中建设区外广大郊野地区实施规划和土地管理的基本地域单位，是郊野地区统筹各专项规划的基本网格。郊野单元规划对集中建设区外郊野地区进行用地规模、结构布局、生态建设和环境保护的综合部署和具体安排，是指导集中建设区外土地整治、生态保护和建设、村庄建设、市政基础设施和公共服务设施建设等规划编制、项目实施和土地管理工作的直接依据。

2）从增量型规划到减量化规划

传统的城乡规划重在开辟和培育城市发展战略地区，习惯于扩张增量型的规划思维。而在土地资源紧约束的压力下，当前上海的建设用地利用已经接近上限，过去追求增量空间的发展模式将不可持续，规划国土管理工作必须面对减量化要求下推动上海城市发展的新的挑战。这不仅仅是上海城市发展策略转型和模式的转变，也要求上海城乡规划的编制理念、制度和技术方法做出相应的调整。

郊野单元的规划和实施以减量化目标为前提，通过腾挪土地空间、建立“造血机制”，盘活郊野农村集体土地，壮大集体经济组织，为郊野地区发展提供内生动力，是以规划和土地管理政策创新来推动我市新型城镇化和新农村建设，促进城乡一体化发展的一次重要探索。

郊野单元（包括郊野公园）不是单纯减量化，更不是大拆大建，而是探讨城市增量空间和现状低效建设用地减量化挂钩的转化关系，探讨上海在土地资源紧约束的压力下，从增量型规划到减量化发展策略转变的一次城市发展理念的革新。郊野单元规划的实施不是一蹴而就，大面积铺开，近期主要聚焦对农村低效工业用地的减量化，而对农村宅基地，则是一个在农民意愿基础上，将农村宅基地不断抽稀、减少、集聚的长期渐进过程，需要一个具有前瞻性的、有操作可行性的、可以统筹涉农资源的郊野单元规划，这是本市新型城镇化、新农村建设、实现集建区外建设用地布局优化和经济产业结构转型的一项重要准备工作。

3）从规划编制和项目实施分阶段管理到规划土地衔接管理

上海规划和国土两局合并、“两规合一”的大背景为郊野单元的规划出台提供了大好机遇。新的规划和国土资源局成立后，一直致力于行政流程整合和行政效能提升的顶层设计，具体如规划编制审批和土地审批事项的整合等，但具体的业务仍由规划和土地不同的业务部门管理操作。郊野单元规划的提出，改变了传统上规划编制由规划部门负责、项目操作由土地部门负责的分离做法，而是将土地实施管理要求前置植入规划编制过程。确切地说，郊野单元规划是整合运用了城乡规划和土地规划双重手段编制、包括总体布局规划、土地整治规划、生态景观规划、村庄建设、土地整治项目实施政策等一系列规划和研究的总和，是从规划到土地实施衔接管理的一次机制创新。因此，在郊野单元的规划编制和实施研究中，特别重视规划体系的建立和政策性保障措施的研究工作，市规土局分别出台相关文件，为郊野公园和郊野单元规划的编制实施试点保驾护航。

4. 结语

为深化推进“两规合一”、实施规划和土地的精细化管理，上海着力构建城乡规划和土地利用规划合一的完整体系，借鉴集中建设区内相对完善的规划体系、规划编制和管理模式，通过郊野单元规划思路、规划方法的创新和建设管理机制的探索，将以郊野公园为代表的郊野单元规划纳入规划土地编制和管理体系，尝试推进全域尤其是郊野地区的网格化管理；将郊野地区城乡统筹、优化布局、现状建设用地减量化、生态环境建设、节约资源等目标相结合，解决大都市郊野地区城乡一体化进程中关于规划土地协调管理的一系列问题。这是落实上海市土地利用总体规划和城乡总体规划的双重规划任务的需要，也是上海探索减量化模式下城市发展与规划建设之路的一次重要变革。

A.4 上海郊野地区规划的创新探索[1]

宋凌

上海市城市规划设计研究院副总工，国土分院院长，高级工程师

改革开放以来，规划和土地工作有力支撑了上海社会经济的稳定发展，使上海逐步向国际化大都市迈进。当前，中央提出新型城镇化战略以及建设美丽乡村的要求，上海自身也正处于转型发展的关键时期，市政府工作报告中明确提出要“始终把统筹城乡发展放在重要位置”。为此，上海的规划土地工作围绕国家战略和上海发展需求，依托“两规合一”的体制优势，规划重心向郊区转移，积极探索郊野地区城乡一体化发展的规划路径。

1. 对当前郊野地区规划编制的几点认识

1）上海郊野地区规划与土地的主要问题

（1）人口资源与环境压力逐步加大

上海全市现状人口和建设用地规模已超过 2001 年国务院批复的城市总体规划确定的 2020 年指标，且持续增长的趋势仍然存在，将对城市安全、生态环境和基础设施等带来巨大压力。

（2）生态空间挤压严重，城市集建区界线渐被蚕食

生态网络结构虽然已确定，但实施缺乏动力，同时由于郊野地区规划管理口径尚不完善，部分近郊区生态廊道内违建现象严重，划定的城市发展边界也屡有突破。

（3）公共服务资源不均等与浪费现象并存

由于二元结构的存在，上海郊野地区公共服务设施配套水平低、建设滞缓。同时，条线部门各自为政，局部地区重复建设等情况时有出现，缺乏规划统筹。

（4）土地利用粗放，后备资源不足

至 2012 年末，郊野地区（集建区外）现状建设用地约 780 km^2，工业用地存在低效高耗能情况，宅基地存在“散、乱、空”现象。新增建设用地需求旺盛，占补平衡指标紧张，制约城镇发展后续动力和可持续性。

2）上海郊野地区规划与土地的发展导向

（1）助推新型城镇化

受城乡二元结构等长期因素制约，上海农业、农村和农民在城镇化的进程中一直处于弱势地位。优质的生产要素向市区单向流动和聚集，在“减少农民”的同时也边缘化了农村、弱化了农业。同时，行政主导下的重城市规划、轻郊野规划现象突出，助长粗放型城镇发展和经济增长，使本来应该由产业发展推动的城镇化，变成行政手段主导下的“土地城镇化”。通过郊野地区规划，开展农用地整治、农村建设用地整治，整合各项专业规划，可以促进农地流转，推进农业产业化，提高农业生产效率；可以释放农村土地资

1. 2013 年 10 月 25 日在“城乡统筹背景下的郊野地区规划技术研讨会暨上海市城市规划设计研究院国土规划设计分院成立一周年庆”上的主题演讲，并发表于《上海城市规划》杂志 2014 年第 1 期。

源的空间价值，培育城乡产业融合的新动力；可以实现基础设施和公共服务的城乡一体化，加强城市向农村的反哺力度；可以推进居民的“迁转俱进”，走以人为本的可持续城镇化道路。

（2）体现生态优先

上海市郊野地区承担着保护城市生态资源、锚固城市生态网络、保障城市生态安全的重要责任。郊野地区规划通过集建区外现状建设用地减量化，促进全市生态网络规划落地，优化城市整体生态系统；通过“田、水、路、林、村”综合整治，还原农村自然风貌，加强自然活力恢复，促进自然环境更新、恢复生物多样性，营造丰富多彩的郊野景观氛围。郊野地区规划是坚持生态优先原则、建设美丽上海理念的具体体现。

（3）节约集约利用土地

郊野地区规划中，一方面通过减量化来收拾农村地区的“旧山河”，即淘汰复垦有污染、高能耗、低效益的工业用地，适当归并零星分散的宅基地，盘活闲置的其他集体建设用地，节约有限土地资源；另一方面通过统筹安排奖励类集建区空间、指标和建立“造血机制”，开辟郊野地区发展的广阔“新天地”，提高土地利用绩效，促进土地集约利用。

3）上海郊野地区规划编制的必要性

（1）落实国家耕保、高标准基本农田建设任务

目前，上海市面临着保障发展和保护耕地的双重压力。为贯彻“十分珍惜、合理利用土地和切实保护耕地”的基本国策，落实国家耕地保护和高标准基本农田建设的任务，《上海市土地整治规划（2011-2015年）》确定在规划期内通过基本农田整治补充耕地 1 787 hm^2（2.68 万亩），建设旱涝保收的高标准基本农田 98 667 hm^2（148 万亩）的目标。郊野地区规划中通过开展土地整治补充耕地以及确定高标准基本农田规模、布局、项目，建设集中连片、设施配套、高产稳产、生态良好、抗灾能力强，与现代农业生产和经营方式相适应的高标准基本农田，是落实国家耕地保护任务的重要途径。

（2）实施减量化、改善农村面貌

至 2012 年末，上海市建设用地总规模已达 2 990km^2，与本轮土地利用总体规划建设用地规模目标 3 226km^2 比较，建设用地增长空间很小。要想不突破建设用地“天花板”规模限制，在控制增量的同时，必须做好集建区外建设用地的减量化。上海市郊野地区存在着大量低效利用的工矿仓储用地和农村宅基地，科学编制郊野地区规划是实施集建区外减量化、改变农村“脏、乱、差”面貌的前提条件。

（3）服务“两规合一”规划管理需求

2008 年上海规土机构合并以来，利用体制优势开展“两规合一”研究，目前宏观层面规划基本实现“规土合一”，但在中观层面缺乏对郊野地区的统筹把控。借鉴城市规划在集建区内的规划管理模式，郊野地区规划编制构建“规土合一”的管理平台非常必要，以实现信息化、网格化、精细化的管理要求。

2. 对郊野地区规划的创新探索

自两局合并以来，在市规土局指导下，一直在“两规合一”城乡统筹规划方面积极探索，但对于郊野地区，即非城镇化地区的规划引导一直缺乏有效抓手，无法实现真正意义的“城乡统筹”。随着全国土地整治工作的开展和市规土局一系列针对减量化出台的政策文件，郊野地区规划正式启动。规划以土地整治规划为平台，以增减挂钩等政策为工具，以提升郊野地区综合功能和效益为目标，最终促进集建区外节约集约用地、产业结构调整、空间布局优化、生态文明提升、城乡一体化发展、农村地区面貌整体改善、农村居民收入增加等目标的统筹实现。

1）郊野地区规划体系

实现郊野地区的以上规划目标并非一蹴而就，需要构建一个规划体系，分层面、分阶段地推进。上海市城市规划设计研究院开展了郊野地区规划体系的研究，通过体系研究确定宏观—中观—微观各个层面规划的任务，逐层分解、逐层落实，将减量化和土地整治的思路贯穿规划体系，确保指标落实有规划，规划落实有项目，项目落实有资金。

“两规合一”的成果为郊野地区规划体系研究奠定了良好的基础，郊野地区规划锁定集建区外，与现有集建区内的规划形成互补和互动。宏观层面的市级土地整治规划和区县级土地整治规划解决功能定位、目标导向的问题；中观层面的郊野单元规划解决用地布局、分解项目的问题；微观层面的项目区可行性研究解决落实指标、估算资金的问题。目前，郊野地区规划体系的研究正结合上海总规修编工作进一步深化，为未来构建上海城乡统筹的“两规合一”的编制体系打好基础。

2）区县土地整治规划

区（县）土地整治规划是组织实施土地整治活动的基本依据，向上承接区（县）土地利用总体规划和市级土地整治规划，向下指导郊野单元规划编制，是统筹区（县）土地整治任务和项目安排的纲领性文件及行动计划。

本轮区县土地整治规划在市级土地整治规划“145”战略的指导下，对各区县的郊野地区未来发展明确了总体战略和规划目标，划示了重点区域，为各区县在郊野地区开展各类建设活动明确了方向。

在市规土局的指导下，国土分院编制了《上海市区县土地整治规划编制导则（试行）》，该导则在国家《县级土地整治规划编制要点》和《县级土地整治规划编制规程》的基础上增加了部分自选动作，包括将减量化任务通

过指标和布局予以落实；将生态网络中的重要廊道，通过划分“生态部分”和制定激励措施予以控制；将区（县）相关行业部门的专业规划进行统筹，确定近期建设的主要系统工程；划分郊野单元，加强对下位规划管控等。

3）郊野单元规划

郊野单元规划在镇（乡）级土地利用总体规划和城乡总体规划指导下，同时向上承接区（县）级土地整治规划，落实上位规划的相关指标、任务和要求，向下指导郊野单元规划实施方案和土地整治项目可行性研究报告等文件的编制和实施，进而指导集建区外各类项目建设和各类土地整治活动。

郊野单元规划是以规划和土地管理政策创新来促进上海市转型发展、推动新型城镇化和生态建设的一次重要探索。它的核心是围绕减量化政策，将土地整治规划、增减挂钩规划与城乡规划的内容相互结合，在规模和布局上体现协调整合要求。其主要内容包括农用地整治、建设用地整治和专业规划整合三部分。其中，农用地整治是对田、水、路、林等农用地和未利用地的综合整理，以及耕地质量建设（含设施农用地布局规划等）和高标准基本农田建设等；建设用地整治是对集建区外现状建设用地的分类处置和确定新增建设用地的规模、结构和布局，重点是通过对集建区外的现状零星农村建设用地、低效工业用地等进行拆除复垦实现减量化；专业规划整合是对集建区外农村建设所涉及的各类专业规划进行综合平衡，对各项控制要素进行落图细化。

4）郊野公园规划

郊野公园是郊野地区重要的生态网络节点。它将农业生产、生态保护和旅游休闲的功能有机结合，是对生态农业、观光农业的实践和发展。郊野公园建设不仅通过土地整治这个平台，实现公园范围内农业生产能力的提升以及农业经营模式的调整，还整合各部门资金和政策，加强林地建设、村庄整治、完善市政配套。同时通过减量化政策，为城镇布局优化、产业结构调整、人口城镇化提供了途径。郊野公园规划是规土部门在城乡统筹上的一次尝试，它是将一个特定区域宏观、中观、微观规划同步编制的系统性规划，也是一个将规划、项目与资金有效对应的整体策划。

目前，按照市规划和国土资源管理局批复的《上海市郊野公园布局选址和试点基地概念规划》，在郊区初步选址青浦青西、松江松南、闵行浦江、嘉定嘉北、崇明长兴岛五个郊野公园作为第一批试点。

3. 规划思考

通过两年来在郊野地区的规划实践，在深刻理解规划技术与政策、与管理关系的基础上，规划编制思路体现了以下三个转变。

1）由谋远期转变为重近期。原来的城乡规划和土地利用总体规划注重对远期目标的谋划，对于近期只是在远期基础上适当提炼，而且发展规划、城乡规划、土地规划也始终没有在近期层面上实现统一。但是近期规划是最现实的规划，只有将规划与政府任期、行政主体、五年发展规划、土地供应计划结合起来，才能体现规划的实施性，而近期规划就是最佳的载体。目前在郊野地区开展的区县土地整治规划和郊野单元规划就融入了这个思路，按照“做实近期，展望远期”的要求，规划分解近期的各项规模指标、落实近期需要实施的市政交通工程、安排三年内的增减挂钩项目和土地整治项目，确保规划在近期实施不走样，有限时间达到有限目标。

2）由重规划蓝图转变为重建设内容。原来的城乡规划和土地利用总体规划是蓝图式的规划，形成一个布局合理、功能有序的未来场景，但对于如何由现实变为蓝图，通过哪些措施来实现，规划却没有研究，有时甚至脱离现状而直接规划蓝图，导致出现规划脱离现实、无法操作的情况。通过这两年从事土地整治项目的经验，可以发现脱离现实、脱离政策框架的规划是行不通的，编制的每一个规划都要思考后续能否操作，设计通过哪些工程、何种项目能够实现，这样才能为管理部门提供一个管用、可操作的规划。因此，在郊野单元规划的编制中增加了建设内容的要求，即明确从现状到规划需要新增什么、改建什么、拆除什么；在区县土地整治规划的编制中提出了项目安排计划，对如何实现规划指标明确了具体实施时序。建设内容的要求也倒逼规划必须重视现状，倒逼规划师必须了解项目、了解资金，但这种倒逼是对现实的尊重、对规划的尊重。

3）由主导型规划转变为开放型规划。要实现规划的目标，不是规土部门一家能够完成的，需要依赖各行业、各行政主体的支持和配合，规划技术单位也应调整思路，从原先主导规划方案设计向服务相关部门、服务实施主体转变，在综合平衡的基础上守住规划底线，让各个利益主体在规划平台上都有发言权。在区县土地整治规划和郊野单元规划编制时需始终贯穿这个理念，尊重行业部门提供的专业规划，只要与规划目标导向一致、不与其他规划冲突，应尽量纳入规划，抓大放小、求同存异；同时基于规划的实施性，也要尊重实施主体对规划的意见，先易后难、量力而为、滚动推进，不拘泥于规划的法定性和完整性，以实现阶段目标为前提，渐进式地逐步完善规划。

4. 结语

随着郊野地区规划的不断深入，一定有许多问题需要进一步探讨和磨合，尤其是规划衔接、计划管理和政策细化方面。但是，对于这一新生事物，上海市规土系统各方都给予了宽容的态度和积极的支持，在规划过程中不断得到指导和支持。因此，未来上海郊野地区的发展目标与规划路径已初步明晰，规划师将在积极探索上海的城乡统筹与可持续发展之路上大有作为。

A.5 2013年10月25日“城乡统筹背景下的郊野地区规划技术研讨会暨上海市城市规划设计研究院国土规划设计分院成立一周年庆”领导、专家的精彩发言摘录

史家明

上海市规划和国土资源管理局副局长

目前开展的郊野单元规划、村庄规划对上海来说是探索性的规划。郊野单元规划的底限是对既有的城乡规划和土地规划体系的补充、完善和丰富。它最大的可贵之处，是把规划聚焦的目光引向广大的郊区。郊野地区规划探索具有深远意义，要确保规划的底限，同时确保其工作目标远远高于底限，要把郊野单元规划作为实现城乡统筹、新型城镇化和生态文明的载体。在现有规划基础上做出补充和改进，改变过去对农村忽视的态度，使之有利于解决三农问题。规划成果需要处理好远近结合、虚实有致、雅俗共赏的关系，要有崭新的规划理念和通俗易懂的技术层次。

郊野单元规划是个开放的规划。要做好土地整治、减量化工作。毛坯房最后有多漂亮，要看水电工、木工、漆匠这些相关部门愿不愿意提供支持，各显其能。要做到这一条，首先规划要让镇里的党委书记、镇长看得懂，要让他们愿意整合镇里资源实现规划，调动当地政府的积极性，再争取上级政府的资源整合。郊野单元规划应跨越政策界限，逐步统一思想，集各方之力，用足规划和土地政策，充分调动当地政府和农村集体的积极性，确保工厂拔点创造的经济效益和生态效益比原来更多，从而整合镇里的资源实现规划。

张玉鑫

上海市城市规划设计研究院院长，博士，高级工程师

上海在上一轮总体规划明确上海发展的重心由中心城向郊区转移，也促使城乡规划和土地管理的重心由市区向郊区转移。郊野地区长期以来属于城市发展从属区，不被重视，城乡统筹也没有将其作为重要区域。近年来，在市局领导下，市规划院会同地调院、工勘院、测绘院，在土地整理中心、区县规土局、科研院所及高校支持指导下，完成了6个区县的土地整治规划，4个郊野单元规划（郊野公园规划）试点，5个村庄规划试点，希望通过探索模式能总结经验，形成试点成果，把郊野地区的工作做好。

当前，上海正面临经济转型与体制优化的压力，快速发展与用地紧张的矛盾不断突出。郊野地区能为破解上海未来发展难题提供支撑，为上海提供生产、生活、生态的保障空间，是上海实现城乡统筹、规土合一的重要潜力地区，新型城镇化、城乡统筹、生态文明、美丽乡村等都与规划长期忽视的郊野地区直接相关。城乡规划体系需要不断创新、完善、传承，无论是对规划编制、研究还是管理工作都提出了更高的要求。

郧文聚

国土资源部土地整治中心副主任

上海又一次给我带来了惊喜。上海郊野地区规划是一项体现理性思考、务实精神、依法办事准则的工作。这个工作团队有激情、有梦想。我支持大家并愿意参与其中，共同把上海郊野地区的工作做好，从规划做起。

长期以来，土地利用总体规划的现实状况是管乡不管城，有“封建割据”之感；土地市场在城不在乡，需要顺应现实发展需求。面对现行制度和体制对新事物的制约，我们要思考：全国的制度和体制能拿来束缚上海吗？这个

问题确实得解决。怎么让上海的同志们甩开膀子去做，让一切有激情、有梦想的人去实现他们的激情和梦想，我们还得想办法。

希望整个团队以“实用主义”为起点，不忘“修正主义”，反馈、评估和改良已有工作，并将已有工作形成导则、规程、标准，达到“本本主义”，最后将整个工作提升到“唯美主义”，体现“美智”，共创梦想。

夏丽卿

上海市决策咨询委专职委员

郊野地区规划应与城市规划体系各个层面结合，尤其是与上位规划磨合，继续推进技术研究。协调好郊野地区规划与城乡规划体系、土地规划体系的衔接有利于促进其从数字到空间、从目标到地域的落实。

从城市总体规划层面上，必须将郊野规划工作“菜单”纳入总体层面考虑，强化空间管制，划示清楚郊野范围、城镇增长边界，并采取不同的规划要求、管理方式和政策。必须强化城乡一体的市政基础设施建设，强化生态资源保护。现有的规划只强调对水源的保护，缺少对水体的保护；生态网络只强调走廊建设，缺乏整合，缺少对生态敏感区和生态资源碎片化的关注。

从镇域规划层面上，要解决好居民点布局、耕地保护问题，划定耕地保护红线和生态底线，明确减量方向和增量方向，刚性与弹性政策并用，为农村地区预留发展空间。

叶贵勋

上海市城市规划学会常务副理事长

上海郊野地区规划的主体是乡城一体，以田野乡村为主体、生态田野为主要内容。要处理好郊野地区规划编制近期与远期、重蓝图与重建设、主导型与开放型的三个关系。要把握好上海郊野地区规划的定位，郊野地区规划编制不能照搬城市规划手段，应增加对“三农问题”、农村社会现象和历史人文问题的关注。

郊野地区规划的编制方法：从郊野地区规划“非法定”的特性来看，应自编规定、自编规范；从其“综合性”来看，应自定标准；从“可操作”层面出发，应自设程序；从“前瞻性”的要求出发，应考虑政策的变化。

希望郊野地区规划作为新事物，面对机遇和挑战，在总结经验的基础上不断调整，将工作继续落实和推广。

袁华宝

上海市土地规划学会副会长

郊野单元规划应关注土地开发利用和土地整治的融合，淡化其与体制、隶属等关系的考量；应强调土地整治体现生态功能，解决或避免围绕同一区域的单打独斗。

郊野单元规划应注意与现行相关规划的衔接，加强规划操作可行性和审批流程衔接，体现土地综合整治工程的系统性、整体性和关联性。除双用地指标腾挪、简化规划编制程序和建新免缴规费等激励政策以外，更应通过激励机制推动减量化。此外，郊野单元规划还应注重尊重土地整治责任主体的选择权和发展权，通过改变土地利用方式和农业生产结构治理污染区，并调整和具体化郊野单元规划和土地整治的评价标准。

林坚

北京大学教授

郊野单元规划要做成管用规划，纵向延伸上以“管”落实乡镇级土地利用总体规划的空间管制要求，横向推广上以“用”满足工程类的项目需求，实现乡村地区土地的集约节约利用。

从更高角度思考，郊野单元规划对土地管理工作具有重大创新价值，尤其是落实最严格的耕地保护制度、最严格的节约集约用地制度。创新往往会遇到阻力障碍，郊野单元规划应思考在现有规划体系中的定位，如何与土地利用规划、城乡规划体系衔接。

对该项工作的四点建议：一是多开会多联合，应与同是规土合一体系的城市（武汉、深圳、沈阳等）多研讨交流；二是多宣传多推广；三是自己批自己用，上海作为省级单位，规划应注重管用，并在实践中检验与完善；四是工作精细化，继续深入控规指标的研究与精细化管理。

楼江

同济大学副教授

关于郊野规划中怎样落实生态文明理念与城乡统筹战略谈四点思考和建议。第一，在规划中加强对生态的评价，注重土地利用、土地结构对土壤环境、地质环境和水环境的生态定量评价。第二，把重点放在引导产业布局、优化环境上。在郊野地区规划中预留充足的供城镇发展的产业空间，用工业反哺农业。第三，确定各类用地的结构需充分考虑城市发展阶段。例如，城市化率高的地区应提高商业用地比例，城市化率低的地区应以住宅用地为主。第四，在规划内容上要创新，农村土地进入市场，目的是显现农用地财产价值，提高土地产权价值，解决空置宅基地、增加农民收入等问题，最终实现城乡统筹。

张正峰

中国人民大学副教授

上海做了很多量大质优、有益性的探索。郊野地区规划的导则对规划体系、核心内容、规划管理以及政策上都作了很多创新，若能实施将会对上海农村面貌产生很大影响，并且对其他省份的农村规划编制具有借鉴意义。下一步规划工作不能仅仅停留在规划设计上，要尽快落地。

在上海郊野地区，土地利用粗放、工业用地与住宅用地交叉分布、农村居民点布局不合理、配套设施不完善的现状基础上，综合型土地整治作为解决郊野地区问题、落实城乡统筹战略的一种工具，最终目标是推动上海转型升级、实现城乡统筹。

要实现综合型土地整治的目标，必须规划先行，在对现有规划梳理的基础上，做好相关规划之间的衔接工作；其次加强政策引导，激励性政策和限制性政策并用；加强对项目的监管和后期管护；聚合规土、农委、水务等多部门资金，吸引社会资金，保障资金来源。

APPENDIX B

政策文件

B.1 沪规土资办〔2013〕40 号
关于成立市规划国土资源局郊野公园工作领导小组的通知

各区县规土局、局属各单位、机关各处室：

为落实市委、市政府部署，协调和指导有关部门、区县做好郊野公园相关工作，决定成立市规划国土资源局郊野公园工作领导小组。现就有关事项通知如下：

一、领导小组组成

（一）领导小组构成

冯经明局长任组长，徐毅松副局长、李俊豪副巡视员、张玉鑫院长任副组长。

成员单位包括综合计划处、总规处、详规处、土地处、财务处、办公室、市规划院、市测绘院、市信息中心、市地籍事务中心、市土地整理中心、市地调院等。

（二）领导小组办公室构成

领导小组下设办公室，作为领导小组日常工作部门。

管韬萍副总工任办公室主任，办公室成员包括综合计划处、总规处、详规处、土地处、财务处、办公室、市规划院、市测绘院、市信息中心、市地籍事务中心、市土地整理中心、市地调院等有关部门和单位的主要负责人。

二、领导小组主要工作职责

领导小组以切实保障郊野公园规划建设顺利进行为核心目标，其主要工作职责包括以下方面：

（一）做好市局与市相关部门之间、市局与相关区县之间的联系和协调工作。

指导区县和指导区县和相关单位做好郊野单元规划和郊野公园实施规划的编制和报批等工作。

（三）研究制定本市规划土地领域支持郊野公园规划建设的相关配套政策措施，并牵头予以落实。

（四）向市委、市政府及时报告本市郊野公园规划建设的进展情况和动态信息。

（五）配合市有关部门、相关区县政府贯彻落实市委、市政府有关工作要求。

三、领导小组及其办公室会议制度

领导小组及其办公室根据工作需要，定期或不定期召开会议，并以会议纪要明确议定事项。

（一）领导小组专题会议：听取领导小组办公室工作汇报，研究并决定重大事项。会议由领导小组办公室提请领导小组主持召开。

（二）领导小组办公室例会：由领导小组办公室定期召集相关部门和单位参加，落实领导小组专题会议议定事项，协调推进具体工作。

领导小组办公室负责将领导小组专题会议或领导小组办公室例会议定的事项告知各有关方面。

市规划国土资源局

2013 年 1 月 15 日

B.2 沪规土资综〔2013〕406 号 关于印发《郊野单元规划编制审批和管理若干意见（试行）》的通知

区管委会、长兴岛开发办：

为贯彻落实市级和区县级土地整治规划的相关指标任务和要求，研究制定《郊野单元规划编制审批和管理若干意见(试行)》，现予印发，请按照执行。

上海市规划和国土资源管理局

2013 年 6 月 7 日

郊野单元规划编制审批和管理若干意见（试行）

为完善上海特色的城乡规划和土地利用规划“两规合一”体系，有序推进本市集中建设区外郊野地区的网格化精细管理，统筹各部门专业规划和相关实施政策机制，针对本市郊野单元规划的编制审批和管理，研究制定本办法。

一、郊野单元规划的定义

郊野单元是在集中建设区外的郊野地区实施规划和土地管理的基本地域单位，是郊野地区统筹各专项规划的基本网格，原则上以镇域为 1 个基本单元。对于镇域范围较大，整治内容、类型较为复杂的，可适当划分为 2 ~3 个单元。

郊野单元规划是根据所在镇（街道、乡）国民经济和社会发展要求，对集中建设区外郊野地区的用地规模和结构布局、生态建设和环境保护等所作的一定期限内的综合部署和具体安排，是落实集建区外现状建设用地减量化任务的实施规划，是指导集建区外土地整治、生态保护和建设、村庄建设、市政基础设施和公共服务设施建设等规划编制和土地管理工作的依据。

二、郊野单元规划的定位与作用

郊野单元规划以镇（乡）为单位进行编制，是镇（乡）层面的土地整治规划，同时也是统筹引领集建区外郊野地区长远发展的综合性规划。

郊野单元规划在镇（乡）级土地利用总体规划和城乡总体规划指导下，同时向上承接区（县）级土地整治规划，落实上位规划的相关指标、任务和要求，向下指导郊野单元规划实施方案和土地整治项目可行性研究报告等文件的编制和实施，进而指导集建区外各类项目建设和各类土地整治活动。

郊野单元规划实施方案在郊野单元规划指导下进行编制，经批准的郊野单元规划实施方案作为集建区外建设用地（包括使用国有土地和集体土地）供应的规划依据和前提条件，是规划行政管理部门向建设单位或个人颁发集建区外建设项目规划许可（“一书三证”，即选址意见书、建设用地规划许可证、建设工程规划许可证或乡村建设规划许可证）和土地行政许可手续的管理依据。

土地整治项目在郊野单元规划指导下进行编制，通过可研立项、规划设计和预算等环节纳入项目管理程序。

三、郊野单元规划的核心内容

郊野单元规划的核心内容主要有三部分：

（一）农用地（含未利用地）整治。包括田、水、路、林等农用地和未利用地的综合整理、耕地质量建设（含设施农用地布局规划等）和高标准基本农田建设等基本内容。

（二）建设用地整治。研究并确定集建区外现状建设用地的分类处置和新增建设用地的规模、结构和布局，重点是通过对集建区外的现状零星农村建设用地、低效工业用地等进行拆除复垦实现减量化。一方面，要分类明确集建区外现状建设用地中的保留和复垦地块，并制定近、远期的复垦减量化目标；另一方面，根据减量化激励措施和实施机制，明确根据减量化目标产生的类集建区建设用地规模，并按选址要求进行布局。

（三）专业规划整合。郊野单元规划为开放性规划平台，通过统筹协调集建区外农村建设所涉及的各类专业规划，整合各领域资源，实现集建区外格局优化、用地集约、生产高效、生活便利、生态改善、城乡统筹的发展目标。

同时，为指导郊野单元规划实施方案编制，郊野单元规划中需明确郊野单元规划实施方案的编制范围和相关要求。

四、郊野单元规划的编制审批管理

（一）规划编制和审批的主体

郊野单元规划：由区县政府组织编制，报市规划和土地行政管理部门批复。具体由市规划和国土资源管理局土地综合计划处负责审核。其中，类集建区的选址布局等要求由总体规划管理处进行会核。

郊野单元规划实施方案：由镇乡政府会同区县规划和土地行政管理部门组织编制，具体编制要求和审批程序另行制定。根据国家和本市的有关规定，类集建区范围内控制性详细规划或村庄规划的编审程序应进一步优化环节、简化流程。具体由市规划和国土资源管理局土地综合计划处负责审核。其中，类集建区建设控制要素与集中建设区、村庄等相关规划之间的协调要求由详细规划管理处进行会核。

土地整治项目：各区县根据郊野单元规划制定土地整治项目实施计划，按照有关要求组织编制项目可行性研究报告后，市级整治项目报市规划和土地行政管理部门申请立项，区（县）级整治项目报区县规划和土地行政管理部门立项。

（二）规划编制的技术承担单位

郊野单元规划编制由具备土地规划编制资质的设计单位承担。

郊野单元规划实施方案编制由具备城乡规划编制资质的设计单位承担。

（三）规划编制与审批流程

郊野单元规划的编制审批流程如下，郊野单元规划实施方案的相关规定另行制定。

申请启动：区县政府按照相关要求向市规划和土地行政管理部门提出规划编制和修改申请，市规划和土地行政管理部门审定同意后方可启动。

编制审批：区县规划和土地行政管理部门经过现状调研和基础资料收集等准备工作，按相关要求编制完成单元规划成果后上报市规划和土地行政管理部门。市规划和土地行政管理部门组织专家和相关部门联合会审，对规划成果进行技术审查后予以批复（或回复审查意见）。

成果归档：市规划和土地行政管理部门负责批准文件的入库、信息平台更新等工作。

（四）规划的修改

经批准的郊野单元规划和郊野单元规划实施方案应当严格执行，任何单位和个人不得随意修改。如类集建区规模、布局和用地性质等相关强制性规划要素发生变化的，应由区县政府申请，经市规划和土地行政管理部门同意后方可启动规划修改。

B.3 沪规土资综［2013］416 号 关于印发《郊野单元（含郊野公园）实施推进政策要点（一）》的通知

各相关区县规土局，临港地区管委会、长兴岛开发办：

为配合郊野单元规划编制和实施，现将已明确的部分配套政策所形成的《郊野单元（含郊野公园）实施推进政策要点（一）》印发给你们，请按照试行。随着其他配套政策的逐步清晰和成熟，我局将进一步形成可叠加实施的政策要点并陆续发布。

上海市规划和国土资源管理局

2013 年 6 月 13 日

郊野单元（含郊野公园）实施推进政策要点（一）

一、类集建区的规划空间奖励

（一）关于类集建区空间比例

在区县政府统筹安排和镇乡政府推进实施下，在集建区外实现现状建设用地减量化的，可获得类集建区的建设用地规划空间。根据土地利用总体规划和土地整治规划确定的减量化任务，类集建区的空间规模原则上控制在减量化建设用地面积的 1/3 以内。

（二）关于类集建区选址布局

郊野单元规划经批准后，即初步确定了待激活的类集建区边界。相关建设用地减量化工作经市局确认完成后，对应面积的类集建区方可激活办理各类规划土地手续。经激活的类集建区边界和建设用地减量复垦后产生的新增耕地等，将一同纳入土地利用总体规划实施和大机现状数据库的年度更新。

类集建区选址结合新市镇总体规划研究确定。已启动新一轮总体规划编制的地区，需结合新规划远景方案研究；未启动的地区，应按照原批准的总体规划研究确定。具体选址要求如下：

1. 应邻近集中建设区，统筹考虑现状和新增发展需求，保证整体性。优先选择现状建设用地较为集中的地区，不占或少占基本农田。

2. 避免占用生态网络空间，不得占用水源保护区和市政交通走廊，严格限制占用近郊绿环和生态间隔带。

3. 原则上不纳入工业区块，严格限制新增工业用地。

4. 远郊和生态地区可以结合地区需要设置集中建设点。集中建设点原则上不得新增工业仓储、城镇住宅和为城镇生活区、产业区配套的公共服务设施等用地，如行政办公用地、批发市场用地、教育科研用地、医疗卫生用地（有特殊防疫需求的除外）、社区及公共服务设施用地（为集建区外地区配套的除外）。集中建设点在形态上应符合风貌控制要求。

（三）关于郊野单元实施方案（类集建区部分）

为满足类集建区内的建设用地需要，应按需编制郊野单元规划实施方案。类集建区范围内控制性详细规划或村庄规划的编制审批流程将根据国家和本市的相关规定另行制定，进一步优化环节、简化流程。

二、已批控制性详细规划的适度调整

对因建设用地减量化引起的安置和开发用地，如位于集建区范围内并有控规覆盖的，原则上应符合控规确定的相关控制要求。经郊野单元规划整体研究，可予支持开展控规适度调整。

（一）适当调整控制指标。对因建设用地减量化引起的安置和开发用地，在符合地区开发强度的前提下，经评估可适当调整控制指标。

（二）适当调整用地性质。对因建设用地减量化引起的开发用地，在符合土地使用相容性要求的前提下，商住办等混合用地比例可适当增加。

（三）简化控规调整程序（B 类）。涉及上述调整的，纳入控制性详细规划调整实施深化程序（B 类调整程序）。

（四）加强规划研究和审批流程衔接。对因建设用地减量化引起的安置和开发用地，可在郊野单元规划编制过程中同步启动关于公建配套、市政设施、规划地段内利害关系人影响等各方面的规划预评估，研究规划调整的可行性。在郊野单元规划实施方案中，确定地块具体控制内容。实施方案批复后，类集建区范围内控制性详细规划或村庄规划作为项目出让的依据。

上述调整将有利于形成更多的出让土地收益用于补偿减量化成本，或者可以提供集体经济组织形成“造血机制”（区县政府可将增加的部分建筑面积，以配建配套项目的形式作为出让条件之一，建成后形成可供减量化所在镇村集体经济组织持有并经营的物业，以实现壮大当地集体经济组织实力、保障农民长久生计和提高收入水平的目标）。

三、城乡建设用地增减挂钩政策叠加类集建区规划空间

（一）双用地指标腾挪

根据建设用地复垦减量化（拆旧地块）情况，等量新增建设用地计划和耕地占补平衡指标用于落实建新地块（含农民安置地块和节余出让地块）办理农转用手续。同时，鼓励建新地块选址在集建区内，如放弃类集建区空间的，可获得不低于放弃类集建区空间量 1/3 的双用地指标奖励。

（二）简化规划编制程序

郊野单元规划包含建设用地增减挂钩内容且达到增减挂钩专项规划深度。后续，按照拆旧建新范围直接编制增减挂钩实施规划，并可同步编制类集建区范围内控制性详细规划或村庄规划，用于指导拆旧建新项目的实施。

（三）建新免缴规费

增减挂钩实施规划中的建新地块办理农转用手续时，免向市级缴纳新增建设用地有偿使用费和耕地开垦费。

四、土地利用和出让的适应性选择

（一）采取适应性的国有建设用地土地出让方式

1. 在产权清晰、受益人明确的前提下，由区县人民政府集体决策，可通过在减量化挂钩建新区内的国有建设用地使用权出让中，采取限定地价、竞无偿或限价提供经营性物业（如公共租赁房、配套商业等）的方式，定向用于建设用地减量化的集体经济组织提供长远收益保障，建立长效“造血机制”。

2. 在产权清晰、受益人明确的前提下，对于建设用地减量化的集体经济组织投资建设经营性物业的，在减量化挂钩建新区内的国有建设用地使用权出让中，相关区县政府可通过集体决策的方式，确定出让底价和意向受让主体，通过定向挂牌的方式出让给实施建设用地减量化的集体经济组织或集体经济组织授权开发的区属全国有公司，形成“造血机制”。

（二）综合利用农村集体建设用地使用政策

综合利用征地留用地、集体建设用地流转、集体建设用地建设租赁房等农村集体建设用地政策，积极探索完善有利于集建区外建设用地减量化和布局优化、有利于低效建设用地盘活和绩效提升、有利于集体经济发展和农民生活水平提高的农村集体建设用地使用方式。

五、用地计划管理的考核联动

（一）将减量化工作考核纳入年度计划管理。按照年度减量化分解目标，将年度建设用地减量化计划和新增建设用地计划、新增补充耕地计划一起分解下达到区县，作为年度考核目标的重要组成部分。

（二）建立减量建设用地差别化奖励标准。市局根据区县实际的减量化任务完成情况，按年度进行新增建设用地计划的奖励。

1. 对通过集建区外现状低效工业用地复垦实现建设用地减量的，按复垦工业面积奖励不低于 15% 的新增建设用地计划。

2. 对通过集建区外现状宅基地复垦实现建设用地减量的，按复垦宅基地建设用地面积奖励不低于 10% 的新增建设用地计划。

区县所获得的奖励新增建设用地计划不得用于工业项目落地。

六、建立减量化工作联动核查制度

建新地块的开发，原则上必须在相应的减量化任务完成后方可启动。

为尽量给区县的减量化工作提供有利条件，试点期间，参照现行增减挂钩政策，减量和建新工作封闭实施，即在封闭周转期内减量工作和建新工作可同步进行。首期启动的建新项目用地面积与首期启动的减量任务等量，但封闭周转期末必须完成原定的减量化任务。

市局将建立减量化工作联动核查制度，对区县的减量化工作进行监督。

（一）指标扣还。在封闭周转期末，未按原定规划和计划完成减量任务的，新增建设用地计划和耕地占补平衡的差额部分将被市局强制归还。其中新增计划从下年度计划中直接扣还，占补指标从区县指标库中直接扣还。

（二）地块锁定。在封闭周转期末，未按原定规划和计划完成减量任务的，类集建区重新进入锁定状态，禁止再开发。已开发地块涉及的空间规划指标，在区县建设用地和基本农田的规划机动指标中相应扣减。

B.4 沪规土资综〔2013〕741 号
关于本市郊野公园实施推进若干建议的函

市发展改革委：

根据 10 月 12 日蒋卓庆副市长在郊野公园工作推进会上的指示，各相关部门协同做好试点郊野公园推进工作，市发展改革委主要负责郊野公园实施机制的研究建立工作。我局结合前期郊野公园规划试点推进情况，就相关实施机制和配套政策提出以下工作建议：

一、关于郊野公园定位和实施途径

郊野公园的规划建设，是本市在土地资源紧约束背景下推进上海生态文明建设、促进城乡统筹、推进新型城镇化、预留可持续发展战略空间的需要。上海的郊野公园既不是“城市公园”，也不同于国外的郊野公园，不以大规模的建设开发为前提，而是以郊野地区土地整治为核心内容，其实质是通过区域性的土地综合整治，巩固和完善较好的自然条件和生态资源，继承和发展当地人文脉络和历史风貌，根据各自目标定位和自身特色适当配设公共服务设施，满足市民都市游憩需求；同时，在建设用地减量化的前提下可少量配置与生产生态功能相融的配套开发建设，并形成“造血机制”，实现城乡空间布局优化，改善郊区面貌，增加农民收入，从而整体提升所在地区的经济、社会和生态发展水平。

二、关于郊野公园实施机制研究建议

郊野公园实施机制关系到公园建设资金的投放、出台政策的鼓励方向和后续保障机制的建立，因此建议结合投入产出分析，综合考虑三方面因素：一是从郊野公园建设成本的构成分析把握建设资金的投入；二是从郊野公园规划建设所能产生的综合效益分析探讨政策出台的鼓励方向；三是从郊野公园后续“造血”机制的建立保障公园建设实施的延续性。

（一）郊野公园建设成本分析

目前，各区县普遍反映的资金缺口主要在于郊野公园基地内农民的动迁。按照郊野公园的定位和实施途径，农民宅基地置换并非郊野公园建设的前提和必要条件，但是可以为郊野公园建设创造有利条件。郊野单元规划的实施不是一蹴而就，近期应主要聚焦农村低效工业用地的减量。对农村宅基地则是一个在农民意愿的基础上不断抽稀、减少、集聚的长期渐进过程，其产生的成本按照既有增减挂钩土地政策和相关实施经验基本可以平衡。因此，郊野公园建设成本的高低，不应以公园内农民宅基地置换成本的高低来衡量。郊野公园建设实际需要的资金投入主要分为两块：一是土地整治资金，包括土地平整工程、灌溉排水工程、田间道路工程、农田防护与生态环境保持工程资金等；二是公园生态建设资金，包括树种维护、环境景观塑造、生态和其他基础配套设施以及游客中心等配套服务设施的资金。其中，市级土地整治资金已通过市财政通道下发各相关区县，可基本涵盖土地整治项目的资金需求；真正需要区县资金投入的是其中无法纳入土地整治范畴的公园生态建设资金。这部分资金的来源，可以整合绿化部门的林业资金、农业部门的农业资金、建交部门的农村建设资金、水务部门的水务资金等部门专项资金予以支持。

（二）郊野公园规划建设综合效益分析

本市郊野地区的现状建设用地绝大部分为工业用地和农民宅基地，现状布局零星，基础设施配套不全，环境污染比较严重；土地权属和实际使用情况复杂；利用效率较低，低素质外来人口集聚，安全生产、社会稳定等存在一定隐患。通过郊野公园建设，推进集建区外建设用地减量化试点，倒逼农村地区“排毒”，可以淘汰复垦有污染、高能耗、低效益的工业用地，适当归并零星分散的宅基地，盘活闲置的其它集体建设用地等，减少低效土地，减少农村环境污染源，减少农村低素质外来人口集聚，减少社会管理成本。因此，郊野公园的建设效益不仅反映在为农业规模经营、生态观光休闲农业建设、绿化林业建设等创造有利条件，而且反映在整个郊野公园区域低效建设用地的减量、用地结构布局的优化、社会管理成本的减少等多方面。因此，郊野公园实施机制和政策措施的设计也应以这些方面的综合效益作为鼓励方向。

（三）郊野公园建设推进的后续造血机制

在郊野公园规划试点阶段，以调动各方积极性为导向，围绕引导和支持郊野地区通过建设用地减量化形成“造血机制”的核心思路，我局已形成了关于“类集建区”政策、创新土地供应方式、强化区县减量化考核等方面的配套政策和机制。如，减量后节余的建设用地空间可以按照一定比例转化为郊野公园内可供开发的新增用地空间，或者安排到规划布局合理、基础设施配套齐全、土地开发效益较高的区域；开发带动地块可以适度提高容积率，所获利益反哺于公园建设和实施减量的集体经济组织；土地供应方式上，在建设用地减量化挂钩的建新土地出让中，可以不改变集体建设用地性质继续供集体经济组织使用，也可以经征收后转为国有土地，由相关区县政府通过集体决策，以定向方式出让给集体经济组织或其授权开发的区属全国资公司，为郊野公园内实施建设用地减量化的集体经济组织提供“造血机制”，保障和提高郊野公园内原集体经济组织和原住农民的收入水平。“造血机制”的建立，可为郊野地区发展提供内生动力，为郊野地区新农村建设和新型城镇化建设开辟一种新模式，让广大农民分享城市建设的成果，促进城乡一体化发展。

三、关于部门分工

（一）建议市发展改革委牵头，研究统筹相关领域资金投入政策，建立保障郊野公园运营、管理和维护的有效机制。在已有规土政策和土地整治专项资金补贴的基础上进一步加大市级资金等方面的支持力度，重点研究郊野公园内相关土地出让收益专项用于实施建设的推进机制。

（二）建议市绿化市容局牵头，研究郊野公园在土地整治范畴以外的生态建设实施标准。郊野公园范围内的土地整治工作将为绿化林业建设、农业规模化经营、休闲游憩组织等奠定良好基础。建议市绿化市容局牵头市农委、市旅游局等相关部门充分发挥行业管理和指导作用。

（三）建议市规划国土资源局牵头，深化完善郊野公园规划建设方案，指导郊野公园后续土地整治、增减挂钩等相关项目的落地。

（四）建议以区县为主，统筹区内资源，选择区位条件好、级差效益高的地块进行试点；协调相关部门、街镇和实施主体公司，因地制宜、近远结合地落实资金保障、建设推进、运营管理等方面的实施措施，切实抓好试点推进，发挥示范作用。

特此致函。

上海市规划和国土资源管理局

2013 年 10 月 30 日

B.5 沪规土资综〔2013〕866 号 关于印发《上海市郊野公园规划建设的若干意见（试行）》的通知

各相关区县规土局，临港地区管委会、长兴岛开发办：

为进一步规范指导郊野公园的后续建设，明确郊野公园的建设管理要求，我局研究制定了《上海市郊野公园规划建设的若干意见（试行）》，并经第9次局长办公会审议通过。现予印发，请遵照执行。

上海市规划和国土资源管理局

2013 年 12 月 19 日

上海市郊野公园规划建设的若干意见（试行）

郊野单元(郊野公园)规划批复后,为进一步规范指导郊野公园的后续建设,明确郊野公园的建设管理要求,在《郊野单元规划编制审批和管理若干意见(试行)》(沪规土资综〔2013〕406 号)、《郊野单元(含郊野公园)实施推进政策要点(一)》(沪规土资综〔2013〕416 号)和《郊野单元规划编制导则》等相关文件的基础上,制定《上海市郊野公园规划建设的若干意见》。

一、郊野公园定位

郊野公园是以规划为引领，以土地综合整治为平台，以城乡建设用地增减挂钩等为主要政策工具，注重生态优先、尊重自然风貌、有机整合农田林网、河湖水系等自然肌理的区域性土地综合整治，是兼具生态、生产和休闲游憩等多功能复合的生态节点区域。郊野公园建设不同于城市公园，要多自然、少人工，应避免大拆大建和对现状地类进行大的调整，切实做到建设用地减量化、耕地面积有增加。

二、郊野公园建设目标

（一）通过开展田、水、路、林、村的土地综合整治，实现城乡空间布局优化，推动城乡一体化发展，改善农村地区整体面貌，增加农民收入，传承本土历史文脉，从而提升所在地区的综合功能，达到经济、社会和环境综合效益的最大化。

（二）根据郊野公园目标定位和自身特色，配套建设为当地居民生活和公园休闲游憩、观光等服务的公共服务设施以及道路、市政等基础设施，满足公园生态、生产和休闲游憩等功能需求。

三、后续规划

郊野公园应在批复的郊野单元（郊野公园）规划指导下，继续深化、完善规划方案，按需编制后续的城乡建设用地增减挂钩实施规划、郊野单元（郊野公园）规划实施方案（类集建区范围内的控制性详细规划）、相关专项规划以及土地整治项目的可行性研究报告和规划设计等，以指导郊野公园各类项目的建设实施。

四、农用地整治

郊野公园基地范围内通过对田、水、路、林等农用地和未利用地开展综合整理，应增加有效耕地面积，提高耕地质量，优化农用地布局，提升农用地在生产、生态等方面的综合功能。

农用地整治在郊野单元（郊野公园）规划的基础上，后续重点开展土地平整工程、灌溉与排水工程、田间道路工程、农田防护与生态环境保持工程以及其他工程，工程建设和资金的估算、使用应符合《上海市土地开发整理工程建设技术标准》（DG/TJ08-2079-2010）、《高标准基本农田建设规范（试行）》（国土资发〔2011〕144 号）以及《土地开发整理项目预算定额标准》（财综〔2011〕128 号）等相关规范标准的要求。

五、建设用地整治

郊野公园内现状建设用地减量化后产生的保留建设用地和类集建区用地使用，应当符合郊野公园内低碳环保标准，达标排污是先决条件。

（一）低效建设用地减量化

郊野公园基地范围以内（不包括集建区和其他建设用地区），“二调”底版上的建设用地地类：

1. 重点减量有污染、高能耗、低效利用的工业用地（原则上应包括郊野公园规划范围内的所有工业用地）。

2. 在充分尊重农民意愿、保护本土自然和历史文化风貌的前提下，逐步减量零散布局、整体面貌较差的农村宅基地以及闲置、低效利用的其他建设用地等。

（二）保留建设用地提质增效

拆除全部建筑物后利用原存量土地的，其土地按批准的规划要求进行建设；利用存量用地上原建筑物的，其建筑功能应根据公园需求进行提升。二类土地面积均纳入减量化区域，计入类集建区规模。

（三）类集建区激活

1. 类集建区激活

每确认完成一定量的减量化任务，可激活一定比例的类集建区空间。根据减量规模、规划和建设进度，类集建区的空间规模建立指标统筹机制。

2. 类集建区使用

由区县政府向市规划国土资源局申请使用类集建区，附带提交类集建区的规模、布局、用地性质等相关说明材料。市规划国土资源局收到申请后，由综计处牵头会签总规处进行审核。待市规划国土资源局审核同意后，适时调整三线，为类集建区的相关项目办理土地手续开辟通道。类集建区内建设用地的供应必须以批准的类集建区控制性详细规划或村庄规划为规划依据和前提条件。

3. 类集建区实施

除搬迁居民安置用地以外，减量化和类集建区建设实施时序上须做到“先拆后建”，即用于农村居民安置的类集建区可与减量化工作同步进行建设，其它作为经营性用地的类集建区必须在确认完成减量化工作后予以激活使用。

（四）类集建区建设内容

类集建区建设以满足公园安全和配套的基本服务功能为主，可适当安排休闲、健身、科教、体育、养老、旅馆、餐饮等与郊野公园相融的功能，不宜新建体量较大的医院、学校、会展和游乐场等设施，不得新建商品住宅、工业项目以及对周边环境影响较大的市政设施（如大型污水处理设施、垃圾处理设施等）。

（五）核心指标控制

1. 类集建区空间规模原则上不得高于减量化面积的 33%（即拆三还一）。

2. 规划建设用地总规模（含存量建设用地）占总用地面积的比例不得超过 15%。

3. 一期规划建设用地总规模（含存量建设用地）占一期总用地面积的比例不得超过 20%。

4. 一期规划类集建区面积占规划类集建区总面积的比例不得超过 60%。

5. 一期启动区内的类集建区面积须与一期减量化任务完成情况相挂钩。当一期范围内类集建区面积超过对应的一期范围内减量化面积的 33% 时，须明确与超出部分相挂钩的公园后期减量化区域。

六、专项规划

按需编制郊野公园所涉及的各相关专项规划，内容要与郊野单元（郊野公园）规划中的“专项规划整合”部分进行衔接。郊野公园专项规划和建设应满足以下要求：

（一）遵循集约节约用地原则。

（二）设施建设可依据已有的规范标准，结合郊野公园的特点和实际情况，因地制宜地引入“低碳生态”理念，示范性运用节能、节水、节地的技术和模式。

（三）相关建设应与郊野公园整体的风貌和景观特色协调、统一。

B.6 规土资综〔2014〕60 号

关于 2014 年度区县集中建设区外现状低效建设用地减量化任务的函

各相关区县政府：

根据已经市委常委会、市政府常务会议审议通过的《关于进一步提高本市土地节约集约利用水平的若干意见》精神，为深化土地利用制度改革，全面实施“总量锁定、增量递减、存量优化、流量增效、质量提高”的基本策略，现就 2014 年度区县集中建设区外现状低效建设用地减量化工作（以下简称减量化）有关事项函告如下：

一、2013 年起，本市在安排区县年度土地利用计划时已将集中建设区外现状低效建设用地减量化计划同新增建设用地计划、补充耕地计划同步下达。2014 年，本市将完善土地利用年度计划管理，进一步加大减量化推进力度，对区县减量化工作情况定期进行考核，并将考核结果与年度部分新增建设用地计划分解下达直接挂钩（考核办法详见附件），并建立减量化任务完成情况和经营性用地出让、年度综合考核相挂钩的工作机制。

二、请相关区县政府按照 2013 年和 2014 年本区域减量化工作任务量，认真摸清土地利用现状，加快郊野单元规划编制，统筹安排任务分解，研究实施机制并出台配套政策，落实整理复垦项目，大力推进减量化工作。

专此函告。

附件：

区县集建区外现状低效建设用地减量化工作考核办法

上海市规划和国土资源管理局

2014 年 1 月 30 日

附件

区县集建区外现状低效建设用地减量化工作考核办法

按照 2014 年全市 400 公顷新增建设用地计划根据区县减量化工作考核情况逐步释放下达的要求，现就分阶段考核有关情况明确如下：

一、第一次考核

考核时间：2014 年 5 月。

考核标准：一是正式启动相关镇乡的郊野单元规划编制，要求已形成规划中期成果，并能满足上级规划确定的区县减量化要求和下达区县的年度减量化任务；二是区县制定出台推进减量化工作的配套政策。对达到上述两项标准的区县，6 月初市局下达年度新增建设用地计划考核释放量的 30%；对只满足其中一项标准的区县，下达 15%。

二、第二次考核

考核时间：2014 年 8 月

考核标准：一是区县已完成年度郊野单元规划编制，并已上报市局审批；二是已全面完成 2013 年减量化任务。对达到上述两项标准的区县，9 月初市局下达年度新增建设用地计划考核释放量的 50%；对只满足其中一项标准的区县，下达 25%。

三、第三次考核

考核时间：2014 年 11 月。

考核标准：对完成了年度减量化任务总量 80% 的区县，12 月初市局下达年度新增建设用地计划考核释放量的 20%；对完成减量化数量未达到年度任务总量 80% 的，按实际完成数量等比例折算后，下达相应的年度新增建设用地计划考核释放量。

此外，区县全年减量化工作的推进情况，也纳入区县年度规划土地管理工作综合考核。

B.7 沪规土资总〔2014〕244 号 关于印发《关于进一步完善本市新市镇规划编制管理体系、推进郊野单元规划编制的指导意见》的通知

各区县规土局、局机关各处室、局属各相关单位：

为贯彻落实十八届三中全会、中央城镇化工作会议和农村工作会议精神，实现土地资源紧约束背景下新型城镇化与工业化、信息化、农业现代化同步推进，根据《国家新型城镇化规划（2014 — 2020 年）》的有关要求，结合本市实际，我局研究制定了《关于进一步完善本市新市镇规划编制管理体系、推进郊野单元规划编制的指导意见》。现印发给你们，请认真贯彻落实。

上海市规划和国土资源管理局

2014 年 4 月 28 日

关于进一步完善本市新市镇规划编制管理体系、推进郊野单元规划编制的指导意见

新市镇是本市推进城乡统筹和新型城镇化的重要载体。为贯彻落实十八届三中全会、中央城镇化工作会议和农村工作会议精神，实现土地资源紧约束背景下新型城镇化与工业化、信息化、农业现代化同步推进，在法定规划体系基础上，根据《国家新型城镇化规划（2014 - 2020 年）》的有关要求，结合郊野单元规划创新，对本市新市镇各类规划的编制内容和管理方法进行统筹梳理，进一步统一思想、明确定位、完善体系。现就完善本市新市镇规划编制管理体系、推进郊野单元规划编制提出以下意见。

一、指导思想

根据《城乡规划法》、《土地管理法》和《上海市城乡规划条例》等法律法规，按照以人为本、科学规划、城乡统筹的要求，加强新市镇规划编制和管理，强化法定规划的统筹和引领作用，强化规划和土地综合政策的支撑和保障作用，实施最严格的节约集约土地利用制度和耕地保护制度，进一步优化用地布局，增强公共服务功能，大力提升人居环境，切实保护郊野生态空间，全面推进城乡一体化发展。

二、工作原则

（一）依法合规、完善体系。以法定规划的内容和程序为基础，进一步完善城乡一体的规划编制管理体系，确保规划体系的系统性和完整性，增强开放性和适应性。

（二）总规引领、规土融合。充分发挥新市镇总体规划和镇（乡）级土地利用总体规划对镇域发展的引领和管控作用，加强规划和土地政策衔接，推动规划土地管理工作融合。

（三）分工协作、有效衔接。新市镇层面的各类规划要按照规划定位和分工，确保内容完整，加强相互衔接，提高规划编制质量，形成管理合力。

（四）机制创新、统筹发展。围绕规划实施和重点建设任务，综合统筹各类规划和土地政策的空间效力，创新规土融合的实施机制、节约集约的土地利用机制和城乡一体的利益平衡机制。

三、指导意见

（一）关于规划定位

1. 新市镇总体规划和镇（乡）土地利用总体规划（以下简称“两个总规”）是本市新市镇层面法定的规土统筹平台，承接区（县）总体规划和区（县）土地利用总体规划的总体布局要求和约束性指标，并有效指导控制性详细规划、村庄规划和郊野单元规划等规划的编制。主要任务是从总体层面明确城镇性质与规模、功能结构、总体布局、道路交通和市政公用设施以及村镇体系的等级、职能和规模，提出建设用地减量化要求和耕地保护任务等。

2. 郊野单元规划是统筹乡村地区土地利用和空间布局的综合性实施规划和行动计划，主要任务是落实“两个总规”要求，依托土地综合整治平台，集聚相关政策资源，推进农村地区低效建设用地减量化，促进建设用地布局优化和利用效益提升、生态环境改善以及农村经济发展。

3. 控制性详细规划是编制控制性详细规划实施方案、实施规划行政许可、土地出让等规划土地管理行为的法定依据，主要任务是明确“两个总规”确定的集中建设区内和城镇建设预留区内用地性质、开发强度和空间环境规划等相关控制要求。

4. 村庄规划是直接指导乡村各类建设项目实施的依据，主要任务是聚焦“两个总规”确定保留改造和优化完善的村庄，在满足村镇体系空间管控要

求和建设用地减量化任务要求基础上，统筹部署村域各项生产生活功能，具体落实村庄建设用地的空间布局和设施配套。

（二）关于编制要求

1. 强化总体规划对镇域的整体统筹

“两个总规”应进一步加强融合，充分发挥对镇域发展的引领和统筹作用。规划内容应覆盖全镇域和主要专项规划，从聚焦镇区为主转变为统筹集中建设区内外。

在用地规模、空间布局和管控要素等方面加强“两个总规”的相互衔接，对其它各类规划进行有效引导，并通过下位规划对具体项目实施刚性管控。

按照“同步启动、同步研究和同步报批”的程序要求开展新市镇总体规划编制（修改）与土地利用总体规划的实施评估和适时修改工作。研究制定“两个总规”编制（修改）技术要求、管理规程和管控要求，全面提高总体规划编制质量和管理水平。

2. 强化各类规划的有效衔接

新市镇各类规划在编制、管理和推进实施上加强衔接。在编制时序上，坚持总规先行，其它规划协同推进；在规划内容上，上位规划应明确对下位规划的管控要求，下位规划做好落实、衔接和优化，法定规划和实施规划之间实现内容和流程对接。

（1）新市镇总体规划和镇（乡）土地利用总体规划应明确乡村地区村庄布点原则和导向，对农村居民点选址、功能、规模、设施布局和建设标准提出要求。

明确集中建设区外郊野单元的边界和数量以及建设用地减量化任务。按照建设用地总规模不变的原则划定城镇建设预留区，明确预留区内的用地性质、空间布局和开发控制要求。

明确集中建设区内和城镇建设预留区内控制性详细规划编制单元的边界、数量和规划要求，明确集中建设区外保留和新增建设用地以及其它建设用地的控制性详细规划编制要求。

（2）郊野单元规划应以土地整治内容为基础，按照“两个总规”确定的减量化目标，全面落实市、区两级土地整治规划任务要求，具体应包括农用地整治、建设用地整治和相关专项规划梳理等内容。

农用地整治包括农用地和未利用地的综合整理、农业布局规划和高标准基本农田规划等。

建设用地整治重点是通过对集建区外的现状零星农村建设用地、低效工业用地等进行拆除复垦实现减量化，明确类集建区在城镇建设预留区的选址布局、适建内容及开发强度等，建立建设用地“增”与“减”之间的勾连机制。

（3）村庄规划（明确保留的村庄）应以“两个总规”为依据，以郊野单元规划为指导，与道路市政等各类规划相衔接，协调农田水利、农业布局等规划内容，合理布局各类用地，完善和提高公共服务设施和基础设施，改善农村人居环境，同时落实乡土风貌维护、自然历史资源保护等专项要求。

（4）控制性详细规划应以“两个总规”明确的集中建设区和预留区的相关规划要求为依据，以郊野单元规划为指导，做好与风貌保护、交通、市政、防灾等专项规划的衔接。

3. 强化郊野单元规划的政策保障

郊野单元规划要充分发挥综合性政策平台的作用，注重规划实施政策和机制研究，并将实施要求和政策保障纳入规划成果，为集建区外建设用地减量化提供实现路径和政策保障。

在整合衔接城乡建设用地增减挂钩、土地整治等规划土地实施政策基础上，聚焦低效建设用地减量化，积极促进集体经济组织和农民收益增加。建立土地、资金、农村集体经济组织以及农民的利益平衡机制。

将集建区外的建设用地减量化与类集建区内的土地使用相挂钩，实施减量化规划空间奖励机制。经减量化激活后，类集建区的土地可进入建设项目程序，实施减量化的地块复垦后获得的耕地可纳入基本农田管控和考核。

规划应考虑为集体经济组织提供长远收益保障的资源分配方案，并提出今后保障实施的政策措施。建立低效用地减量化与新增用地计划、供地计划管理联动的考核机制。

（三）关于工作推进

聚焦重点，统筹安排确定年度规划编制计划。结合农村人居环境整治、经济薄弱村帮扶和宅基地置换试点（铁路线、高压线、公路线“三线”地区，基本生态网络区域，郊野公园实施区域，敏感项目周边区域等），积极推进新市镇总体规划、村庄规划和郊野单元规划编制。

对于编制要求较急迫的乡镇，可依据土地利用总体规划，先行启动村庄规划或郊野单元规划研究，涉及需在总体规划层面予以明确的相关内容，优先开展新市镇总体规划编制，加快总体规划前期研究工作，或开展总体规划层面的专项规划研究（如村庄布点规划等），为各类规划编制提供依据。

本意见自印发之日起执行。

B.8 沪规土资综〔2014〕722 号
2015 年度“198”区域减量化实施计划编制工作的通知

各区县规土局：

为贯彻落实市委、市政府关于本市建设用地规模“负增长”的要求，全面实施规划土地管理“总量锁定、增量递减、存量优化、流量增效、质量提高”的基本策略，加快推进实施“198”区域减量化工作，现就开展2015年度“198”区域减量化实施计划编制工作有关事项通知如下：

一、计划编制的目的意义

“198”区域是本市推进减量化工作的重点区域。按照本市减量化工作的总体部署和要求，2015—2017 年“198”区域减量化的总量目标是 20 km^2，其中 2015 年目标为 7 km^2。编制“198”区域减量化的年度实施计划，是具体制定“198”区域减量化年度工作目标，分解落实工作任务的重要载体；也是有序推进“198”区域减量化项目实施，开展“198”区域减量化工作考评，以及市级专项补贴资金下达的重要依据。

二、计划编制的基本原则

（一）符合规划原则。各区县应结合新一轮城市总体规划修编工作，谋划“104”、“195”、“198”区域工业用地布局，明确重点实施减量化的“198”地块。年度实施计划编制要以土地利用总体规划、土地整治规划和郊野单元规划为依据，优先考虑位于基本农田保护区、水源保护区、薄弱村集中区域、生态网络空间以及规划郊野公园等区域的“198”地块。

（二）统筹安排原则。要坚持“效益优先、难易结合、统筹安排”的原则。优先选择经济薄弱村的减量化地块，优先选择有污染排放、安全隐患、违法经营以及减量化后经济、社会、环境等综合效益明显的地块。同时，考虑到年度计划的可实施性，需分析具体地块减量化的可行性及难易程度，并结合实际在年度实施计划中做好统筹安排。

（三）最低任务量原则。为确保全市“198”区域工业用地减量化 2015—2017 三年总任务量的顺利完成，本次下达各区县的 2015—2017 三年总任务量及 2015 年度任务量均为最低任务要求（详见附件 1）。各区县需考虑项目实施中存在的不确定性，在编制年度实施计划时，以最低任务量为基础适当提高计划实施量。

三、计划编制的主要内容

（一）2014 年计划完成情况评估。各区县应对市级下达的 2014 年工业用地减量化计划完成情况进行评估。具体包括：

⑴ 2014 年工业用地减量化项目立项、验收情况；

⑵预计到 2014 年底可以完成减量化任务情况；

⑶预计 2014 年立项，到 2015 年完成验收的项目情况；

⑷ 2014 年实施的“198”工业用地减量化项目，但按照一般整理复垦项目立项，未按照《关于“198”工业用地减量化土地整理复垦项目立项实施的指导意见》要求以“减”注记的，区县需进行梳理并按照“减”注记项目立项的要求补充相关材料，经市级审核同意后可纳入 2014 年度计划完成情况统计。

（二）2015 年计划减量地块情况。对纳入 2015 年实施计划的减量化地块，各区县需深入调查地块的位置、面积、权属、建筑物、企业经营等基本情况，预计实施减量化后复垦为耕地或其他农用地面积，明确实施推进的时间节点，并按照要求填报《××区（县）2015 年“198”减量化实施计划地块信息汇总表》（附件 2）。

（三）2015 年计划实施保障措施。各区县需在年度计划编制时，同步明确推进计划实施的相关保障措施，具体包括工作组织、阶段性进度要求等方面。

（四）成果编制要求。各区县减量化计划均应具体到每个地块，计划编制的内容包括编制说明、地块信息汇总表（附件 2）和地块分布图等三个部分（同步报送电子文档）。

四、相关工作要求

（一）及时组织编制工作。各区县局应及时报请区县减量化工作领导小组，组织开展本区县 2015 年度“198”区域减量化实施计划编制工作。同时，各区县局需对各镇乡等部门做好减量化的政策宣传、解答工作，并指导做好减量化地块的调查分析等基础工作，确保 2015 年实施计划成果编制质量。

（二）成果上报要求。各区县局完成 2015 年度“198”区域减量化实施计划编制后，应先报各区县减量化领导小组审查同意，并于 12 月 10 日前上报市局。市局对各区县上报实施计划进行审核后，将正式下达给各区县并抄送市发展改革委、市财政局。

上海市规划和国土资源管理局

2014 年 11 月 7 日

区县	2015-2017年任务总量	其中：2015年任务量
浦东新区	299	105
宝山区	108	38
闵行区	134	47
嘉定区	326	114
金山区	140	49
松江区	300	105
青浦区	218	76
奉贤区	308	58
崇明县（含长兴岛、光明集团）	167	108
合计	2000	700

附件 1

各区县 2015 年“198”区域减量化任务分解表

地块编号	1	2	3	…
乡镇名称				
现状地类(根据“大机”二调图斑层数据填写)				
地块面积（hm²）				
其中有证面积				
土地权属	国有/集体			
企业数量				
其中存在污染、安全隐患、违法经营等问题企业数量				
企业从事行业				
容纳就业人口				
其中本地就业人口				
待拆建筑面积				
其中有证建筑面积				
预计可复垦为				
耕地面积				
预计可复垦为				
其他农用地面积				
预计立项时间(具体到月份)				
预计验收日期(具体到月份)				
备注				

附件 2

× × 区（县）2015 年“198”减量化实施计划地块信息汇总表

B.9 沪规土资综〔2014〕849 号
关于减量化项目新增建设用地计划周转指标操作办法的通知

各区县规土局：

为扎实推进本市建设用地减量化工作，现结合区县实际需求，制定了减量化项目新增建设用地计划周转指标操作办法，具体内容如下：

一、工作目标

按照集中建设区外减量和集中建设区内增量挂钩的要求，下达给区县的年度新增建设用地计划不能用于普通商品住宅、商业和办公项目等经营性用地和一般工业项目，上述项目新增用地需求必须与建设用地减量化工作相挂钩。

为保障区县急需落地的项目，建立减量化项目新增建设用地计划指标周转措施。根据区县减量化项目的实施进展情况，市规划国土资源局相应带帽下达与减量化挂钩的新增建设用地计划指标，支持区县用于周转，推进急需的经营性用地项目落地。

建设项目使用上述新增建设用地计划指标的，其耕地占补平衡指标由区县统筹安排解决，开垦费和新增费按照通常标准缴纳。

二、基本原则

（1）专项使用。用于周转的新增建设用地计划指标规模（以下简称指标周转规模）与区县减量化任务完成情况挂钩，做到专项使用，并优先用于实施减量化工作的乡镇。

（2）分步下达。指标周转规模按照减量化项目实施进度分阶段预下达。

三、指标管理

1. 分阶段下达

（1）签约立项阶段。减量化项目完成签约、立项（注：项目立项前应先完成签约工作）后，区县可申请的指标周转规模为减量化项目立项规模的 40%。

（2）拆平复垦阶段。减量化项目完成拆平工作，区县可再申请的指标周转规模为减量化项目拆平规模的 40%。

2. 申请流程

区县规土局根据减量化任务的实施落实情况，向市规划国土资源局申请指标周转规模。

市规划国土资源局委托市土地整理中心对区县减量化项目实施进展情况进行审核并出具意见。

市规划国土资源局完成审核，将相应的指标周转规模下达给区县。

3. 指标归还

各区县减量化项目完成验收后，可按照建设用地减量化规模获得等量的新增建设用地计划指标（可以本年度全额下达；也可以根据区县申请分年度下达，期限为两年）。该等量的新增建设用地计划指标规模在冲抵区县已使用的指标周转规模后，剩余的新增建设用地计划指标可用于包括经营性项目在内的农转用。当年已使用但不能归还的指标周转规模，在下一年度减量化预下达的指标周转规模中相应扣减。

四、相关要求

（1）要加强减量化项目的组织实施工作。各区县规土局减量化工作领导小组要切实负责好减量化项目规范立项，并且在项目立项后要及时督促组织实施，做到立项一块、实施一块、消除一块。立项阶段，乡镇政府或村集体经济组织应与土地使用人签订减量化协议，落实“一地一档”。

（2）要加强主动服务。各区县规土局要认真履行职责，指导基层开展减量化工作，同时要支持市土地整理中心及时掌握立项情况和验收情况，共同做好减量化工作全过程监管。

（3）要发挥好指标的作用。预下达的指标周转规模统一纳入区县指标库进行管理，不能跨年度使用。市规划国土资源局将根据区县减量化实施情况及时下达，各区县要及时有效使用。

特此通知。

上海市规划和国土资源管理局

2014 年 12 月 22 日

APPENDIX C

郊野单元规划实施访谈记录

C.1 浦东新区访谈

访谈时间： 2015 年 5 月 29 日

访谈对象：潘美仙 上海市浦东新区规划和土地管理局潘美仙副局长（以下简称“潘”）

访 谈 人：殷 玮 上海市城市规划设计研究院国土分院总工程师（以下简称“殷”）

殷：浦东新区是否到了减量化的时候？是否符合发展阶段的需求？经济社会能否支撑减量化的推进？

潘：去年 5 月，上海市第六次规划土地工作会议提出“总量锁定、增量递减、存量优化、流量增效、质量提高”土地管理的“五量调控”新战略，对全面开展集建区外低效建设用地减量化工作提出新的要求，对建设用地“终极规模”要在规划上锁定，要实现建设用地规划总量的“负增长”，“减量化”将是今后相当长一个时期上海和浦东新区土地管理的重大主题。

就浦东而言，推进减量化工作，首先是浦东未来城市发展空间的需要。浦东现状建设用地已接近规划建设用地，城市发展空间相当有限，特别是去年以来市局收紧了新增建设用地年度计划的“紧箍咒”，以后还会逐年缩紧，我们明显感到了这种“空间不足”，这些都迫使新区调整土地利用方式，以前那种“摊大饼”式的粗放用地已完全行不通了，必须大力推进集中建设区外建设用地减量化工作，加大盘活存量土地力度，进一步促进土地集约节约利用。推进“减量化”是释放未来城市发展空间的有效途径，是关系到浦东未来 10 年、20 年或更长时间发展的重大课题。第二是改善城市生态环境的需要。浦东集聚了大批世界 500 强企业，但与此同时，还有不少高污染、高风险、低产出的乡镇企业……第三，是推进城市可持续发展，建设宜居城市的需要。

目前新区的经济发展已经到达一定的阶段，经济结构调整迫在眉睫，人民群众对提升生态环境的呼声越来越高，通过减量化可以有效把集建区外低效产业用地置换成产业区块的开发项目，增加耕地和生态用地，从经济上来讲是能平衡甚至促进的。

殷：浦东新区郊野单元的覆盖情况如何，可以讲一讲减量化的实施情况吗？

潘：浦东新区有郊野单元编制任务的有 17 个镇，其中 5 个镇已通过审批，今年有 12 个镇正在编制规划，计划确保 5 个镇的规划通过审批，争取规划覆盖率超过 50%。有减量化任务的 12 个镇，都已启动减量化工作，2014—2015 年减量化任务为 420hm2（其中 198 减量化 259 hm2），从已经批准立项的情况和各镇正在组织申报的情况，有望时间过半、任务过半。

殷：浦东新区推进减量化有怎样的组织保障、政策设计和资金支持？

潘：新区从区层面到镇层面都成立了以主要领导为组长的工作领导小组，成立专门工作班子。新区出台了三个相关文件，试点开展区级减量化项目、镇留存指标交易平台、企业挂钩扶持镇开展减量化等多项政策探索，积累了一定经验，这些政策从资金上体现了多渠道解决，激发镇的减量化积极性。同时区整理中心历年积累的土地整理资金确保可以预拨指标收购和补贴费用，实施区级或区镇联动减量化项目开展。

殷：浦东新区在减量化推进过程中遇到过什么样的困难？有什么特色的做法吗？

潘：据镇反映，减量化推进中遇到的问题主要体现在：缺乏顶层设计和法律保障，对于减量化和动迁之间的关系，适用手段比较匮乏；经济薄弱镇的融资比较困难；联合执法的协调机制尚未健全；对于闲置土地如何通过减量化进行消化解决的政策，尚有待完善。

新区在探索减量化的工作中，积极思考和探索，主要在各镇和企业之间牵线搭桥、资金指标挂钩方面有所突破；在推进机制上，将减量化工作和产业结构调整、外来人口调控、三违整治这四项工作结合起来，形成政策叠加、协同发力。

殷：您对郊野单元规划编制内容、减量化政策等有什么建议？

潘：郊野单元规划编制内容上，要突出体现基本农田保护区范围内的三农问题，保障农民权益和集体经济利益，完善农村配套设施，保护村庄风貌，以及宅基地布局管理上，要有法定依据的效力，要和美丽乡村的建设工作的需求相呼应。

减量化工作中，建议：一要从立法层面有所保障，推动减量化工作形成长效机制；二要从土地出让收入分配上，对镇在减量化工作中付出的成本从出让金分配中得到一部分平衡；三要从环保执法、供电供水、消防安全等多角度、全方位地参与，减轻镇与企业谈判的工作难度。

C.2 松江区访谈

访谈时间： 2014 年 12 月 11 日

访谈对象：尹萍萍 上海市松江区规划和土地管理局副局长（以下简称“尹”）

访 谈 人：殷 玮 上海市城市规划设计研究院国土分院总工程师（以下简称“殷”）

殷：松江最早启动郊野单元规划试点，您的实施经验应该是最丰富的，那么我们在实施过程中是否遭遇困难，又碰到哪些问题呢？

尹：现状低效建设用地的形成是一个历史过程，解决这个问题，不是一两年就能马上完成的。二三十年形成的局面，要靠短时间内解决好，确实也不现实。就算很快把之前的问题解决了，解决过程中可能会产生新的问题。而且，在短时间内，新问题可能不会完全地暴露出来。步子迈得太大，相关工作可能会反应不过来。

我们松江今年推郊野单元规划实施，总体来说比较顺利。但是现在在“减”的部分，可能是最容易、最简单的。事实上，有些问题已经开始初步显现，比如社会稳定问题。有些涉及减量的小企业主，会让员工到政府来上访甚至围堵，因为这涉及他们的生计。

我认为，做“减量化”工作需要各方面条件的支撑。单从我们规土部门来做，就这一两年的情况来看，会比较累。因为“减量化”是一个系统工程，包括农民的社会保障等。我觉得，这对于规土部门一家来说，问题实在太多。所以我经常在开会时提议，市级部门要打通相关通道，包括发改委、财政、社保、农委、水务等部门都要参与进来。我们规土部门作为着手点，叠加土地政策，在整个完整的体系下，有序推进“减量化”工作。那样，包括农民的社会保障等问题都能迎刃而解。

目前减量化是以各个街镇为主体在做，资金可能是首要的问题。另外涉及社会维稳等一系列问题，各级政府肯定会考虑；而资金方案上如果不可行，街镇政府就没有信心去做。

今天我也在和新浜镇沟通。事实上，他们不做这个工作也是可以的，只要面上做好，工作应该也可以了。但是从对老百姓负责的角度来说，街镇的领导更多地考虑了农村集体经济组织的收益、农民生活条件的改善、生态环境的改善等问题，所以才会选择做“减量化”。

作为职能部门，我们希望能为街镇政府服务，为他们提供渠道、做好保障。因为大部分的基层工作都是街镇层面在做，他们面临着实际的问题。我们的工作相对来说还是比较有局限性的，而他们则要通盘考虑社会问题。

殷：在郊野单元规划实施过程中，您认为市、区、镇各应扮演什么样的角色，承担怎样的责任？

尹：我觉得市级层面应在大方向做引导。有市级的支持，街镇会有很高的积极性。比如，在做市级土地整治项目的时候，一些街镇的积极性比现在更高。这是因为这些街镇的区位条件较好，考虑到各方面综合因素，他们希望整合市级的政策资金来推进工作。单纯靠街镇的财政，有些工作推进难度比较大。

作为区局来说，肯定也是支持的。但是要支持到什么程度，我们也没有考虑得很成熟。因为这要涉及区县整体面上的工作，需要做通盘考虑。比如，区里给新浜镇特殊政策了，那对泖港、叶榭怎么办？松江现在大概还有五、六万农民，相对来说东北片区较少，而浦南地区较多。浦南主要还是农村地区，这里的老百姓今后的出路在哪里，这都是非常困扰我们的问题。浦北地区是半城市化地区，虽然农民少，但是那边的农村问题可能更加严重。我们区局支持他们，可能还需要通过区层面整体协调。

其实，不管是土地整治，还是郊野单元规划，我们的目标都是一致的，都是为了保障农民的利益。

总体来说，从大的工作目标来说，市、区、镇都能感受到“减量化”可能带来的好处。但是在实际的工作推进中，我感觉我们要解决的问题太多了。像浦南地区的农村，农村集体经济组织如何壮大，农民居住条件、生活条件如何改善，都是我们要考虑的。

殷：最后的问题，接下来你们对每个镇的减量化都会有考核吗？

尹：我们计划是要有考核的。今年，我们先让街镇自己上报计划；在明年下达计划之前，也先让他们自己报。在他们上报的基础上，我们会做适当的调整。

殷：今天收获很多，真是非常感谢！

C.3 宝山区访谈

访谈时间：2015 年 1 月 7 日

访谈对象：王忠民 上海市宝山区规划和土地管理局副局长（以下简称“王”）

访 谈 人：殷 玮 上海市城市规划设计研究院国土分院总工程师（以下简称“殷”）

殷：王局，您好！关于郊野单元规划的实施，我们想听一下您的看法。首先，我们宝山是否到了做“减量化”的阶段？

王：从我个人的观点来说，郊野单元规划在不断推进的过程中，给我们土地管理和相关工作带来了很多挑战，也带来了很多机遇。我一直是这样一个观点，以前我们的土地管理可能侧重于建设用地的行政审批程序，但是，在郊区，特别是农村集体土地管理方面，应该说是偏弱的。以前的审批和管理，不管是从规划覆盖，还是从管理实施，总觉得有所缺失。虽然宝山城市化区域较大，但是还有相当一部分是农村。刚才提到的管理缺失，使得我们的农村，没有成规模的农业经营，也没有看到成片的农业地区。我也在思考该怎么有序地管理农村地区。郊野单元规划，从理论层面上讲，给了我们一定的管理补位。通过这样的补位，能够实现我们农村建设用地有序的管理。这是郊野单元规划从理论层面的重要突破。

第二个层面，在农村土地管理过程中发现，特别是在耕地保护区域，虽然有很强的执法力量，但是这个执法是一种被动式的执法，是发现问题后的执法，没有从有序管理的角度出发主动执法我们现在大多考虑如何将农地转换为建设用地，而没有在制度上考虑如何让这种情况倒过来。如怎么在财政体系上鼓励低效建设用地复垦，甚至让农民觉得我种绿化、种地是有利可图的，不用搞建设用地。在这一块，郊野单元规划也给了我们一个农民补偿的平台。

我是土生土长的宝山人。我印象中的宝山，以前都是一片片的农田。但是现在，我们郊环线以南，已经找不到像样的农田了。在城市开发过程中，因为缺乏有效的规划管理，造成低效、无序、摊大饼式的发展。大家都觉得这样的土地资源利用不合理。所以，以我对郊野单元规划的理解，不管是从环境整治的角度，从安全生产的角度，还是从我们有序管理的角度来说，郊野单元规划“减量化”确实到了实施的阶段了。

第三个层面，在郊野单元规划编制的过程中，我们整合了各方面的力量和资源，我们不仅是规划土地局一个部门在编一个规划。宝山区政府对这个事情已经有了充分的认识。市里第六次规土会议等会议的召开，以及市局不断推进这项工作，使我们认识到郊野单元规划不单单是以前墙上挂挂的规划了。从某种程度上来说，这个规划甚至有的时候更像一个计划。这个规划没有面面俱到，而是立足问题导向，在“减”上下工夫，制定了配套的政策，制定了管理计划，对具体工作的推动都比较有序。比如我们的配套政策，区规土局一家出不了这个政策。所以必须从区政府层面出发，联合相关委办局，统筹考虑相关的政策与建议。

现在，对于“减量化”，区政府已统一认识，北部地区需要“瘦身”和“减量化”。北部的农村，通过”减量化”，要像像样样地搞个农村。中间城市的发展，必须要支撑住。按照现在市局的要求，没有“减量化”就没有经营性用地的储备和出让。在这种背景下，我们想通过北部农村的空间结构的不断优化，来推动南部地区的发展。这就是我们区现在城市发展的大概思路和方向。所以，大家都觉得“减量化”是必须要做的。否则，北部地区，农村不像农村；中部的发展又受指标等各方面的制约，发展不了。我们希望通过南北的交流、沟通，达到发展平衡。所以，现在区委区政府有目标，我们有信心，想通过“减量化”更好地推进宝山的建设。

殷：通过这段时间的实践，您认为郊野单元规划还存在哪些问题？

在郊野单元规划编制的过程中，我们确实也发现了一些矛盾和问题，包括一些机制性、体制性的问题。比如宅基地、农村集体用地的退出机制。虽然现在大家都讲集体土地的流转，但集体土地流转，在全国、上海市，我们还没有成功的、先进的典范，没有具有参考意义的案例。大家都只是在理论层面谈谈。以后会产生怎么样的深远意义，我们基层政府现在很难判断的。这对我们郊野单元规划编制也会产生很大的压力。

再比如，大家都知道我们“拆三还一”类集建区的建设。我们一边在编类集建区，一边好像又在淡化它。从城市的规模管理上说，类集建区是一个没有法律定位的东西。它将来作为什么样的方式生存？两年之前，大家对类集建区“拆三还一”，感觉挺好。但是两年之后，我们今天再来看，城市都在瘦身了，集建区都在瘦身了，类集建区将来到底走向哪一种模式？

我们“减量化”要减，要给农民一个“蛋”。但是说实在的，这个里面隐含的经济关系比我们规土部门所能考虑到的复杂得多。一是财政转移支付，资金量很大，而且程序上也很复杂。在财政转移支付过程中，这个钱的使用是非常规范的。从上到下，不断地在审计。而涉及“减量化”时，我们可能也清楚，对小企业、原权利人的补偿实际上是弹性的，而且弹性系数非常大。我们在制定政策的过程中也想过，需要审计、公示、评估。这是从规范上没法突破的。但在实际操作中，这些小企业的评估价值，会因评估标准和评估公司的不同，产生巨大的差异。再比如农村建设用地，我们到底应该补偿多少钱？对土地怎么补？对资产的评估、补偿可能问题不大，但是对土地怎么补、需不需要补，都是很大的问题。因为在理论上，它没有发生产权转移，土地还是村集体的土地。

另外，我在和两个村的书记交流的过程中，发现他们对政策十分敏感。他们跟我说，现在不是集体土地要流转吗？不是说同地同价吗？现在你们出让土地的价格那么高，却只给我不到两成的补偿。以后土地可以流转了，我不期望出让那么高的价格，但是拿现在补偿价格的三四倍总没有问题吧？他提出这个问题，很难和他解释清楚。他也很难理解，土地出让金里面有很大部分是用在社会公共服务、城市基础设施上的。我只能和他说，将来就算土地可以流转了，你还是要看用地的规划和用途管制。如果是公共设施用地、道路、绿地，那你就不能出让了。当然，我只能在理论上和他这么解释了。

殷：王局，我们区里面有没有考核的制度？今年的“减量化”任务会分派给各个镇吗？如果完不成，对街镇的政绩考核会有一定的影响吗？

王：相关的制度是有的。从各个区县比较来看，宝山推进得可能不算领先。我们自己也在分析研究主要原因。第一个是我们宝山集建区外的土地比较少，可以说是全市最少的。第二，宝山的土地的价值高，用地市场需求大。在宝山，只要有违法用地产生，不愁租不掉，不愁借不掉。所以，工作推进阻力非常大。考核是有分值的。但是，我们规土整个系统也就是 2 分，我们也一直在争取。不过这个分数的制订还需要考虑到实际情况。比如，我们九个乡镇中，真正涉及到耕地保护的只有五个乡镇，所以这个考核难以在各个街镇之间平衡。

殷：谢谢王局，今天我们很受启发。

C.4 金山区访谈

访谈时间：2015 年 1 月 20 日

访谈对象：曹友强 上海市金山区规划和土地管理局副局长（以下简称“曹”）

访 谈 人：殷 玮 上海市城市规划设计研究院国土分院总工程师（以下简称“殷”）

殷：曹局，您好！我们想了解一下金山实施郊野单元规划的难点在哪儿？

曹：我认为其中很关键的就是解决资金来源问题。因为现在政府不能举债，所以，我们现在准备采用银行融资的方式来缓解资金压力。我们已经和银行有了初步的沟通，减量化立项以后就可以去银行融资，银行资本也因此参与到减量化当中来。

上海市政府现在有三个行动计划，有环保部门牵头的三年环保行动计划，经信委牵头的三年产业调整行动计划，当然还有规土局提出三年减量化行动计划。这三年，市政府层面要拿出 75 亿元，每年 25 亿元，对两百多平方公里的低效建设用地实行减量化。不得不说，这需要一笔非常庞大的资金。按照计划，金山减量化可能总共需要 60 亿元。

我们现在也在思考，是不是可以参照城中村改造模式。城中村改造拆建资金平衡是至关重要的事情。现在减量化拆的是 198 区域，需要考虑土地资金的平衡。考虑到资金平衡，我们就必须向银行融资。另外，我们也考虑 PPP 模式。金山的城中村改造就是 PPP 模式，农工商占 60% 的股份，地方政府占 40%。我想减量化是不是可以采取这种模式？虽然区域不一样，一个面对的是 195 区域里的城中村，一个是处理 198 区域里的建设用地，但是还是有采取相同的融资模式的可能性。

金山每年要拿出 20 亿元来做减量化。之所以必须做这件事，除了是政治任务外，也是为了我们金山长远健康发展考虑。但是，金山土地的级差地租很低。我们在减量化区域投入近百万一亩，但是由此腾出的指标在新城增减挂钩，住宅用地出让价格最多也只是 400 万元一亩，工业用地出让价格可能会远远低于成本。我们不像近郊区县，土地出让价格能达到上千万一亩，而且能够吸引足够多的人来居住。另外，我们的财政资金需要用于教育、医疗、社保等公共事业，如果全部投入减量化，金山城市运转的压力就非常大了。

殷：您觉得乡镇有积极性实施郊野单元规划么吗？

曹：从大局出发，这个事情不做不行。自从中央十八届三中全会开过之后，我们要认识到转型发展是必然趋势。上海也围绕着这些主题做了很多工作。前面我们讲到了环保局、经信委的行动计划，很多层面上和我们减量化工作是叠加的。我们规土系统踏踏实实在做减掉 198 区域低效的建设用地的工作。不得不承认，198 区域的这些工业，为中国的发展做过一定的贡献，但是是以消耗资源、污染环境为代价的。现在，全国资源环境已经不允许这种发展模式继续了。不说国家的政策，就说发生在我们身边的事情。现在很多人叫环保局长下河游泳，你去 198 区域周边的小河看看，谁敢下去游？

在减量化推进的过程中，我们也给了一些政策保障和行政激励，包括联合执法等等。而且我们在减量化过程中也充分重视企业和街镇的利益。

现在必须为城市长远发展考虑，改变以往以牺牲环境、资源为代价的发展模式，必须把我们的资源、环境还给我们的子孙后代。区里面开过会议之后，各个街镇的领导都说减量化必须干起来。所以，我们区也率先出台了保障政策，并配以一定的行政手段。

殷：那我们金山做减量化，主要针对的是工业用地，还是宅基地？

曹：金山区是分几步走，目前以建设用地减量为主。我不是说要打压工业企业，毕竟它们在特定时代是做了贡献的。但是，我们要考虑金山的资金和财力。因为现在市财政的政策是，减少一亩 198 区域的工业用地，有 20 万元的补贴。而金山 198 区域中的工业用地，主要是老的集体经济组织以及已经闲置的企业。这些推进减量化比较容易，在资金结算上面也比较没有争议。

关于宅基地的减量化，我们还要结合新型城镇化的试点改革来做。考虑到农民的意愿，我们在研究宅基地的有偿使用和有偿退出机制。

可以说，现在中国的城市化速度已在一个高峰期，农村宅基地的空置情况已经开始出现。按照新型城镇化的要求，我们在尝试做一个模板，以公平自愿原则，让农民进行宅基地置换。一个方案是宅基地换宅基地，换到区位较好，但是可能面积小一点的新宅基地内。这样对于城市整体来说土地可以集约使用，每户农民会节省两分地，同时农民也能更好地享受城市的公共资源。集聚起来之后，公共资源的配置会更加容易。第二个方案是农民上楼，即宅基地换城区里的两套房子。一套房子自住、另一套房子用于保障农民的收益。这种方案每户农民可以节省五分地。第三个方案是宅基地换现金，可能有部分农民也有这样的需求。当然，我们还在探索尝试之中，其核心是宅基地的退出机制，也可以理解为减量化，但是所需的资金巨大，一下全部推进的话对我们金山的压力会很大。所以，我们也是一步一步的摸石子过河。

就是尝试做这种模式，弄几个组团，把房子建起来给老百姓，这也是新型城镇化试点的主要内容。有偿退出怎么退？就是城中村改造的概念。怎样把老百姓的宅基地从资源变资产，资产变资本，就是这个概念，永远是这个方向。每年做几户，去减量化九万多户农民也很难操作，城市的压力太大，所以我们尝试这种模式，通过建立几个平台，现在叫新型城镇化试点宅基地有偿退出。

殷：感觉这几个方式都有现在很难突破的政策瓶颈。

曹：对的，关键是市里面要有政策，不能只是我们想。当然，现在各个委办局，包括农委也在积极思考。目前，我们比较倾向于异地安置，宅基地换宅基地，但是这样也需要政府补贴很多资金。

殷：您觉得在减量化实施过程中，最大的困难是什么，或者您有什么在政策方面的建议？

曹：我觉得最关键还是在于减量化获得的建设用地指标如何实现效益的最大化。一是希望市里面尽快建立一个建设用地指标的交易平台，原来的指标交易平台主要是耕地占补平衡指标，而且在资金使用上和现在的情况很不同，现在我们急需一个市场化的建设用地指标有偿机制。第二个就是对级差地租较低的区县，他们做减量化结余下来的指标，允许跨区交易。第三就是要整合各个委办局对减量化的政策配套和资金投入，力往一处使、钱往一处投，这样才能最快见到成效。

殷：谢谢曹局！

C.5 嘉定区访谈

访谈时间：2015 年 1 月 9 日

访谈对象：孙华新 上海市嘉定区规划和土地管理局副局长（以下简称“孙”）

访 谈 人：殷 玮 上海市城市规划设计研究院国土分院总工程师（以下简称“殷”）

殷：孙局，您好。在郊野单元规划实施中，您觉得嘉定是不是到了要做减量化的时机了？

孙：嘉定这几年，经济情况在全市郊县来说相对领先。不过，我们的建设用地总量，在 2013 年年底已经突破了集建区的规模和土地利用总体规划所规定的到 2020 年的总规模。特别是我们的 198 区域的建设用地，产出效率低下，社会管理成本高，存在一定的安全隐患，而且有些还有一定的环保问题。所以，嘉定到了要做减量化的时候了。

根据嘉定用地现状的问题，我们区委区政府是高度重视减量化。区里成立了减量化工作领导小组，区委书记担任第一组长。同时，我们还成立了减量化的办公室，包含各个委办局，包括我们规土局。我们通过专题会议研究、动员大会宣传，让各个部门、街镇、村都要重视减量化工作。区委提出，要通过土地利用方式的转变，来倒逼城市转型发展。而且，推进减量化这项工作，是把嘉定打造成长三角节点城市的必然选择和必由之路，我们要用更大的勇气来顽强地推动这项工作。

具体在用地方面，我们集建区外有大量的集体建设用地，包括低效的工业用地和农民宅基地，里面聚集了大量的外来人口。我们认为，从调整用地结构、优化城市发展空间、提升产业能级、人口规模调控，都必须要做减量化了。

殷：在推进郊野单元规划实施的过程中，嘉定是怎么分工的呢？

孙：刚才讲到了区里面成立了减量化的领导小组和办公室，嘉定规土局也是减量化办公室的成员。我们牵头来分解减量化的任务，分派给各个街镇。另外，我们的经信委研究 198 企业负面清单，通过十项标准筛选，选择要保留的和要减量的企业，计划到 2020 年要减掉 19.5km^2 的低效工业建设用地。我们的农委主要负责研究村集体经济组织在减量化中的相关政策。环保部门更不用说，加大环保执法的力量。我们的财政也配套出专门的减量化资金，每年投入 10 亿元用于减量化工作，到 2020 年可能共要使用 100 亿元左右。

殷：这些资金主要来源于哪里？资金平衡上有什么困难？

孙：这些资金分几块组成，一块是土地出让收益中的支农费用；第二是嘉定区的新城建设费；第三是区财政单独提出来的减量化专项资金，这也是最大的一笔。但是嘉定做减量化的成本比较高，所以这些资金也还是不够。

我们减量化工作是先易后难推进的。今年我们减量化的主要类型是闲置的工业用地，地上没有什么设备，停止生产的；第二种类型是违法用地、违章建筑。所以，相对来说，这些用地的减量化成本是相当低的。目前的指标收购标准只是试行一年。我也向区里领导反映过，2014 年、2015 年按照这个标准还是可行的，但是从 2016 年开始，当我们要涉及到正在运营的企业的时候，这个标准肯定是不够的。

另外关于资金平衡，全区在编制郊野单元规划，会做到区内全覆盖。如果规划研究发现，资金平衡单靠指标收购是实现不了，我们就会通过增减挂钩的方式，让他自己平衡资金。这种情况下，我们只收购他增减挂钩后结余的指标。像我们现在正在编制江桥的郊野单元规划就遇到这种情况。江桥的地价很高，减量化的成本也很高，大规模靠指标收购肯定是不能实现资金平衡的。所以必须要通过他自己增减挂钩，出让建新地块的土地获得收益，来弥补减量化的成本。

殷：我们嘉定在做减量化的过程中，对于农民是怎么安置的？是让他们转为市民了，还是继续保留农民身份？他们的耕地是流转经营，还是一次性征收给予一定补偿？

孙：嘉定通过增减挂钩的政策，农民是上楼居住的，但是还是保留农民身份。因为嘉定在早些年就解决了全区农民的镇保问题，所以这个过程中不会涉及农保转镇保的资金压力问题。农民上楼之后，他们的土地流转出来，让村镇的合作社统一经营。所以农民实际上可能比城镇居民享受了更好的福利，能享受镇保，又能享受合作社集体经济的分红收入。

殷：那现在嘉定已经开始实施郊野单元规划的街镇有哪些？就是江桥吗？

孙：我们现在除了江桥镇的郊野单元规划，还有郊野公园、南翔的郊野单元规划已经获得批准。另外，我们的外冈等地的郊野单元规划正在上报市局，其他镇的也陆陆续续在做。我们非常重视郊野单元规划，因为这个规划不做的话，减量化的目标和任务就很难有序地实现。

殷：因为像嘉定从南到北土地价格的差异性比较大，各村镇的经济情况也不一样。那么，减量化过程中各个镇村对老百姓的补偿和安置标准是如何制定的呢？是镇里面来制定还是区里统一安排？

孙：都是各个街镇根据自身情况来安排的。

殷：现在街镇是不是有一定的自由度来做跨镇的异地安置？比如外冈镇做了减量化之后，能不能把老百姓安置到新城？现在有这样的机制吗？

孙：异地安置目前还不行，但是我们正在积极推进研究。现在嘉定新城空置的房子较多，我们也想通过减量化安置老百姓到新城来居住，消化一定量的空房库存。但是新城房屋的价格也比较高，因为地段好，地价本身就很高。不像动迁安置房，成本比较低。不过，总体而言，嘉定的农民宅基地拆迁安置应该不成问题。在我们的减量化目标中，宅基地置换占了比较小的比重。我们到 2020 年总体的减量化目标是 21.5 km^2，其中工业减量 19.5 km^2，宅基地是 2 km^2。在我们的郊野单元规划编制要求中，工业用地的减量需要达到集建区外建设用地的 2/3。如果达不到，这个规划是通不过的。

殷：工业用地的减量很可能会影响到一些街镇的税收收入，而且其中一些企业还能带动解决就业问题，所以减那么大量的工业会不会在这些方面有很大的影响？

孙：你说的这种情况，我们以后肯定会碰到。不过我们区里面已经有了应对的政策。我们区里研究决定，要做建设用地的减量，同时要实现农民和集体经济组织的收入和资产的增量。如果给老百姓的利益不增加，我们的减量化政策是肯定推行不下去的。虽然，我们减量化的这些企业，他们的税收对于全区的税收总量来说微不足道，亩均税收可能一万元不到，但是，很多村主要是靠这些厂的租赁费用活命，没有这些企业，这些村很可能会变成贫困村。所以，区政府发文，在区级土地发展利用中出台了集建区外减量化的村级集体经济组织可持续发展的若干意见。具体的操作方法有两种，一种是以地换地，还有一种是以房换房。以地换地的做法是村集体实行减量以后，区政府会给他们在类集建区内考虑划拨一块土地，用于经营。这个土地可能不是对应着一个村，而是很多村形成资产公司来经营这块土地，然后各个村分红。如果村集体没有招商能力，我们街镇会统一安排招商。以房换房指的是将原有的低效物业置换为高效物业。这一块，我们也在思考，减掉了集建区外村集体的物业资产后，如何在新建地块中拿出一定比例的物业来补偿村集体经济组织。这个新建的物业一般是在集建区之内的，区位条件更好，因此受益也会更多。这种做法也得到了市局领导的一定的认同，而且我们之前也尝试着操作过。

殷：还有一个比较细节的问题，因为我们看到区委区政府很重视郊野单元规划的实施工作，我们有没有把减量化的任务放到镇领导的政绩考核里？

孙：有，去年就放进去了。减量化已经是区委区政府对街镇的五大考核之一。可能以后，当减量化深入推进的时候，我们还会进一步建议把减量化的考核分数的权重调高。

殷：您觉得我们嘉定在减量化实施过程中还会有什么问题，或者您有什么建议？

孙：我觉得问题可能有几个方面。第一，是要加强减量化工作的顶层制度设计，让减量化有法可依。因为减量化工作让我们上海水更清、天更蓝、地更绿，所以应该从制度层面界定减量化是一种公益行为，在立法层面增加规范性的支撑。这样，我们在处理污染的、低效的工业企业的时候，我们就更有依据，同时可以采取一定的法律手段。第二，希望市级层面加强政策支持力度。目前，市里的支持主要有类集建区的“拆三还一”和工业用地减量的资金支持。但是，随着减量化工作的深入推进，这些支持可能还不够。我建议我们上海在全市的土地出让收入中单独辟一块资金用于减量化，和教育、水利、农业一样有专门的资金支持。第三，我觉得在组织机构上，要加强各个部门的合作。单靠规土局一家来推进减量化实在是太困难了。要使减量化成为一个长效持久的工作，我们必须整合其他部门的资源，包括发改委、财政、农委等等，大家一起合作，有目标、有分工、有时序，这样才能在整体上推进减量化。

殷：谢谢孙局！

APPENDIX D

参考文献

· 中国共产党第十八次代表大会报告，坚定不移沿着中国特色社会主义道路前进，为全面建成小康社会而奋斗 [R]，2012.

· 中国共产党第十八届中央委员会第三次全体会议，中共中央关于全面深化改革若干重大问题的决定 [R]，2013.

· 国家新型城镇化规划（2014-2020），2014.

· 上海市人民政府印发关于编制上海新一轮城市总体规划指导意见的通知，2014.

· 庄少勤，史家明，管韬萍，张洪武，吴燕 . 以土地综合整治助推新型城镇化发展——谈上海市土地整治工作的定位与战略思考 [J]. 上海城市规划，2013(6):7-11.

· 管韬萍，吴燕，张洪武 . 上海郊野地区土地规划管理的创新实践 [J]. 上海城市规划，2013(5):11-14.

· 宋凌，殷玮，吴沅箐 . 上海郊野地区规划的创新探索 [J]. 上海城市规划，2014(1):61-65.

· 郧文聚主编，土地整治规划概论 [M]，北京：地质出版社，2011.12.

· 张小林，盛明 . 中国乡村地理学研究的重新定向 [J]. 人文地理，2002(1):81-84.

· 周心琴，张小林 . 我国乡村地理学研究回顾与展望 [J]. 经济地理 ,2005(2):284-285.

· 杨吾扬 . 区位论与产业、城市和区域规划 [J]. 经济地理，1988(1)：3-7.

· 刘彦随 . 城市土地区位与土地收益相关分析 [N]. 陕西师大学报（自然科学），1995（1）：95-100.

· 郧文聚，杨红 . 农村土地整治新思考 [J]. 中国土地，2010(1):69-71.

· 周其文 . 成都城乡统筹启示录 [J].《国土资源导刊（湖南）》，2010(12):56-58.

· 程世勇 .《“地票”交易：模式演进和体制内要素组合的优化》[J]. 学术月刊，2010 (5)5.

· 杨继瑞，汪锐，马永坤 . 统筹城乡实践的重庆“地票”交易创新探索 [J]. 中国农村经济，2011 (11):4-9.

· 华生，城市化转型与土地陷阱 [M]. 北京：东方出版社，2013.

· 周其仁 . 城乡中国（上）[M]. 北京：中信出版社，2013.

· 周其仁 . 城乡中国（下）[M]. 北京：中信出版社，2014.

· 赵钢，朱直君 . 成都城乡统筹规划与实践 [J]. 城市规划学刊，2009（6）：12-17.

· 胡滨，薛晖等 . 成都城乡统筹规划编制的理念、实践及经验启示 [J].

规划师，2009（8）：26-30.

· 曾悦 . 三分编制 七分管理——成都城乡统筹规划经验总结 [J]. 城市规划 ,2012（1）：80-85.

· 阎 星，田 昆， 高 洁 . 破除二元体制，开拓中国新型城市化道路——以成都城乡统筹的改革创新为例 [J]. 经济体制改革，2011（1）：112-115.

· 孟庆，彭瑶玲，刘亚丽 . 台湾地区非建设用地规划管理的经验和启示，转型与重构——2011 中国城市规划年会论文集：1356-1366.

· 中国社会科学院经济研究所政治经济学研究室，杨新铭 .《台湾土地制度演变历程的启示》.

· 张修川 . 台湾农村社区土地重划的经验 . 中国土地，2012（8）：57-58.

· 刘剑锋 . 城市改造中的土地产权问题探讨——德国和中国台湾、香港地区经验借鉴 . 国外城市规划，2006（2）：48-50.

· 赖寿华，吴军 . 速度与效益：新型城市化背景下广州“三旧”改造政策探讨 [J]. 规划师，2013（5）：36-41.

· 城市规划学刊编辑部 .“新型城镇化与城乡规划”笔谈 [J]. 城市规划学刊，2014（3）:1-11.

· 姚士谋，张平宇等 . 中国新型城镇化理论与实践问题 [J]. 地理科学，2014（6）:641-646.

· 张樵 . 以规划为基础推进成都统筹城乡综合配套改革试验区建设 [J]. 成都规划，2009（2）:7-9.

· 王英，佘雅文 . 重庆地票交易制度与运行问题研究 [J]. 建筑经济，2011（12）：61-64.

· 刘彦随 . 科学推进中国农村土地整治战略 [J]. 中国土地科学，2011（4）:3-8.

· 杜远 . 重庆地票四年 [N]. 经济观察报，2013 年 6 月 24 日（13）.

· 黄美均，诸培新 . 完善重庆地票制度的思考——基于地票性质及功能的视角 [J]. 中国土地科学，2013（6）:48-52.

· 广州三旧改造背景下的城中村改造策略探讨——以海珠区土华村更新改造规划为例 [C]. 2011 中国城市规划年会论文集：转型与重构 . 南京：东南大学出版社，2011:728-735.

· 龚清宇 . 追溯近现代城市规划的“传统”：从“社经传统”到“新城模型”[J]. 城市规划，1999（2）:17-19，21.

· 董戈娅 . 重庆都市区非建设用地规划及管理控制方法研究 [D]，重庆：重庆大学，2007.

· 李贵仁，张健生 . 国外乡村学派区域发展理论评介 [J]. 经济评论，1996（3）:67-71.

· 牛毓君 .“反规划”视角下的城乡结合部土地利用规划研究 [D]. 北京：中国地质大学，2013.

· 郑开雄 . 快速城市化地区新农村规划研究 [D]. 天津：天津大学，2011.

· 龙花楼，张杏娜 . 新世纪以来乡村地理学国际研究进展及启示 [J]. 经济地理，2012（8）:1-7，137.

· 陆益龙 . 超越直觉经验：农村社会学理论创新之路 [J]. 天津社会科学，2010（3）:65-70.

· 上海市城市规划管理局 . 上海市城市总体规划（1999-2020）.

· 上海市城市规划设计研究院 . 上海市基本生态网络规划 [R]，2010.

· 郧文聚主编 . 土地整治规划概论 [M]. 北京：地质出版社，2011.12.

· 陶英胜 . 新型城镇化背景下集约节约用地探索与实践，2014 中国城市规划年会论文集，2014.

· 上海市城市规划设计研究院 . 上海市松江区新浜镇郊野（SJXB01）单元规划（2014-2020 年）.2014.

· 上海市城市规划设计研究院 . 新浜镇新型城镇化发展规划研究 .2014.

· 上海市城市规划设计研究院 . 上海市松江区新浜镇郊野单元城乡建设用地增减挂钩项目区实施规划（2014-2016 年）.2014.

· 上海市规划和国土资源管理局 . 上海市郊野公园布局选址和试点基地概念规划 [R].2013.

· 上海市城市规划设计研究院 . 上海市青西郊野单元（郊野公园）规划 [R].2014.

· 上海市城市规划设计研究院 . 上海市郊野单元规划编制导则 [R].2013.

· 上海市城市规划设计研究院 . 上海市青西郊野单元（郊野公园）现状调研报告 [R].2013.

· 上海市城市规划设计研究院 . 上海市区县土地整治规划编制导则（试行）[R].2012.

· 上海市规划和国土资源管理局 . 上海市土地整治规划 (2011-2015 年)[R].2013.

· 上海市城市规划设计研究院 . 上海市基本生态网络规划深化 [R].2013.

· 上海市城市规划设计研究院 . 青西郊野公园近期建设纲要 [R].2013.

· 辛晚教，廖淑容 . 台湾地区都市计划体制的发展变迁与展望 . 城市发展研究，2000（6）:5-14.

Epilogue 后记

上海城乡差距很大，基本在警戒线附近，农产品的限价导致农民的收入只够维持生存，难以有结余投入到公共产品中，而城市的公共财政长期聚焦在城区，拉动着几十年的经济快速增长。有一天，人们看到了雾霾、吃到了毒豆芽、闻到了黑臭的河水，才意识到，城市把不要的小工厂、垃圾场、污水厂都扔给了农村，如今却被反噬了。随着经济放缓，城市也开始重新审视当年高速发展遗留下来的问题，农村需要环境整治，需要投入公共产品，需要赋予资产价值，这样城市才能享用到更好的农产品，享受到良好的外部环境，才能得到和谐的社会氛围。

郊野单元规划的初衷就是解决这些问题，让上海进入城镇化的良性循环。然而推行过程中也遇到一些偏离：有的规划没有深入了解镇村的现实情况和发展诉求，只是机械地落实减量任务；有的规划热衷于扩大类集建区，而不考虑当地有无足够保障来实施减量；也有的规划仅关注耕地指标而忽视生态建设……因此，郊野单元规划遭到很多质疑。

决策者的勇气给了郊野单元规划“试错”的机会，虽然有些规划会偏离实施，但郊区逐步构建了规划空间平台，各地也越来越有“转型”的意识，这些是大势所趋，一些小的问题可以在过程中修正和改进。正如本书截稿之际，郊野单元规划 2.0 版即将完成，以上提到的问题都是改版修正的重点。

当然农村的情况千差万别，难以用一种标准来规划所有农村，需要规划者充分全面的掌握情况来对症下药。我们期待，在各位规划编制工作者的努力下，上海的郊区能够符合“国际大都市”定位，能够成为我们休闲游憩的后花园，能够是我们留住乡愁的美好记忆。

再次感谢国土资源部有关部门和上海市政府有关委办局、区县政府、区县规土局、镇政府，以及有关科研院所、专家学者在郊野单元规划实践和本书成稿过程中给予的帮助。

最后，感谢参加郊野单元规划调研和设计的各位同仁为本书提供照片和规划图纸。书中部分图文来自互联网，虽经多次联系，未能收到图文所有者的回复，我们也向他们表示感谢，希望他们能尽快与上海市规划和国土资源管理局、上海市城市规划设计研究院联系。

编　者
2015 年 7 月

图书在版编目（C I P）数据

上海郊野单元规划探索和实践 / 上海市规划和国土资源管理局, 上海市城市规划设计研究院编著. -- 上海 :同济大学出版社, 2015.11
ISBN 978-7-5608-5882-1

Ⅰ. ①上… Ⅱ. ①上… ②上… Ⅲ. ①公园 - 园林设计 - 上海市 Ⅳ. ①TU986.625.1

中国版本图书馆CIP数据核字(2015)第152383号

上海郊野单元规划探索和实践

SHANGHAI COUNTRY UNIT PLANNING
EXPLORATION AND PRACTICE

编著
上海市规划和国土资源管理局
上海市城市规划设计研究院

出 品 人　支文军

责任编辑　江　岱　　助理编辑　吕　炜
责任校对　徐春莲　　装帧设计　张笑星　杨亚琪

出版发行　同济大学出版社 www.tongjipress.com.cn
（地址：上海市四平路1239号　邮编：200092　电话：021—65985622）
经　　销　全国新华书店
印　　刷　上海雅昌艺术印刷有限公司
开　　本　787mm × 1092mm 1/12
印　　张　18.833
印　　数　1—2100
字　　数　470 000
版　　次　2015年11月第1版　2015年11月第1次印刷
书　　号　ISBN 978-7-5608-5882-1
定　　价　180.00元